松辽流域水资源保护系列丛书(三)

松辽流域水资源保护监管体系建设与探索

郑国臣　张静波　张　军等　著

科学出版社

北　京

内 容 简 介

本书在介绍流域水资源保护内涵的基础上,分析松辽流域水资源保护面临的问题,构建完整的松辽流域水资源保护监控体系,提出松辽流域水资源保护监管措施。本书主要内容包括:松辽流域水资源保护监测规划;松辽流域水资源保护监管体系建设(松辽流域水资源保护监测能力建设、松辽流域实验室监测信息系统建设、松辽流域水资源质量信息数据库建设、松辽流域水资源管理系统建设、松辽流域水生态文明建设与应用);松辽流域水资源保护监管体系应用(松辽流域水资源保护技术与管理策略、松辽流域水资源保护监督与管理)及松辽流域水资源保护机制研究(松花江哈尔滨段水环境监测及质量改善对策、流域水资源管理机制研究)等内容。

本书可供从事水资源管理、环境科学与工程、生态和水利等相关领域的科技人员参阅,并可用作大专院校有关专业教师、研究生的参考书。

图书在版编目(CIP)数据

松辽流域水资源保护监管体系建设与探索 / 郑国臣等著. —北京:科学出版社,2016.3

松辽流域水资源保护系列丛书(三)

ISBN 978-7-03-046500-9

Ⅰ. ①松… Ⅱ. ①郑… Ⅲ. ①松花江-流域-水资源-资源保护-研究 ②辽河流域—水资源—资源保护—研究 Ⅳ. ①TV213.4

中国版本图书馆 CIP 数据核字(2015)第 285619 号

责任编辑:张 震 孟莹莹/责任校对:何艳萍
责任印制:张 伟/封面设计:无极书装

科 学 出 版 社 出版
北京东黄城根北街 16 号
邮政编码:100717
http://www.sciencep.com
北京教图印刷有限公司印刷
科学出版社发行 各地新华书店经销

*

2016 年 3 月第 一 版 开本:720×1000 B5
2016 年 3 月第一次印刷 印张:20
字数:400 000
定价:108.00 元
(如有印装质量问题,我社负责调换)

作者委员会名单

主　任：

郑国臣　（松辽流域水资源保护局）

张静波　（松辽流域水资源保护局）

副主任：

张　军　（哈尔滨工业大学城市水资源与水环境
国家重点实验室）

付　鹏　（水利部松辽水利委员会水文局）

齐　鲁　（中国人民大学环境学院）

参加写作人员：

彭　俊　（松辽流域水资源保护局）

高　峰　（松辽流域水资源保护局）

刘　伟　（松辽流域水资源保护局）

谷金钰　（水利部科技推广中心）

杨　帆　（松辽流域水资源保护局）

张继民　（松辽流域水资源保护局）

前　言

　　水是基础性的自然资源和战略性的经济资源，水资源短缺已成为世界各国社会经济发展的主要制约因素。自然界中的水以固态、液态和气态的形式存在于地球表面和地球岩石圈、大气圈和生物圈之中。地球水的总储量约为 13.86 亿 km^3，但是，淡水资源却极其有限，淡水储量仅为总储量的 2.53%，约为 0.35 亿 km^3。淡水储量中绝大部分为冰盖、冰川和深层地下水，人类真正能够利用的江河湖泊以及地下水中的一部分，仅约占地球总水量的 0.26%。按照水文学家的估算，年人均拥有水量为 $1000\sim2000m^3$ 的国家可定为水紧张的国家，当该数字下降为不足 $1000m^3$ 时，就可定义为缺水国家。根据世界水资源协会估计，全球约有 23 亿人口生活在"用水紧张"的地区。我国是一个水资源短缺的国家，淡水资源总量为 28 000 亿 m^3，占全球径流资源的 6%。

　　我国正处于新型工业化、信息化、城镇化和农业现代化快速发展的阶段，流域水资源保护工作任务繁重艰巨。虽然我国从中央到地方大规模开展了流域水体污染防治工作，并取得了一些成效，但从总体上来看，我国水资源保护与管理仍将是今后相当长时期内制约经济社会可持续发展的关键因素，水资源保护需要从顶层设计及管理方面着力加强。国务院在《国务院关于印发水污染防治行动计划的通知》中要求，2017 年年底前，要制定实施松辽流域水生生物多样性保护方案，到 2020 年松花江、辽河在轻度污染基础上进一步改善，流域机构要建立水资源承载能力监测评价体系，实行承载能力监测预警，加快调整发展规划和产业结构。

　　松辽流域是我国东北地区的主要水体，主要包括松花江和辽河，是东北地区的母亲河，我国重要的东北老工业基地就位于该流域内。然而由于重工业比例过大、产业结构失调，以及粗放型的经济增长方式等原因导致老工业基地普遍存在资源匮乏、经济滞后和严重的环境污染等问题。松辽流域干流沿岸，应严格控制石油加工、化学原料和化学制品制造、医药制造、有色金属冶炼、纺织印染等环境风险，合理布局生产装置及危险化学品仓储等设施，加强松辽流域水功能区监督管理，从严核定水域纳污能力。因此，亟待建立完整的松辽流域水资源保护监控体系，为松辽流域水资源保护工作的科学化、规范法、信息化建设提供强有力的支撑和保障。

　　近年来，松辽流域水资源保护工作取得了显著成绩。松辽流域上下游各级政府、各部门之间要加强协调配合、定期会商，实施联合监测、应急联动、信息共享，建立严格的水资源保护管理制度，明确各类水体水质保护目标，逐一排查达标状况。松辽流域的各地区、各有关部门要切实处理好经济社会发展与生态文明建设的关系，按照地方履行属地责任、部门强化行业管理的要求，明确执法主体和责任主体，确保松辽流域水资源保护目标如期实现，并形成跨部门、区域、流域水资源保护议事协调机制，发挥流域水资源保护机构作用，探索建立松辽流域水资源保护高效运行机制。

本书基于松辽流域水资源保护局及相关单位近年的实践，较为系统地论述了松辽流域水资源保护监管体系建设、技术方法应用及研究。针对松辽流域水资源保护工作中急需解决的重点、热点问题，从流域的整体性角度，制定松辽流域水资源保护监测规划方案、开展松辽流域水资源保护监测能力建设、构建松辽流域实验室监测信息系统、集成松辽流域水资源质量信息数据库、开发松辽流域水资源管理系统平台、发展松辽流域水生态文明建设相关工作、融合松辽流域水资源保护技术与管理策略、提升松辽流域水资源保护监督与管理水平、深入研究松辽流域水资源保护的运行机制，构建了完整的松辽流域水资源保护监管体系。

本书共 11 章，由郑国臣、张静波统稿，张军、付鹏、齐鲁等人主笔。

每章的题目和分工如下：

(1)绪论部分由郑国臣、张静波编写；

(2)松辽流域水资源保护监测规划部分由高峰、彭俊编写；

(3)松辽流域水资源保护监测能力建设部分由张静波、彭俊、杨帆编写；

(4)松辽流域实验室监测信息系统建设部分由张继民、齐鲁编写；

(5)松辽流域水资源质量信息数据库建设部分由张继民、杨帆编写；

(6)松辽流域水资源管理系统建设部分由付鹏、张军编写；

(7)松辽流域水生态文明建设与应用部分由郑国臣、谷金钰编写；

(8)松辽流域水资源保护技术与管理策略部分由郑国臣、刘伟、谷金钰编写；

(9)松辽流域水资源保护监督与管理部分由齐鲁、刘伟编写；

(10)松花江哈尔滨段水环境监测及质量改善对策由张军编写；

(11)流域水资源管理机制研究部分由付鹏编写。

感谢范晓娜、戴欣、许龙宾、何佳吉等技术管理人员的宝贵建议；同时感谢哈尔滨工业大学城市水资源与水环境国家重点实验室的李宁博士，东北林业大学林学院王英伟老师、姜厚竹等硕士研究生，东北电力大学建筑工程学院郭静波老师、张崇军等硕士研究生为本书编写做出的大量而繁琐的工作。

本书在收集大量相关的学术著作、期刊文献、报告年鉴等资料的基础上，从国内外水资源保护实践及经验中得到启示，梳理了松辽流域水资源保护工作中亟待解决的问题，构建了松辽流域水资源保护监控体系平台。在开展技术研究的过程中，重视现场调研与试点应用，结合调研和试点结果对理论研究成果不断完善，提高研究成果的实用性。本书是对近年来松辽流域水资源保护局与相关协作单位开展的有关项目成果的集成与融合，各章节有大量的调研与实测结果，包括对技术要点的论证和阐释，也包括应用研究成果的展示。要特别指出的是，本书得到水利部 948 计划项目"水生态风险监控系统技术引进"（201416）、国家水体污染控制与治理科技重大专项"松花江哈尔滨市市辖区控制单元水环境质量改善技术集成与综合示范"（2013ZX07201007）的支持。由于时间仓促，书中疏漏之处在所难免，恳请读者批评指正。

作　者

2016 年 2 月 20 日

目　　录

前言
第1章　绪论 …………………………………………………………………………… 1
　1.1　水资源与水资源保护 …………………………………………………………… 1
　　　1.1.1　水资源的概念 …………………………………………………………… 1
　　　1.1.2　水资源的类型 …………………………………………………………… 1
　　　1.1.3　水资源保护的内涵及核心 ……………………………………………… 2
　1.2　国外水资源保护经验 …………………………………………………………… 3
　　　1.2.1　流域管理机构类型 ……………………………………………………… 3
　　　1.2.2　水资源管理体制 ………………………………………………………… 4
　　　1.2.3　水资源相关法规 ………………………………………………………… 5
　1.3　我国流域水资源保护研究现状 ………………………………………………… 8
　1.4　我国流域水资源保护存在的问题及对策分析 ………………………………… 9
　　　1.4.1　水资源保护存在的问题 ………………………………………………… 9
　　　1.4.2　流域水资源保护新举措 ………………………………………………… 10
　1.5　松辽流域水资源保护探索 ……………………………………………………… 14
　　　1.5.1　松辽流域水资源保护起步阶段 ………………………………………… 14
　　　1.5.2　松辽流域水资源保护推进阶段 ………………………………………… 16
　　　1.5.3　松辽流域水资源保护发展完善阶段 …………………………………… 18
　　　1.5.4　松辽流域水资源保护监管体系 ………………………………………… 19
　1.6　本书主要的研究内容 …………………………………………………………… 19
　　　1.6.1　松辽流域水资源保护监测规划 ………………………………………… 19
　　　1.6.2　松辽流域水资源监控体系基础建设 …………………………………… 19
　　　1.6.3　松辽流域水资源保护技术研究与实践 ………………………………… 20
第2章　松辽流域水资源保护监测规划 …………………………………………………… 22
　2.1　水资源保护监测规划必要性 …………………………………………………… 22
　2.2　规划范围及水平年 ……………………………………………………………… 23
　　　2.2.1　规划范围 ………………………………………………………………… 23
　　　2.2.2　规划水平年 ……………………………………………………………… 24
　　　2.2.3　规划目标 ………………………………………………………………… 24
　2.3　技术路线 ………………………………………………………………………… 25
　2.4　水资源保护监测现状及存在的问题 …………………………………………… 25

　　　　2.4.1　监测站网现状 ···25
　　　　2.4.2　监测能力现状 ···30
　　2.5　监测站网规划 ···32
　　　　2.5.1　水功能区监测站网规划 ··32
　　　　2.5.2　省(国)界监测站网规划 ··33
　　　　2.5.3　水源地监测站网规划 ··34
　　　　2.5.4　入河排污口监测站网规划 ···35
　　　　2.5.5　地下水监测站网规划 ··36
　　　　2.5.6　水生态监测站网规划 ··37
　　2.6　监测能力建设规划 ···38
　　　　2.6.1　新建实验室建设 ···38
　　　　2.6.2　实验用房建设 ···39
　　　　2.6.3　站点标识建设 ···39
　　　　2.6.4　仪器设备建设 ···40
　　　　2.6.5　实验室信息管理系统建设 ···41
　　2.7　规划实施效果分析 ···42
　　　　2.7.1　效益评价 ···42
　　　　2.7.2　效果分析 ···42
第3章　松辽流域水资源保护监测能力建设 ···43
　　3.1　流域水环境监测中心/分中心监测任务分析 ··43
　　　　3.1.1　松辽流域水环境监测中心监测任务 ··43
　　　　3.1.2　辽宁省水环境监测中心大连分中心监测任务 ···································43
　　　　3.1.3　辽宁省水环境监测中心抚顺分中心监测任务 ···································43
　　　　3.1.4　辽宁省水环境监测中心阜新分中心监测任务 ···································44
　　　　3.1.5　辽宁省水环境监测中心锦州分中心监测任务 ···································44
　　　　3.1.6　辽宁省水环境监测中心铁岭分中心监测任务 ···································44
　　　　3.1.7　辽宁省水环境监测中心营口分中心监测任务 ···································44
　　　　3.1.8　吉林省水环境监测中心四平分中心监测任务 ···································44
　　　　3.1.9　黑龙江省水环境监测中心齐齐哈尔分中心监测任务 ·························45
　　　　3.1.10　黑龙江省水环境监测中心佳木斯分中心监测任务 ·························45
　　　　3.1.11　黑龙江省水环境监测中心牡丹江分中心监测任务 ·························45
　　　　3.1.12　内蒙古自治区水环境监测中心赤峰分中心监测任务 ·····················45
　　　　3.1.13　内蒙古自治区水环境监测中心呼伦贝尔分中心监测任务 ···············45
　　3.2　流域水环境监测中心监测能力建设设计 ···46
　　3.3　流域水环境监测分中心监测能力建设设计 ···46
　　　　3.3.1　辽宁省水环境监测中心大连分中心能力建设 ···································46

3.3.2　辽宁省水环境监测中心抚顺分中心能力建设 …………………… 47

3.3.3　辽宁省水环境监测中心阜新分中心能力建设 …………………… 48

3.3.4　辽宁省水环境监测中心锦州分中心能力建设 …………………… 48

3.3.5　辽宁省水环境监测中心铁岭分中心能力建设 …………………… 49

3.3.6　辽宁省水环境监测中心营口分中心能力建设 …………………… 50

3.3.7　吉林省水环境监测中心四平分中心能力建设 …………………… 51

3.3.8　黑龙江省水环境监测中心齐齐哈尔分中心能力建设 …………… 51

3.3.9　黑龙江省水环境监测中心佳木斯分中心能力建设 ……………… 52

3.3.10　黑龙江省水环境监测中心牡丹江分中心能力建设 …………… 52

3.3.11　内蒙古自治区水环境监测中心赤峰分中心能力建设 ………… 53

3.3.12　内蒙古自治区水环境监测中心呼伦贝尔分中心能力建设 …… 53

3.4　仪器设施设备选型分析 …………………………………………………54

3.4.1　移动实验室 ………………………………………………………… 54

3.4.2　BOD 测定仪 ……………………………………………………… 58

3.4.3　COD 测定仪 ……………………………………………………… 59

3.4.4　总有机碳测定仪 …………………………………………………… 59

3.4.5　紫外-可见分光光度计 …………………………………………… 59

3.4.6　原子荧光光度计 …………………………………………………… 60

3.4.7　微波消解仪 ………………………………………………………… 60

3.4.8　冷冻离心机 ………………………………………………………… 61

3.4.9　国产原子吸收分光光度计 ………………………………………… 61

3.4.10　进口原子吸收分光光度计 ……………………………………… 62

3.4.11　红外测油仪 ……………………………………………………… 63

3.4.12　分光光度计 ……………………………………………………… 63

3.4.13　普通显微镜 ……………………………………………………… 63

3.4.14　离子色谱仪 ……………………………………………………… 64

3.4.15　气相色谱仪 ……………………………………………………… 64

3.4.16　等离子发射光谱仪 ……………………………………………… 65

3.4.17　流动注射分析仪 ………………………………………………… 66

3.4.18　冷藏柜 …………………………………………………………… 67

3.4.19　高纯水制备系统 ………………………………………………… 67

3.4.20　电子天平 ………………………………………………………… 67

3.4.21　叶绿素测定仪 …………………………………………………… 68

3.5　建设任务清单 ………………………………………………………………68

第4章　松辽流域实验室监测信息系统建设 ……………………………………70

4.1　松辽流域水资源质量监测实践 …………………………………………70

4.1.1　样品采集过程 ……………………………………………………… 70

4.1.2 样品运输过程 ·· 70
4.1.3 样品分析检测过程 ··· 71
4.1.4 监测报告的形成过程 ·· 72
4.2 实验室信息管理系统业务流程 ·· 72
4.2.1 监测任务管理 ··· 72
4.2.2 下达采样任务 ··· 72
4.2.3 样品的采集 ·· 73
4.2.4 样品接收 ··· 73
4.2.5 下达测试任务 ··· 73
4.2.6 样品领用 ··· 74
4.2.7 样品检测 ··· 74
4.2.8 数据的三级审核 ··· 75
4.2.9 检测任务的进度管理 ·· 75
4.2.10 检测报告 ··· 75
4.3 质量控制模块管理 ··· 76
4.3.1 采样到位监督 ··· 76
4.3.2 现场平行与全程序空白 ·· 76
4.3.3 室内质控 ··· 76
4.3.4 数据合理性分析 ··· 77
4.3.5 质控统计与溯源 ··· 77
4.4 实验室资源管理模块 ··· 78
4.4.1 仪器管理 ··· 78
4.4.2 人员管理 ··· 78
4.4.3 器皿、试剂、标样管理 ·· 79
4.4.4 文件管理 ··· 80
4.5 数据查询及统计分析 ··· 80
4.5.1 数据的综合查询 ··· 80
4.5.2 数据的评价 ·· 81
4.5.3 数据的统计 ·· 81
4.5.4 监测站电子地图 ··· 81
4.6 系统管理模块 ·· 81
4.6.1 检测项目管理 ··· 81
4.6.2 检测方法管理 ··· 81
4.6.3 检测标准管理 ··· 82
4.6.4 其他管理 ··· 82
4.6.5 系统对接 ··· 82

4.7 系统性能要求 ··· 82
   4.7.1 系统性能指标 ··· 82
   4.7.2 系统安全要求 ··· 82
4.8 系统设备 ··· 83
   4.8.1 服务器(含操作系统) ··· 83
   4.8.2 手持终端 ··· 83
   4.8.3 条形码打印机 ··· 83
   4.8.4 扫描枪 ··· 84
4.9 技术培训 ··· 84
   4.9.1 培训要求 ··· 84
   4.9.2 培训形式、内容 ·· 84
4.10 技术服务 ·· 84
   4.10.1 试运行期技术服务 ·· 84
   4.10.2 质量保证期技术服务 ····································· 85
   4.10.3 后续技术支持服务 ·· 85
   4.10.4 水资源质量实验室监测信息系统的优势 ········· 85
4.11 水环境计量认证评审重点关注的问题 ··················· 86
   4.11.1 准确把握评审基本原则 ·································· 86
   4.11.2 充分做好现场评审准备工作 ·························· 87
   4.11.3 全面覆盖现场评审工作范围 ·························· 87
   4.11.4 准确评价质检机构检测能力 ·························· 87
   4.11.5 严格执行现场操作考核相关规定 ··················· 88
   4.11.6 认真审核质检机构记录档案 ·························· 88
4.12 水资源质量管理体系 ·· 89
   4.12.1 建立水资源质量管理体系的必要性 ··············· 89
   4.12.2 水资源质量管理体系构成的基本要素 ············ 89
   4.12.3 提高水资源质量管理体系运行有效性的对策 ··· 90
第5章 松辽流域水资源质量信息数据库建设 ··················· 91
 5.1 系统说明 ·· 91
   5.1.1 服务器端运行环境 ·· 91
   5.1.2 客户端运行环境 ··· 91
 5.2 系统登录 ·· 92
 5.3 系统功能及操作说明 ·· 92
   5.3.1 分类评价 ··· 93
   5.3.2 分组评价 ··· 97
   5.3.3 入库评价 ··· 98

5.4 数据中心 ··98
    5.4.1 添加水质监测数据 ···98
    5.4.2 校核水质监测数据 ···98
    5.4.3 数据查询 ···99
    5.4.4 报表中心 ···99
    5.4.5 数据上报 ···100
    5.4.6 数据维护 ···100
    5.4.7 评价结果 ···101
    5.4.8 数据整编 ···102
    5.4.9 信息发布 ···104
5.5 趋势分析 ···105
    5.5.1 Kendall 趋势分析 ···105
    5.5.2 地表水站点水质曲线 ···105
    5.5.3 沿程站点分布水质曲线 ···105
5.6 系统管理 ···105
    5.6.1 评价项目配置 ···106
    5.6.2 评价标准配置 ···107
    5.6.3 评价对象分组 ···107
    5.6.4 系统初始化设置 ···108
    5.6.5 系统日志 ···108
    5.6.6 监测项目管理 ···108
    5.6.7 系统参数设置 ···108
    5.6.8 用户和角色管理 ···109
    5.6.9 修改密码 ···109
5.7 水质地图 ···109
    5.7.1 地图基本操作 ···110
    5.7.2 时间选择 ···111
    5.7.3 统计显示形式 ···111
    5.7.4 统计查询方式 ···111
    5.7.5 站点信息表现 ···111
    5.7.6 专题地图 ···111
第 6 章 松辽流域水资源管理系统建设 ··113
6.1 松辽流域水资源情况解析 ···113
    6.1.1 松辽流域降水量情况 ···113
    6.1.2 松辽流域水资源数量情况 ···114
    6.1.3 松辽流域重要水功能区水质达标情况 ·······································114

6.2　松辽流域水资源评价的主要问题 ···115
　　6.2.1　松辽流域水资源数量和质量评价情景分析 ················· 115
　　6.2.2　松辽流域水资源数量和质量联合评价 ······················· 115
6.3　松辽流域地表来用水状况的水量水质联合评价 ··················116
　　6.3.1　松辽流域水资源联合评价的挑战 ····························· 116
　　6.3.2　松辽流域水资源联合评价关键技术 ·························· 117
　　6.3.3　松辽流域水资源质量和数量联合评价的基本思路 ······· 118
　　6.3.4　水资源数量与质量联合评价步骤 ····························· 118
6.4　松辽流域水资源管理业务 ···119
　　6.4.1　水文站网规划管理 ·· 119
　　6.4.2　水资源调查评价 ··· 120
　　6.4.3　水量分配与调度管理 ·· 120
　　6.4.4　水质控制与保护管理 ·· 120
6.5　松辽流域水资源管理系统框架 ··120
　　6.5.1　系统层次结构 ·· 120
　　6.5.2　信息采集与传输系统 ·· 122
6.6　松辽流域水资源数据管理平台 ··124
　　6.6.1　数据架构 ··· 125
　　6.6.2　数据信息流程 ·· 126
6.7　松辽流域水资源管理系统应用 ··127
　　6.7.1　监控体系建立 ·· 127
　　6.7.2　水功能区监控体系 ··· 128
　　6.7.3　大江大河省界断面监控体系 ···································· 129

第7章　松辽流域水生态文明建设与应用 ································133
7.1　水生态文明解析 ···133
　　7.1.1　水生态文明的概念和内涵 ······································ 133
　　7.1.2　水生态文明建设的目的 ··· 133
　　7.1.3　流域水生态文明建设的对策 ···································· 134
7.2　松辽流域水生态文明建设研究 ··134
　　7.2.1　松辽流域城市水生态文明建设思考 ·························· 134
　　7.2.2　松辽流域水生态文明的建议 ···································· 135
7.3　松辽流域水利生物多样性保护调研 ······································135
　　7.3.1　湿地资源 ··· 135
　　7.3.2　水生生物 ··· 136
　　7.3.3　国家级水产种质资源保护区 ···································· 137
　　7.3.4　"与水有关生态环境问题调查"积极开展 ··················· 139

　　　　7.3.5　相关工程实践措施不断完善 ·· 140
　　　　7.3.6　向海湿地生态应急补水 ·· 140
　　　　7.3.7　引嫩入扎工程 ·· 142
　　　　7.3.8　松辽流域水生态站点规划 ·· 142
　　7.4　黑龙江典型湖库水生态调查 ·· 144
　　　　7.4.1　五大连池水生态调查 ·· 144
　　　　7.4.2　磨盘山水库生态调查情况 ·· 147
　　　　7.4.3　镜泊湖生态调查情况 ·· 149
　　　　7.4.4　兴凯湖生态调查情况 ·· 152
　　　　7.4.5　现状调查发现的问题 ·· 155
　　　　7.4.6　管理中发现的问题 ·· 155
　　7.5　松辽流域水生态监测技术初探（以叶绿素 a 检测方法为例）·················· 156
　　　　7.5.1　叶绿素 a 的研究现状 ·· 156
　　　　7.5.2　分光光度法测定水体中的叶绿素方法研究 ······························ 156
　　　　7.5.3　叶绿素 a 的其他分析方法 ·· 158
　　　　7.5.4　检测叶绿素 a 方法的应用 ·· 158
第 8 章　松辽流域水资源保护技术与管理策略 ·· 160
　　8.1　水资源管理的“3S”技术 ·· 160
　　　　8.1.1　“3S”技术基础 ·· 160
　　　　8.1.2　“3S”技术与水资源信息处理 ·· 161
　　　　8.1.3　遥感技术在松辽流域饮用水水源地水质达标评估中的应用 ·············· 162
　　8.2　系统动力学 ·· 163
　　　　8.2.1　系统动力学的内涵及特点 ·· 163
　　　　8.2.2　系统动力学对水资源管理规划的适用性分析 ·························· 164
　　　　8.2.3　系统动力学在嫩江水资源保护监管中的应用 ·························· 164
　　8.3　贝叶斯信度网络技术 ·· 166
　　　　8.3.1　贝叶斯信度网络的发展历程 ·· 166
　　　　8.3.2　贝叶斯网络的组成、分类及特点 ······································ 166
　　　　8.3.3　贝叶斯信度网络技术在水资源管理中的应用 ·························· 167
　　　　8.3.4　基于贝叶斯网络的生态风险评估设计思路 ···························· 167
　　8.4　松花江干流水质模型开发与验证 ·· 170
　　　　8.4.1　水质模型开发的研究方法 ·· 171
　　　　8.4.2　基于对流扩散传输机理的水污染应急模型 ···························· 172
　　　　8.4.3　基于水生态过程数字模拟的日常水质模型 ···························· 172
　　　　8.4.4　研究数据及参数化过程 ·· 174
　　　　8.4.5　结果分析 ·· 174

　　　　8.4.6　模拟结果 ················176
　　　　8.4.7　水质模拟验证 ················178
　　8.5　虚拟水战略对水资源可持续发展影响 ················179
　　　　8.5.1　虚拟水的内涵及特征 ················179
　　　　8.5.2　虚拟水的国内外研究进展 ················179
　　　　8.5.3　虚拟水战略对水资源管理发展的影响 ················180

第9章　松辽流域水资源保护监督与管理 ················182
　　9.1　松辽流域水资源保护监督与管理 ················182
　　　　9.1.1　流域水资源保护监管情况 ················182
　　　　9.1.2　流域水资源保护监管体制的改进方向 ················183
　　　　9.1.3　松辽流域监督管理体系的构架 ················184
　　9.2　松辽流域重要江河湖泊水功能区及其监测评价状况 ················184
　　　　9.2.1　松辽流域水污染防治状况 ················184
　　　　9.2.2　松花江区水污染防治状况 ················185
　　　　9.2.3　辽河区水污染防治状况 ················186
　　9.3　水功能区水质现状 ················187
　　　　9.3.1　水功能区全因子水质评价 ················187
　　　　9.3.2　松花江区水资源一级区水质评价 ················188
　　　　9.3.3　辽河区水资源一级区水质评价 ················190
　　9.4　松辽流域入河排污口管理 ················193
　　　　9.4.1　入河排污口设置方案概况 ················193
　　　　9.4.2　松辽流域入河排污口实例分析 ················194
　　　　9.4.3　入河排污口对水功能区水质影响预测分析 ················194
　　　　9.4.4　入河排污口设置的合理性及可行性分析 ················199
　　9.5　松辽流域水功能区达标率分解方法研究 ················201
　　　　9.5.1　松辽流域水功能区达标率 ················201
　　　　9.5.2　指标体系的构建及其层次结构 ················202
　　　　9.5.3　水功能区水质考核原则 ················202
　　　　9.5.4　松辽流域水功能区达标率分解方法的实证分析 ················203

第10章　松花江哈尔滨段水环境监测及质量改善对策 ················207
　　10.1　项目背景 ················207
　　10.2　松花江哈尔滨段水系分布及采样点布置 ················208
　　10.3　松花江哈尔滨段水质状况分析 ················210
　　　　10.3.1　水体pH ················210
　　　　10.3.2　水体无机磷 ················210
　　　　10.3.3　水体无机氮 ················211

      10.3.4 水体重金属 ··· 212

  10.4 松花江哈尔滨段底泥沉积物状况分析 ······························213

      10.4.1 底泥理化性质分析 ·· 214

      10.4.2 底泥营养元素 N、P 形态及含量分析与污染评价 ················ 218

      10.4.3 底泥重金属污染分析 ······································ 223

  10.5 松花江哈尔滨段水环境质量改善对策 ······························226

第 11 章 流域水资源管理机制研究 ·································· 228

  11.1 最严格水资源管理制度 ··228

      11.1.1 最严格水资源管理制度的提出 ······························ 228

      11.1.2 国外与最严格水资源管理 "三条红线" 制度相关经验借鉴 ········ 229

      11.1.3 水资源管理的 "三条红线" ································ 231

      11.1.4 我国流域机构的相应职责 ·································· 232

  11.2 流域水资源管理考核机制的研究 ································234

      11.2.1 考核内容 ·· 235

      11.2.2 考核评分方法 ·· 235

      11.2.3 目标完成情况评分方法 ···································· 236

      11.2.4 制度建设和措施落实情况评分方法 ·························· 238

      11.2.5 权重计算参考方法 ·· 239

  11.3 流域机构建立纳污红线管理机制初探 ····························241

      11.3.1 确定水功能区纳污能力和水质达标率 ························ 241

      11.3.2 建立红线考核指标体系 ···································· 241

      11.3.3 实施纳污红线监督管理 ···································· 242

      11.3.4 落实保障措施 ·· 242

  11.4 流域机构参与纳污红线考核管理机制的构想 ······················243

      11.4.1 流域机构参与红线考核的环节 ······························ 243

      11.4.2 建立流域机构参与红线考核的管理机制 ······················ 243

  11.5 省界缓冲区管理机制研究 ······································245

      11.5.1 联合治污机制 ·· 245

      11.5.2 建立水污染问责机制 ······································ 246

      11.5.3 引入自愿性环境协议机制 ·································· 246

      11.5.4 强化公众参与的督察和评估机制 ···························· 247

      11.5.5 探索资源经济政策引导机制 ································ 248

参考文献 ··249

附录 1 松辽水资源保护大事记 ·································251

附录 2 2014 年松辽流域重要水功能区水质评价成果表 ·············260

附录 3 世界水日、中国水周历年主题汇总 ······················300

第1章 绪 论

随着我国经济社会的高速发展，水资源匮乏和水污染等问题已经成为我国实施可持续发展战略的制约因素。本章在介绍水资源保护的内涵及水资源管理等内容的基础上，结合国内外水资源保护的经验，分析我国流域水资源保护研究现状，通过确立流域水资源保护框架设计，针对水利部对流域机构水资源保护的新要求，总结当前松辽流域水资源保护工作中急需解决的重点、热点问题，建立完整的松辽流域水资源保护监管体系，为松辽流域水资源保护工作的科学化、规范法、信息化建设提供强有力的支撑和保障。

1.1 水资源与水资源保护

1.1.1 水资源的概念

广义的水资源，是指地球上水的总体；狭义的水资源，是指逐年可以恢复和更新的淡水量，即陆地上由大气降水补给的各种地表、地下淡水的动态量，包括河流、湖泊、地下水、土壤水、微咸水。水的表现形式多种多样，如地表水、地下水、大气降水、土壤水等，相互之间可以转化。水的物理、化学性质在水量和水质等方面都具有较强的地域性，在自然因素或社会因素影响下均是可变的。水资源的开发利用及其利用效率受自然、社会、经济、环境等因素的限制。要明确水资源信息首先要明确水资源的内涵和外延。水资源包含水量和水质两个方面，是人类生存与发展和生产生活中不可替代的自然资源和环境资源，是在一定经济技术条件下能够被社会直接利用或待利用，参与自然界水分循环，影响国民经济的淡水。全面准确的水资源信息包括水资源的存在状态、水资源质量、水资源数量、空间属性、时间属性、权属属性6个方面(孙金华，2011)。

1.1.2 水资源的类型

水资源包括地球上所有的水体，大体可分为地表水、地下水、土壤水、大气水、生物水5大类(董增川，2008)。

(1)地表水

地表水包括江河水、湖泊水和冰川水等。

(2) 地下水

地下水按其埋藏条件主要分为潜水和承压水。

潜水是指埋藏于地表以下，处于第一稳定隔水层上的具有自由水面的地下水。它通过包气带与大气连通，潜水面为自由水面，不承受压力。潜水面与地面的距离为潜水埋藏深度，而潜水面与第一个稳定隔水层顶之间的距离则为潜水含水层厚度。潜水的主要补给来源是降水和地表水，当江河下游水位高于潜水位时，河水也可成为潜水的补给来源。干旱沙漠地区潜水由凝结水补给，该地区的冲积平原或洪积平原中的潜水主要靠河流补给，河水通过透水性强的河床垂直下渗而大量补给潜水，有时水量较小的溪流甚至可全部潜入地下。

承压水是处在两个稳定隔水层之间的地下水。承压水具有压力水头，一般不受当地气象、水文因素影响，且具有动态变化稳定的特点。承压水不易遭受污染，水量较稳定，在城市、工矿供水中占重要地位。

(3) 土壤水

土壤水又称为包气带水。包气带由于不能全部充满液态水，因而有大量气水流动。包气带土层中上部主要是气态水和结合水，下部接近饱和水带处充满毛细管水。

(4) 大气水

大气水包含大气中的水汽及其派生的液态水和固态水。常见的天气现象如云、雾、雨、雪、霜等都是大气水的存在形式。降雨和降雪合称大气降水，简称降水，是大气中的水汽向地表输送的主要方式和途径。

(5) 生物水

生物水是指生物体内所包含的水分。生物都是含水系统，只有在含水的情况下，才有生命活动。

1.1.3　水资源保护的内涵及核心

水资源保护是指为防止因水资源利用不恰当所造成的水源污染和破坏，所采取的法律、行政、经济、技术、教育等措施的总和。水资源保护的核心是根据水资源时空分布、演化规律，调整和控制人类的各种取用水行为，使水资源系统维持一种良性循环的状态，以达到水资源的永续利用(谭绩文等，2010)。水资源保护工作应贯穿在人与水的各个环节中，正确客观调查、评价水资源，合理规划和管理水资源，是水资源保护的基础。从管理的角度来看，水资源的保护主要是"开源节流"以及防治和控制水源污染。它一方面涉及水资源、经济、环境三者的平衡与协调发展的问题，另一方面还涉及各地区、各部门、集体和个人用水利益的分配与调整。通过各种措施和途径，使水资源在使用上不致浪费，水质不致污染，以促进合理利用水资源。

1.2 国外水资源保护经验

1.2.1 流域管理机构类型

多年来，许多国家已经在流域范围内进行水资源的规划管理，并建立了各种类型的河流流域管理机构。流域管理机构是流域一体化管理的执行、监督与技术支撑的主体，流域管理机构的多样化反映了流域独特的自然人文特点、历史变化和国家政治体制，但不同的流域管理机构在授权与管理方式上有较大的差别。具体到某一流域的流域管理机构究竟应采取何种组织形式，不仅取决于流域本身的自然状况和社会经济状况，还要与本国政治、经济体制和国民经济发展总体要求相适应（Sipes，2012）。

从总体上看，世界上各种流域管理机构大体可分为 3 种类型。

第一类，流域综合开发机构。流域综合开发机构以美国田纳西流域管理局为代表。田纳西流域管理局是美国通过立法赋予其人事权、土地征用权、项目开发权、经营管理权等广泛的权利，是既拥有政府机关的特有权利，又具有私人企业的灵活性和主动性的国家级流域管理机构。流域综合开发机构主要负责水资源的统一规划、开发、利用和保护，管理具有广义的、综合的、多目标的特点，涉及防洪、航运、供水、水环境保护、娱乐 5 个方面。这种流域管理体制是水资源一体化的管理体制，富有广泛的社会经济发展责任。该模式在发展中国家受到广泛推广，印度、墨西哥、斯里兰卡、阿富汗、巴西、哥伦比亚等国家相继建立起类似的以改善流域经济为目的的流域管理局。

第二类，流域规划和协调机构。这类机构出现在土地和水资源所有权归各州政府管理的联邦制国家，主要职责是根据协议对流域内各州的水资源开发利用进行规划和协调，遵循协商一致或多数同意的原则。这类机构以法国的 6 大管理局和澳大利亚墨累-达令河流域为代表。墨累-达令河流域管理机构主要由墨累-达令河流域部长会议、墨累-达令河流域委员会和委员会办公室组成。在水资源权属管理方面，流域规划和协调机构主要负责州际间分水，制定流域管理预算，协调各州的行为，近年来已扩展到其他自然资源的管理。

第三类，综合性流域管理机构。这类机构的职权既不像田纳西流域管理局那样广泛，也不像墨累-达令河流域委员会那样狭窄或单一。这类机构是根据国家的法律按照水系设立的，对流域的水量和税制实行统一规划、统一管理和统一经营的综合性流域管理机构。英国泰晤士河水务局是这类综合性流域管理机构的典型代表，职责不仅是建设、管理和经营河道及水工程，还负责市政供水和污水处理系统，确定流域水质标准，颁发取水和排水(污)许可证，制定流域管理规章制度，管理流域内水文水情监测预报、防洪、供水、排水(污)、水产和水上娱乐等。这种综合性流域管理模式在欧盟各国和东欧一些国家已普遍实行。

1.2.2 水资源管理体制

世界各国根据各自的自然气候特点、水文水资源条件、经济社会发展状况等，采取了相应的水资源管理体制和管理制度。目前，国外水资源管理体制大体可以分为3种类型：①以行政区域管理为基础但不排除流域管理的管理体制；②按水系建立流域管理机构，以自然流域管理为基础的管理体制；③按用水功能对水资源进行分部门管理的管理体制(李原园和马德超，2009，2011)。

1.2.2.1 以行政区域管理为基础但不排除流域管理的管理体制

这类管理体制又可分为国家、地方共同管理和直接由国家管理两种管理体制。国家和地方共同管理的主要有美国、澳大利亚、加拿大、瑞士、比利时、荷兰等国家，这种管理体制以美国最具代表性；由国家直接管理的主要有奥地利、丹麦、瑞典、意大利、墨西哥等国家(Sipes，2012)。

美国水资源管理体制在近几十年呈一种由分散走向集中、又由集中走向分散，目前又趋向集中的管理模式。美国1902年成立的垦务局只负责17个州的水资源管理，田纳西流域管理局负责其流域内的7个州的水资源管理，其他各州或是由大河流域委员会负责，或是自己负责。1965年，鉴于水资源分散管理不利于综合开发利用而成立了全美水资源理事会和各流域委员会。水资源理事会由总统直接领导，负责水土资源的综合开发和规划。到20世纪80年代初，联邦政府又撤销水资源理事会，成立国际水政策局，只负责制定水资源的各项政策，不涉及水资源开发利用的具体业务，把具体业务交给各州政府负责。

1.2.2.2 按水系建立流域管理机构，以自然流域管理为基础的管理体制

这类管理体制以法国、英国、西班牙等一些欧洲国家为代表，其中以法国最为典型。法国水资源管理分国家级、流域级、地区级和省市级4个层次，此外还有专为涉及国际河流或水域事务而建立的有关国际河流管理机构。法国未设置国家级水资源专管机构，而是由环境部和其下属的各层次进行综合、分权管理。国家级机构主要有环境部、国家水管理委员会。环境部的主要职责是负责拟定水法规、水政策并监督执行、监测和分析水污染情况，以及制定与水有关的国家标准、协调各类水事关系、参与流域水资源规划的制定等。法国形成了适应现代化的水资源管理机制，有效地规范水事活动，明确地规定管理部门职能和促进机构间的

协调，采取流域综合方式有效协调管理，在不同管理层次上有不同的模式，保证了水利部门人员素质和工作效率的提高。目前法国已有超过 85% 的家庭住宅与下水道汲水处理系统相连，使生活污水得到有效处理。由于水污染治理耗资大，法国对此制定了谁污染谁交钱治理的"以水养水"政策。为进一步治理水源污染，保护水环境，法国对污水处理不能达标的地区，政府将不断增收水源管理费，以促进这些地区尽快达标，使全国的水污染问题得到彻底解决。

1.2.2.3 按用水功能对水资源进行分部门管理的管理体制

这类管理体制以日本最为典型。日本水资源管理体制有如下两个特点：①中央政府的水资源集中协调与分部门管理。日本采用集中协调与分部门行政的水资源管理体制。水资源保护利用的相关事宜均由总理大臣组织制订基本计划，在内阁中设置直属三级单位国土厅，再设置水资源部，作为水资源日常管理的最高协调部门。其下有建设省、厚生省、通产省、农林水产省、环境厅等部门。②以流域水资源管理体制为主。明确以流域水资源管理为主，行政区水管理为辅，流域管理集中体现在跨行政区河流或河段上。根据《河川法》，中央政府对一级河川按流域范围指定管理者，负责有关流域范围的保护和整治活动。对兴利活动，在《河川法》之后又制定了《水资源开发促进法》，规定由内阁总理大臣指定"水资源开发水系"，以流域为基础制定水资源基本规划，并以此为指导协调各方面的利益。

1.2.3 水资源相关法规

依法管理是实现水资源价值的有效手段，在水资源管理中具有基础性地位。随着各国法律体系的不断发展和完善，各国不仅将水资源管理的条款纳入《宪法》、《民法》等法律中，还开始制定专门的水法。例如，法国 1926 年颁布了《水法》；1928 年，美国国会通过了《密西西比河下游防洪法》；英国 1945 年制定了一部较为综合性的《水法》，汇集了英国的早期立法，提出了一套较为完整的水工程规则，同时鼓励水公司和水委员会合并，这成为英国水工业私有化的基础。20 世纪下半叶以来，《国际水法》进入历史发展最重要的时期，在此期间，世界各国的水资源被广泛开发利用，用水量迅速增加。水资源开发利用带来的综合利用、用水管理、投资分摊、环境保护、组织体制等一系列问题都反映到水法中，包括发达国家在内的许多国家都在修订旧的水法，或制定新的水法(林洪孝等，2012)。

世界各国水法大致归纳为两种类型：一类以英国、法国等一些欧洲国家为代表，他们制定一个基本水法，内容包括水资源开发、管理、保护等方面的基本政策；此外还制定了专项法规，如英国 1973 年制定的《英国水法》，规定了水务局的设置、职能及水管理任务等；法国 1964 年通过的《水法》侧重水的分配、防止污染等。另一类以美国、日本等国为代表，他们根据水资源利用和管理的需要制定针对各种目的的法规，但没有一个基本水法，如美国、澳大利亚没有统一的国家水法，各个州根据各自的需要制定自己的水法，相关大型水工程的规划、拨款、建议和管理几乎都是通过国会立法确定。1824 年美国国会批准了第二个有关水的法规《河道和港口法》，1983 年里根政府批准了《水土资源开发利用研究的经济与环境原理和指南》，期间近 160 年共制定水的相关法规数十个。日本著名的水法有《河川法》《特定多目标法》《水资源开发促进法》《水污染防治法》等。

国际水资源立法的经验主要有：①水法的现代化趋势、现代水资源利用和管理中的新成果、新矛盾等不断在水资源立法中体现。②根据需要从多方面进行立法。实践表明，由于水资源利用和管理具有复杂性，不论有无基本水法，都需要制定多方面的水法规。③水法，包括基本水法，既要保持相对稳定，也要适时修改过时的条款(中国 21 世纪议程管理中心，2010)。

1.2.3.1　德国的经验及特点

德国的水资源流域管理具有以下特点：①注重立法规范管理。德国各级管理部门的工作重心放在规划制定和实施监督上，适时制定颁布各种规章制度、许可办法，对管理中出现的问题加以规范和约束。②政府加强宏观管理。各级水管理机构独立行使执行和监督权力。政府机构集中精力做好宏观管理，许多供水和污水处理的工程，完全由各类具有独立法人资格的协会、联合会或公司去实施。德国水管理政策的长期目标是保持或恢复水资源的生态平衡。③严格水资源保护。20 世纪 70 年代早期，水污染问题引起了政府的重视。政府采取各种措施，大概用了 30 年的时间，德国走上了经济与环境协调发展之路。在德国巴伐利亚州，从水管里流出来的水就是一级品质，可以直接饮用，不必进行预处理。

1.2.3.2　美洲国家的经验及理念

美国《清洁水法》规定了水体污染物的点源排放，并且通常应用统一的技术来限制污染物的排放，而且设置更为严格的许可规定以达到以环境为基准的水质标准。《濒危物种法案》强调水文调节的重要性，要求所有的联邦机构与美国渔业和野生动物主管部门协商，保证各种行动都不会危及任何濒危物种的生存，进而引出了很多水域的恢复和管理计划，并将此作为联邦政府负责运行的大坝最低泄水量的依据。美国加利福尼亚州和华盛顿州，已经开始实施举措，以保障公众的用水权益。国家还鼓励各个州建立创新方案，以减少非点源污染的危害。

目前一些先进的管理理念和方法有以下 4 种。

1)系统的思维方式。该思维模式不是针对个体考虑的，而是从因果关系和系统的角度来试图解决问题。例如，美国在防洪、湿地保护、公众利益等多方因素上采用系统思维的方式。

2)公众参与。水资源工程管理部门、代理人不再主宰决策系统，取而代之的是与水管理有关的各种利益集团进行民主协商,这样当地人的见解和优先权就被结合到水资源的管理之中。

3)适应性管理。管理者根据监控数据不断调整行为以适应环境、经济条件以及社会的选择,从而能更好地适应系统。

4)多目标的水资源工程与管理。水的工程很少趋向于单一目的,往往与防洪减灾、加强航运能力、供水、生物多样性保护等多种目的相结合。

墨西哥政府详细制定了一套正确评估水资源的策略,包括两个方面。

1)调整气象和计算机系统现有的工作人员结构。

2)更新原有设备,使之现代化,并制定出一套具体的操作方案,确保设备能得到正常维护,并为今后的设备扩充做好准备。

1.2.3.3 南非的经验及特点

南非水资源管理具有以下特点。

1)以流域为单元建立水资源管理机构。南非正在进行的水资源管理体制改革,最突出的特点是将原来按9个行政区设立的水资源管理机构逐步改为按19个流域设立水资源管理机构,按水资源的自然属性设计并建立流域水资源管理委员会。

2)南非基本解决了城市水务管理的问题。水资源的管理由水利部门负责,实际操作由供水公司运作,采取有效的市场运作模式。政府对这些公司只是控股,并不提供运行资金。

3)强调用水平等,重视水服务,特别是贫困地区和弱势群体的用水权已经提到法律的高度。

1.2.3.4 澳大利亚的经验及案例

澳大利亚政府对水资源管理分配较为公平。澳大利亚的行政管理手段与美国西部的优先占有权有相同的效果,联邦和各州提出了一系列的指导性原则。例如,州政府同意实施把水权从土地所有权中分离开来的配水系统,并明确规范了所有权、体积和转让方面的权利。澳大利亚水计划是通过国家立法来实施的,水计划提供给各个州的可能是一种风险分摊模式,该模式将涉及对减少占有权的赔偿,墨累-达令盆地是通过联邦 2007 年颁布的水法总体运作的,该方案中对墨累-达令流域的支持和对环境的支持在同等水平。澳大利亚政府提出了一种改革的新方法,在 2010 年投入到水资源管理活动中,并获得了联邦 20 亿澳元的资助。

1.2.3.5 各国流域水资源管理体制对我国流域水资源管理的启示

综上所述,各国均根据其国情制定了适合本国的水资源管理模式。行政区域管理和流域管理结合并相互协调的美国模式,是全方位的水资源管理模式。权责清晰的分部门行政与集中协调的日本模式,把"多龙治水"协调完善。我国涉及水资源保护的管理部门主要有水利部、环境保护部、国土资源部、农业部、林业局、工业与信息化部、住房和城乡建设部等。由于水资源保护涉及部门较多，而且各部门管理权限界定较为模糊，所以导致管理权责不清、能力建设重复等问题。因此，亟待从流域管理的角度加强水资源保护监控体系建设与研究工作。需要强调的是，水资源保护不仅要分别注重水量和水质管理，还应进行水量和水质的统一管理，实现水资源的永续利用。

1.3　我国流域水资源保护研究现状

中国水资源保护的早期工作主要在各流域水资源保护机构中展开。这些工作可大致概括为以下 7 个方面(水利部水资源司，2011)。

1)摸家底(流域点污染源调查)。

2)亲督查(以企业为主要对象对其排污行为进行监督检查。在流域水资源保护机构成立的初期，国务院赋予了这些机构对废污水排放实施监督检查和报告的职权)。

3)订规划(牵头组织流域各省区开展水污染防治和水资源保护规划)。

4)建站网(规划并实施流域水环境监测站网)。

5)做实验(开展水质监测和评价)。

6)搞研究。

7)做环评(包括配合地方环境保护部门对工程项目建设"三同时"执行情况实施监察)。

21 世纪初期，随着社会经济的快速发展，水资源短缺和水污染日趋严重，我国由于水资源短缺、河水污染而导致的河道干涸、湿地萎缩、生态恶化问题，引起了国家领导人以及社会各界的高度重视。这一时期，中国的经济社会发展面临着经济增长过程中资源约束加剧、结构升级过程中资源供需矛盾更加突出、生态环境总体恶化的趋势尚未得到根本扭转、资源综合利用率低、保护资源环境的体制不完善等矛盾和问题。因此，在保持经济快速发展的同时，更加注重考虑资源和环境的承受力，注重统筹人与自然和谐发展，走新型工业化道路，大力转变增长方式，调整经济结构和布局，实施资源节约战略，推动发展循环经济。

2011 年，"中央一号文件"明确提出，实行最严格的水资源管理制度，强调水资源管理以配置、节约和保护并重，这是对现阶段水资源保护管理提出的新要求。2012 年，党的"十八大"报告提出，大力推进生态文明建设。生态文明作为人类在发展物质文明过程中保护和改善生态环境的成果，表现在人与自然和谐程度的进步和人们生态文明观念的增强。建设生态文明，要求必须转变经济发展方式，尽快形成节约能源资源和保护生态环境的产业结构、增长方式和消费模式。

近年来，我国的流域管理也取得了一定的成绩，在水资源管理方面实施的制度有：①水资源优化配置制度；②取水许可制度；③水资源有偿使用制度；④计划用水制度；⑤超定额用水累进加价制度；⑥节约用水制度；⑦水质管理制度；⑧水资源公报制度；⑨实行最严格的水资源管理制度等(王冠军等，2012)。

1.4 我国流域水资源保护存在的问题及对策分析

1.4.1 水资源保护存在的问题

从整体上看，我国水资源管理主要面临 4 大问题（中国科学院水资源领域战略研究组，2011；左其亭，2013）。

1.4.1.1 水资源紧缺

我国年均可再生淡水资源总量约为 28 000 亿 m^3，但人均占有量仅为世界平均水平的 1/4，是世界 13 个水资源严重短缺的国家之一。水资源分布不均，水土资源不相匹配：长江以南人均水资源量达到 3600m^3 以上，但北方人均水资源量只有 720m^3；长江流域及其以南地区国土面积只占全国的 36.5%，其水资源量却占全国的 81%；淮河流域及其以北地区的国土面积占全国的 63.5%，但其水资源量仅占全国水资源总量的 19%。我国约有 3 亿农村人口喝不上符合标准的饮用水，农田受旱面积年均达 3 亿亩①。工业和城市用水的紧张状况不断突出，这已经成为一些城市发展的主要制约因素之一。

1.4.1.2 水污染严重

全国七大水系符合Ⅲ类以上水质标准的仅占 40%，200 多个湖泊中 80% 富营养化。水体污染严重问题没有得到遏制，进一步加剧了水资源供需矛盾。

1.4.1.3 水土流失、生态恶化

目前，我国水土流失面积为 356 万 km^2，占国土面积的 37%，每年流失的土壤总量达 50 亿 t。严重的水土流失，不仅导致土地退化、生态恶化，而且造成河道、湖泊泥沙淤积，加剧了江河下游地区的洪涝灾害。牧区草原沙化严重，全国牧区 33.8 亿亩可利用草原中有 90% 的牧区草地退化问题突出。地下水超采严重，大量湖泊萎缩，滩涂消失，天然湿地干涸，水源涵养能力和调节能力下降，水生态失衡呈加重趋势。

---

①1 亩 ≈ 666.7m^2。

1.4.1.4　洪涝灾害频繁

我国河流众多，流域面积在 100km² 以上的有 5 万多条，大量中小河流防洪标准低。受季风气候影响，我国是一个洪涝灾害严重的国家。1998 年，长江流域发生大洪水以后，我国加大了对防洪的投入，目前，七大江河的防洪设施质量有了较大的提高，防洪工程体系已具较大规模，防洪形势得到了一定程度上的改观。由于大部分江河的防洪工程系统还没有达到规划标准，尤其是蓄滞洪区建设严重滞后，尚未形成完善的防洪减灾体系，所以洪涝灾害对我国仍有严重威胁。已建成的水库中有 3 万多座为病险水库，防洪能力极低，局部性的山洪、泥石流、滑坡灾害点多，防御难度大，台风所造成的灾害难以防御。

1.4.2　流域水资源保护新举措

1.4.2.1　新时期的水资源保护情势

21 世纪初，流域性水污染已成普遍现象。尽管各大水系被污染的时间有先有后，但在这一时期，河流水质恶化的程度均达到了历史峰值，尤以北方河流为重。近年来，随着国家节能减排政策的推进和地方水污染防治力度的加大，整体水环境质量出现了好转的迹象，但是考虑到水污染问题的滞后性、治理的复杂性和长期性等特点，水污染形势仍然不容乐观。各类突发性水污染事件的频发对供水安全产生了极大的威胁，保障供水安全成为新时期水利行业的头等大事，应对各类突发性水污染事件，也就成为水资源保护部门的一项重要职责。

1.4.2.2　法规建设

20 世纪 90 年代中后期，我国社会主义市场经济体制已经确立并不断完善，经济社会快速发展，水资源需求持续增加，水资源短缺、水污染问题日趋严重。1998 年的大洪水后，党中央、国务院对新时期水利工作提出了一系列方针。水利部根据中央水利工作方针，提出了从工程水利向资源水利，从传统水利向现代水利、可持续发展水利转变的新思路。

2002 年 8 月，《中华人民共和国水法》经第九届全国人大常委会第 29 次会议修订通过，自 2002 年 10 月 1 日起施行。2008 年 2 月，《中华人民共和国水污染防治法》经第十届全国人大常委会第 32 次会议修订通过。修订后的《中华人民共和国水污染防治法》对水污染防治制度进行了补充修改完善。

国务院出台的与水资源保护有关的行政法规包括：2000 年修正出台的《水污染防治法实施细则》；此外，水利部陆续发布了《水功能区管理办法》、《入河排污口监督管理办法》、《建设项目水资源论证管理办法》、《水文水资源调查评价资质和建设项目水资源论证资质管理办法》和《取水许可管理办法》等规章。各个地方也相继修订了《中华人民共和国水法》实施办法，制定了水资源保护的专项法规，水资源保护法规体系不断完善。2012 年 1 月《国务院关于实行最严格水资源管理制度的意见》，成为现代水资源管理的主要依据。

1.4.2.3 规划编制

2000 年 2 月，水利部发布了《关于在全国开展水资源保护规划编制工作的通知》，此次规划依据 1998 年《中华人民共和国水法》和水利部"三定"方案，在全国水功能区划分的基础上编制，并形成了系统的水资源保护规划体系和思路，标志着水资源保护管理和规划进入了一个新阶段。

为贯彻落实国家新时期的治水方针，根据新的治水思路来进一步加强水资源管理工作，以水资源的可持续利用来支持经济社会的可持续发展。2002 年 3 月，国家发展和改革委员会与水利部联合发出通知，决定在全国范围内开展水资源综合规划编制工作，分别完成全国各流域、省(自治区、直辖市)水资源综合规划。由国家发展和改革委员会与水利部牵头，农业部、建设部、国土资源部、林业局、环境保护总局和中国气象局等部门参加，成立全国水资源综合规划编制工作领导小组，于 2002 年 4 月联合部署并在全国范围内形成了全国技术组和省(自治区、直辖市)共同开展水资源综合规划的工作模式。规划分 3 个阶段：水资源评价阶段、水资源配置阶段和规划实施方案阶段，此次水资源综合规划基准年为 2000 年，近期水平年为 2010 年，中期水平年为 2020 年，远期水平年为 2030 年，主要内容涉及水功能区划的补充和调整、水功能区水质目标拟定、水功能区纳污能力设计、纳污能力计算、污染物入河量、污染物控制量与削减量、地表水水质保护措施、地下水保护等。

2004 年，水利部下发了《关于水生生态系统保护与修复的若干意见》(水资源〔2004〕316 号)，水生态系统保护与修复的试点工作开始展开。为科学制定流域治理开发和保护的总体部署，提出流域可持续发展的规划蓝图，2006 年，水利部办公厅《关于编制大江大河流域综合规划修订工作任务书的通知》(办规计函〔2006〕502 号)指出"流域综合规划修订要把维护河流健康作为工作重点，合理确定河流的生态环境需水量"，流域综合规划修订更加强化流域综合管理、维护河流健康、开发中保护的规划理念。2007 年，国务院办公厅转发《水利部关于开展流域综合规划修编工作意见的通知》(国办发〔2007〕44 号)明确提出"对生态严重恶化的流域，要提出有效遏制生态恶化的修复与保护措施"。规划内容由原来的水质保护向生态保护拓展，流域管理机构开展了涵盖水生生物保护、湿地保护、涉水景观保护、涉水自然保护区及河湖生态需水等内容的流域水生态系统保护与修复试点工作，并编制了相关规划。

2008 年 12 月，水利部批复了《全国主要河湖水生态系统保护与修复规划任务书》(办规计〔2008〕562 号)，部署开展我国主要河湖水生态系统保护与修复规划编制工作，该工作在水利部水电规划设计总院组织下于 2009 年初启动，全国七大流域管理机构参加规划编制工作，这标志着我国水生态系统保护与修复规划工作进入了新的纪元。

2012 年，水利部组织编制《全国水资源保护规划技术大纲》，为流域水资源保护规划编制奠定基础。

1.4.2.4　监督管理的实施

水功能区划是为协调水资源合理利用与有效保护之间的关系而做的一项重要工作，2002 年 4 月，经水利部正式批准在全国试行。水功能区划已正式写进了新修订的《中华人民共和国水法》中。省界水质监测是水功能区管理的重点，"十五"期间，水利部组织各流域管理机构对省界水体监测站点进行了规划与建设。为规范省界站点设置技术要求，水利部水文局与部水资源司共同制定了《省界水体水质站设置导则》，以部办资源函〔2006〕406 号文下发试行，目前已实测的省界监测站点达 300 多处。

随着《中华人民共和国水污染防治法》和修订后的《中华人民共和国水法》的相继颁布，省界缓冲区监督管理已成为流域管理机构面向社会公众服务的重要职能和工作重点之一。《中华人民共和国水法》和《中华人民共和国水污染防治法》等法律法规明确规定了流域水资源保护方面的职责，其职责包括功能区划、水质监测、入河排污口管理等。

省界缓冲区监督管理作为流域水资源保护的主要手段之一，居于重要地位。为进一步加强省界缓冲区的监督管理，2006 年 8 月初，水利部印发了《关于加强省界缓冲区水资源保护和管理工作的通知》，明确规定省界缓冲区水资源保护和管理工作由流域管理机构负责，并对相关工作提出了明确要求，从而使省界缓冲区明确成为流域管理的重要组成部分。

为有效实现水资源管理和保护，《中华人民共和国水法》明确规定了我国实行水功能区划和排污总量控制制度，各省相继批准了各自的水功能区划，我国已初步形成了以水功能区为单位进行监督管理的水资源保护制度。同时，水域纳污能力计算被提上了议事日程，2006 年，水利部编制了我国首部《水域纳污能力计算规程》，并于 2006 年 12 月 1 日正式实施，为我国开展水功能区管理，实行排污总量控制、防治水污染、有效保护水资源奠定了基础。

2002 年，修订的《中华人民共和国水法》第一次从法律上赋予了水行政主管部门保护水资源的职责，确立了包括入河排污口管理在内的水资源保护制度，要求"禁止在饮用水源保护区内设置排污口"。2004 年 11 月 30 日，水利部以第 22 号部长令，发布了《入河排污口监督管理办法》，作为《中华人民共和国水法》配套法规，对入河排污口档案和统计以及入河排污口的监督检查等方面提出了明确的要求。2005 年 3 月，水利部又印发了《关于加强入河排污口监督管理工作的通知》（水资源〔2005〕79 号），对《入河排污口设置论证基本要求（试行）》作出了统一规定,有力地推动了各级水行政主管部门和流域管理机构入河排污口监督管理工作的开展。

为规范重大水污染事件报告行为,避免或减少水污染事件造成的损失,水利部水资源司根据国务院办公厅《关于加强晋级重大情况报告工作的通知》,于 2000 年制定了《重大水污染事件报告暂行办法》,全国主要江河流域陆续建立了突发污染事故快速反应机制。2006 年,国务院发布《国家突发公共事件总体应急预案》和《国家突发环境事件应急预案》之后,又于 2007 年出台了《突发事件应对法》,对突发事件的应急处置从法律层面进行了制度性规定。2008 年,水利部印发的《重大水污染事件报告办法》规定,流域管理机构对直接管理河流发生的重大水污染事件有向水利部报告的责任,同时也有向省级人民政府和水行政主管部门通报的义务。

1.4.2.5 水生态系统保护

1999 年,水利部部长提出人与自然和谐相处的治水理念。2003 年,水利部开始全面安排和部署水生态系统保护与修复工作。2004 年,水利部下发《关于水生态系统保护与修复的若干意见》,第一次明确提出了水生态系统保护与修复的要求,将水生态系统的保护与修复作为水行政主管部门的重要任务,提出了水生态系统保护与修复的主要任务、基本原则和工作步骤。

2005 年 10 月,水利部正式批复武汉市为全国水生态系统保护与修复首批试点城市。2006~2007 年,水利部联合各省市,启动了第一批试点地区,包括桂林、武汉、无锡、莱州、丽水、新宾、凤凰、查干湖 8 个试点。8 个试点地区的植被覆盖率平均提高了约 15%,生物多样性得到了保护。2009 年,武汉市通过了水利部和湖北省人民政府的联合验收,其城市集中污水处理率由 2002 年的 6.4%提高到 2008 年的 80.7%,湖泊和河流水质以及水功能区达标率平均提升了 30%。水利部随即印发了《水利部关于加快推进水生态文明建设工作的意见》等指导文件,选择了基础条件较好、代表性和典型性较强的城市,开展水生态文明建设试点工作,目前首批 46 个试点城市的示范作用已初步显现。作为水利部首批水生态文明建设试点之一,苏州市构建了水环境治理、水生态修复、水资源管理等 6 大体系,实施了湖泊综合整治、河网水质提升、节水减排和控源截污等 10 大行动。

1.4.2.6 我国的流域水资源保护框架

在我国现行的流域水资源保护管理体制下,基于流域综合管理理念,可以初步描绘我国的流域水资源保护框架(图 1-1)。从水资源持续利用和生态系统健康角度提出流域水资源保护目标,从流域与区域水资源、水环境和水生态系统承载力出发分析资源环境与经济社会响应关系,结合区域发展进行预测分析,提出需要解决的主要问题及应对思路,实现一套各部门认同、区域和流域管理机构各尽其职的流域水资源保护监控体系，并结合流域水资源保护法律法规体系以及考核评估体系，明确界定不同部门、流域管理机构、区域政府的各自职责，处理好流域管理机构与流域内地方政府的关系，充分发挥流域管理机构的监督管理职能，实现流域水资源保护科学、高效的管理(潘成忠等，2013)。

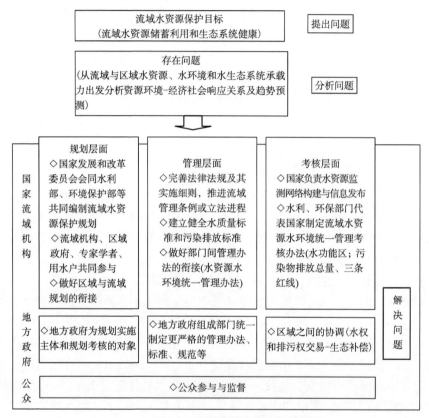

图 1-1　我国流域水资源保护框架

1.5　松辽流域水资源保护探索

1.5.1　松辽流域水资源保护起步阶段

松辽流域泛指东北地区的松花江、辽河、沿黄渤海诸河及国境河流(中国侧)流域，行政区划包括黑龙江、吉林、辽宁三省和内蒙古自治区东部四盟(市)及河北省承德市(松辽片)一部分，行政分区面积分别为 45.48 万 km²、18.74 万 km²、14.38 万 km²、45.85 万 km² 和 0.44 万 km²，流域总面积 124.89 万 km²。流域主要河流有额尔古纳河、黑龙江、松花江、乌苏里江、绥芬河、图们江、辽河、浑河、太子河、鸭绿江以及沿黄渤海诸河等(金春久，2012)。

1977 年，吉林省委在上报国务院的《关于防治松花江水系污染的请示报告》（吉革发〔1997〕101 号）中指出："目前，第二松花江中、下游水质明显恶化。经统计，吉林地区每天排出工业废水和生活污水约 290 万 m³，占第二松花江枯水期流量的三分之一以上。长春市每天排出 20 余万立方米生活污水和工业废水，经伊通河流入饮马河，再注入第二松花江。即使冬季冰封期，吉林市以下 300 余千米的哈尔滨市江水中仍出现化学品的剧烈异臭。"（松辽水系保护领导小组办公室，2003）

国务院对吉林省、黑龙江省关于防治松花江水系污染的请示报告的批复

吉林省、黑龙江省革命委员会：

国务院原则上同意吉林省革命委员会《关于防治松花江水系污染的请示报告》和黑龙江省革命委员会《关于松花江水系受到严重污染的报告》，同意成立"松花江水系保护领导小组"，领导小组分别由吉林省、黑龙江省革命委员会负责同志担任正副组长，水电部、化工部、冶金部、轻工业部、卫生部、国家科委计划部门的负责同志参加。领导小组下设办公室，编制五到七人，由所在省革命委员会代管，所需行政费用，由所在省的财政部门核拨，企业治理"三废"所需的资金、材料、设备，要发扬自力更生、勤俭建国的精神，首先在厂内解决。不足部分，纳入有关地区和部门的基建和技措计划。有关科研工作，由领导小组会同国家科委统一组织。

松花江是我国重要水系之一。防治松花江的污染，对于发展工农业和渔业生产，充分利用水利资源，保障人民健康，具有重大意义。望你们在党的十一大路线指引下，以揭批"四人帮"为纲，真正把环境保护工作纳入党委议事日程，加强领导，搞好协作，广泛发动群众，在认真调查研究的基础上，制定切实可行的治理规划和管理条例，采取有力措施，抓紧治理，早日消除松花江水系的污染。

一九七八年四月十三日

1978 年 4 月，国务院批复成立松花江水系保护领导小组及其办公室；1984年 3 月，水利电力部、城乡建设环境保护部联合批复成立松辽流域水资源保护局，并将其继续作为松花江水系保护领导小组的办事机构；1986 年 7 月，国务院环境保护委员会批复松花江与辽河流域四省（自治区），同意将松花江水系保护领导小组扩大为松辽水系保护领导小组。

第二松花江在 19 世纪 70 年代受到甲基汞污染，曾引起沿岸居民出现类似日本"水俣病"的症状。这一问题引起了中央领导层的高度重视，时任副总理康世恩批示："想尽一切办法，清除这种甲基汞排放污染。"为此国家启动"松花江甲基汞和江底沉积汞迁移转化规律及防治途径的研究"。

1995年，松辽水系保护领导小组颁布了《松辽流域水污染防治暂行办法》。松辽流域水资源保护局近年的主要工作情况参见本书附录1。

2014年松辽流域重要水功能区水质评价成果表和世界水日、中国水周历年主题汇总分别参见本书附录2和附录3。

1.5.2 松辽流域水资源保护推进阶段

松辽流域水资源保护经过二十几年的推进摸索，逐渐形成了具有流域特色的"松辽管理模式"。

1.5.2.1 管理模式

松辽流域水资源保护工作管理模式如图1-2所示。

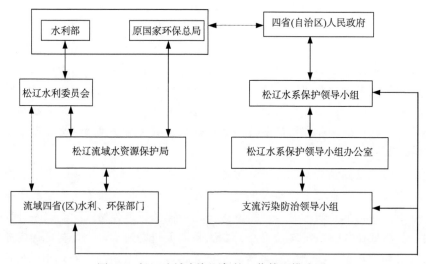

图1-2 松辽流域水资源保护工作管理模式图

1.5.2.2 基本特点

松辽流域水资源保护的基本特点主要有：

1)松辽管理模式由条块组成，是流域与区域管理相结合的典型结构。

2)模式具有较好的职能兼容性和协调性，体现了跨行业、跨省区、跨部门之间管理职能的综合与互补，以及管理任务的协调与协作。

3)模式结构自成体系，因此可以保证指令通畅，信息反馈及时，构成良好的管理系统，提高管理的有效性。

4)模式结构具有多层次、综合性特点，因此指令方位多，服务跨度大，对当前水资源保护这个复杂的谱系系统工程来说，此结构是适用的和科学的。

5)模式结构是经纬组合体，因此具有统一性与网络性。

6)该模式的结构性能决定了水系管理可以借助四省(自治区)政府的影响力,实行有效的水资源保护,因此具有一定的权威性。

1.5.2.3 管理效能

"松辽管理模式"的管理效能主要通过以下 3 个层次体现:①决策上,主要谋划制定流域水资源保护和水污染治理规划并就实施作整体的运筹和指导;②管理上,松辽水系保护领导小组下设办公室(简称水系办),负责制定和推进计划,协调各方关系,落实工作任务,提供技术服务,处理日常事务;③执行上,通过四省(自治区)水利、环保部门,按照整体工作部署的行动计划,依法各司其职、各负其责,做好监督管理工作。

"松辽管理模式"在二十几年的实践中,凭借条块结合的管理优势、地方政府的权利影响力、流域管理机构的职能作用,在流域水资源保护和水污染防治工作中发挥了流域整体性、区域协调性、管理权威性的不可替代作用。

1.5.2.4 主要经验

1)"松辽管理模式"是水系保护事业的成功选择。流域水资源保护和水污染防治要照顾上下游、左右岸、干支流等多方面,还要考虑各区域之间的利益,解决好这个问题必须建立一个有效的流域管理模式。实践证明,领导小组这种管理模式,不仅符合国情和流域的管理模式,也符合国情和流域的实际,曾为国内高层和专家所称誉。这种管理模式的成功之处就在于:一是流域与区域相结合,既从流域的整体来考虑问题又有利于兼顾区域利益;二是区域与区域相联合,既有利于协调关系增进友谊,也有利于联合共事改善区域水环境;三是行业之间相联合,既有利于职能互补,又有利于统一管理;四是部门间的相配合,既有利于多方配合综合治理,又有利于联合执法统一行动。

2)在"跨"字上做文章,发挥不可替代的作用。松辽水系保护领导小组的产生和存在,主要解决跨越省(自治区)的水污染和水资源保护问题。多年来,领导小组本着"宏观调控、以法保水;科学管理、规划指导;监督检查、重点协调;联合治污、有效服务"的指导思想,从流域整体出发,把解决跨省(自治区)水污染问题作为自己的责任,重点在"跨"字上做文章,从宏观上加以调控,而不是代替省(自治区)正常的水资源保护和水污染防治工作,切实地做到了正确定位、科学摆位、准确站位。

3)发挥综合优势,联合保水治污。流域性的水资源保护和水污染防治工作是一项复杂的系统工程,搞好这项工作需要发挥综合优势,关键要立足于提高综合能力。一是提高综合决策能力,吸纳省(自治区)领导及部门负责人参与流域管理和决策,在统筹考虑区域社会经济发展的基础上,编制流域专项保护治理规划,形成统一的思路和目标;二是综合各区域的特点和实际,从长远和总体出发,既兼顾局部利益，更要考虑流域的协调发展；三是综合流域与区域各方面的力量，团结协作，各负其责，统一部署，形成联合治污的良好态势；四是提高综合执法能力，领导小组的组织形式具有行业联合的特点，能够将《中华人民共和国水法》、《中华人民共和国水污染防治法》等法律法规在执行中有机结合，有效地开展综合执法，同时结合松辽流域的实际，制定和完善相关的符合流域特点的配套法规，增强《中华人民共和国水法》、《中华人民共和国水污染防治法》的可操作性和实效性；五是提高综合治理能力，采取行政、法律、经济等多种管理手段，并应用科学技术，对点源、面源、内源等进行有效监管，综合治理。

4)抓住重点，在解决突出问题上下功夫。流域水资源保护和水污染防治工作任务繁重，千头万绪，要坚持整体推进、突出重点、有效控制、逐渐改善的原则。针对流域自然特征和污染特点、各时期的治理要求、各时段的水质污染变化情况，紧紧抓住重点，对重点污染源实行限期治理；对重点污染物，主要是对有毒有机物实行综合治理；对重点污染时段加强监控，特别是要加强对冰封枯水期和干旱缺水期水质恶化的监督检查；对重点污染水域跟踪监测并开展专项污染治理研究；对饮用水源实施重点保护。

1.5.3　松辽流域水资源保护发展完善阶段

近年来，松辽流域水资源保护局与有关单位联合开展相关工作，已取得阶段性成果，具体如下所述。

(1)水利部松辽水利委员会第一次全国水利普查项目通过水利部验收

2013 年 11 月，水利部松辽水利委员会(简称松辽委)组织实施的第一次全国水利普查项目通过了水利部验收。通过普查，查清了流域内河流水系、水资源开发利用现状，摸清了经济社会用水特点，查明了水利行业能力建设管理状况，并对以往流域内掌握较为薄弱的方面进行了全面补充，填补了流域相关数据空白，为进一步加强流域管理工作提供了重要的基础数据支撑。

(2)松辽流域水资源保护规划编制工作取得新进展

松辽委按照水利部工作安排部署，强化规划编制的组织领导，积极推进并建立了流域—省区—项目编制组三级联动的组织协调工作体系；把握规划编制的关键节点和关键环节，努力提升规划的科学性；找准定位，印发了《加强松辽流域水资源保护规划编制组织领导工作的通知》，实行开放式规划编制。规划编制注重水资源保护顶层设计，水质、水量和水生态统筹安排，水资源和水生态保护工程措施和非工程措施有机结合，水资源保护规划编制工作取得重要进展。

(3)积极开展水生态文明城市试点建设工作

辽宁省大连市、丹东市作为松辽流域首批水生态文明建设试点城市，率先完成了水生态文明城市试点建设实施方案编制工作，并于 2013 年 12 月通过了由松辽委会同辽宁省水利厅组织的审查。

1.5.4　松辽流域水资源保护监管体系

目前，松辽流域的水资源保护工作有序推进。针对松辽流域水资源保护工作中急需解决的重点、热点问题，从流域的整体性角度出发，松辽流域水资源保护局协同有关单位着力制定松辽流域水资源保护监测规划方案、开展松辽流域水资源保护监测能力建设、开发松辽流域实验室监测信息系统、构建松辽流域水资源保护数据库、集成松辽流域水资源管理系统、大力发展松辽流域水生态文明建设相关工作、融合松辽流域水资源保护新技术、提升松辽流域水资源保护监督与管理水平、深入研究松辽流域水资源保护的运行机制，从而构建了松辽流域水资源保护监管体系，为松辽流域水资源保护工作的科学化、规范法、信息化建设提供强有力的支撑和保障。

1.6　本书主要的研究内容

1.6.1　松辽流域水资源保护监测规划

为加快构建松辽流域水资源保护监管体系，完善监测站网，增强监测能力，保障水资源保护监测工作科学、有序开展，根据水利部的统一部署，松辽流域水环境监测中心负责组织流域内省（自治区）开展了《松辽流域水资源保护监测规划》编制工作，为指导和规范今后一个时期内流域水环境监测工作的科学、有序开展提供重要的依据。

1.6.2　松辽流域水资源监控体系基础建设

1.6.2.1　松辽流域水资源保护监测能力建设

为提升松辽流域水资源监测能力，加强松辽流域水资源保护基础建设，提高松辽流域水环境监测中心及吉林省、辽宁省、黑龙江省、内蒙古自治区水环境监测中心的实验条件，形成先进、合理的松辽流域水资源质量监测网络体系，提高松辽流域水质、水量信息的及时性、全面性、准确性，并进行科学的水资源保护管理工作提供依据。

1.6.2.2　松辽流域水环境实验室信息系统建设

结合松辽流域水环境监测工作需要，解析水环境实验室质量保证与控制关键技术，推动水质监测部门监测样品的分析与管理工作，建立松辽流域水环境信息系统，运用先进的数据库技术对水环境监测数据进行科学管理，从而实现松辽监测中心实验室质量管理体系。

1.6.2.3 松辽流域水资源质量信息数据库建设

松辽流域水资源质量信息数据库的建设是一项系统性工程，数据库功能主要由分类评价、分组评价、入库评价、数据中心、趋势分析、系统管理 6 个模块组成。该数据库作为流域水质监测数据中心，通过对水资源保护监测数据的分类和分组评价，来分析预测水质趋势，完善松辽流域水资源保护工作的信息化、标准化建设。

1.6.2.4 松辽流域水资源管理系统建设

通过分析松辽流域水资源情况，基于松辽流域水资源管理系统平台，构建松辽流域水资源数量与质量联合评价体系，基本实现与中央、省级水资源管理过程核心信息的互联互通和主要水资源管理业务的在线处理，构建松辽流域水量水质实时监控和决策支持系统，为实行最严格水资源管理制度提供技术支撑。

1.6.2.5 松辽流域水生态文明建设与应用

通过对松辽流域水生态文明建设的解析，以向海湿地生态应急补水、引嫩入扎工程为实例，提出松辽流域水生态文明建设的策略及建议；调查黑龙江省主要典型湖库的水生态基本情况，为黑龙江省主要典型湖库提供水生生物基础数据；结合松辽流域水环境监测中心主编的《水质 叶绿素的测定 分光光度法》(SL88—2012)水利行业标准，探讨叶绿素 a 的监测方法，为流域水生态监测提供技术支持。

1.6.3 松辽流域水资源保护技术研究与实践

1.6.3.1 松辽流域水资源保护新技术

信息的快速获取与处理技术是当前正在迅速发展的新技术。基于水资源管理有关技术特点，结合松辽流域水资源保护工作研究的最新成果，从松辽流域水资源保护技术体系与管理策略入手，以遥感技术在松辽流域饮用水水源地水质达标评估中的应用为例，遥感技术(remote sensing，RS)、地理信息系统(geographical information system，GIS)、全球定位系统(global positioning system，GPS)，简称"3S"技术，分析"3S"技术在松辽流域水资源保护中的应用，进而开展系统动力学、贝叶斯技术、松花江干流水质模型开发与验证等新技术在松辽流域水资源保护工作中的应用进展。

1.6.3.2　松辽流域水资源保护监督与管理

从松辽流域水资源保护监督与管理亟待解决的问题入手，结合松辽流域省界缓冲区、松辽流域入河排污口等监管实例，研究年度水功能区水质达标率分解，确定省级行政区内年度水功能区水质达标率，形成科学的水功能区限制纳污红线目标分解方案，为水行政主管部门开展水功能区水质达标评价工作提供科学可行的技术支撑。

1.6.3.3　松辽流域水资源保护机制研究

在分析现行水资源管理制度建设及执行等问题的基础上，借鉴国内外的先进理论和成功经验，探讨流域水资源管理考核机制，研究流域机构建立纳污红线管理机制（确定水功能区纳污能力和水质达标率、建立红线考核指标体系、实施纳污红线监督管理等）、系统分析流域省界缓冲区管理机制（建立联合治污机制、建立水污染问责机制、引入自愿性环境协议机制、强化公众参与的督察和评估机制、探索资源经济政策引导机制）等。

第 2 章　松辽流域水资源保护监测规划

2011 年中央一号文件《中共中央国务院关于加快水利改革发展的决定》和《国务院关于实行最严格水资源管理制度的意见》(国发〔2012〕3 号)发布后,水利系统的水资源保护监测工作向"以水功能区为核心,服务于三条红线管理"转变,国务院批复的《全国水资源综合规划(2010—2030 年)》和《全国重要江河湖泊水功能区划(2011—2030 年)》为加快实现这种转变提供了有力保障。为更好地适应新时期水资源保护与管理的需求,应尽快构建松辽流域水资源保护监管体系,完善监测站网,增强监控能力,保障水资源保护监测工作科学、有序开展,松辽流域水环境监测中心负责组织流域内 4 省(自治区)开展《松辽流域水资源保护监测规划》编制工作。规划编制将为指导和规范今后一个时期流域内水利系统开展科学、有序、高效的水资源保护监测工作提供重要的依据。

2.1　水资源保护监测规划必要性

开展水资源保护监测是水利部门的重要职责和光荣使命,水资源保护监测规划的编制将为今后一个时期水利部门开展水资源保护监测工作起到良好的指导作用。《中华人民共和国水法》第三十二条规定"县级以上地方人民政府水行政主管部门和流域管理机构应当对水功能区的水质状况进行监测,发现重点污染物排放总量超过控制指标的,或者水功能区的水质未达到水域使用功能对水质的要求的,应当及时报告有关人民政府采取治理措施,并向环境保护行政主管部门通报"。《中华人民共和国水文条例》第二十条规定"水文机构应当加强水资源的动态监测工作,发现被监测水体的水量、水质等情况发生变化可能危及用水安全的,应当加强跟踪监测和调查,及时将监测、调查情况和处理建议报所在地人民政府及其水行政主管部门;发现水质变化、可能发生突发性水体污染事件的,应当及时将监测、调查情况报所在地人民政府水行政主管部门和环境保护行政主管部门"。国务院批准的水利部职责有"负责水资源保护工作,组织编制水资源保护规划,组织拟订重要江河湖泊的水功能区划并监督实施,核定水域纳污能力,提出限制排污总量建议,指导饮用水水源保护工作,指导地下水开发利用和城市规划区地下水资源管理保护工作,负责水文水资源监测、国家水文站网建设和管理,对江河湖库和地下水的水量、水质实施监测,发布水文水资源信息、情报预报和国家水资源公报"。《中华人民共和国水污染防治法》也对水利部门开展水资源质量监测工作的职责做出了具体规定。

在当前水资源短缺、水污染严重、水生态环境恶化等问题日益突出的总体背景下,为切实履行职责,水利系统急需建立健全水资源监测网络、提升水资源监测能力,提高履职能力和水平。《中共中央国务院关于加快水利改革发展的决定》(中发〔2011〕1 号)明确了实行最严格的水资源管理制度,建立用水总量、用水效率和水功能区限制纳污制度的"三条红线",同时加强水量水质监测能力建设,为强化监督考核提供技术支撑。《国务院关于实行最严格水资源管理制度的意见》(国发〔2011〕3 号)进一步要求"完善水功能区监督管理制度,建立水功能区水质达标评价体系,加强水功能区动态监测和科学管理"。水利部发布的"水利部办公厅关于印发全国重要江河湖泊水功能区水质达标评价技术方案的通知"则进一步对水功能区水资源质量考核提出了明确的要求。

贯彻落实 2011 年中央一号文件和最严格的水资源管理制度,确立水功能区限制纳污红线,必须进一步加强水资源监测工作,有效掌握水体水质状况,进而为最严格水资源管理制度考核提供依据。水资源保护监测规划工作是科学开展水资源监测工作的前提和保障,迫切需要进行合理规划,加强机构建设,优化水资源监测站网布局,提高监测设施设备能力,提升水利部门水资源监测的权威性,为政府水资源管理和决策支持提供坚实保障(周训芳和吴晓芙,2013)。

2.2 规划范围及水平年

2.2.1 规划范围

规划范围为黑龙江、吉林、辽宁和内蒙古自治区东部四盟(市),具体如下。

1)水功能区监测规划范围为省级及以上人民政府批复的水功能区,规划重点为国务院批复的重要水功能区。国务院批复的重要水功能区为国控水功能区,其余为省控水功能区。

2)省(国)界监测规划范围为水利部组织审定的省(国)界监测断面,均为国控断面。

3)饮用水水源地监测规划范围为流域内所有建制市和县级城镇的集中式饮用水水源地,规划重点为水利部颁布的《全国重要饮用水水源地名录》中的地表水饮用水水源地和供水人口大于等于 20 万人(或年供水量大于等于 2000 万 m³)的地表水饮用水水源地。《全国重要饮用水水源地名录》中的地表水饮用水水源地(含水利部对名录的调整和补充)为国控水源地,其余为省控水源地。

4)入河排污口监测规划范围为直接排入省级及以上人民政府批复的水功能

区的入河排污口和流域机构直管的入河排污口，规划重点为规模以上入河排污口和流域机构直管的入河排污口。

5）地下水水质监测近期规划范围为大型地下水水源地、严重污染河流沿岸、重要城市及周边地区和地下水严重超采地区等重点区域，规划重点为流域控制性代表站。远期规划范围为地下水开发利用较多的大型平原区和山间盆地，规划重点为列入国家地下水监测工程的水质监测站。流域控制性代表站和国家地下水监测工程的水质监测站为国控监测站点，其余为省控监测站点。

6）水生态监测规划范围为松辽流域列入《全国重要江河湖泊水功能区划》的重要敏感区水域和《全国主体功能区规划》中明确的国家级或省级自然保护区、国家级水产种质资源保护区等涉水的重要敏感区水域及全国水生态文明建设试点城市等。规划重点为水利部组织开展藻类监测试点工作的重点湖库及其他存在较大生态风险的大型河流湖库、重要江河河口等水域。

2.2.2　规划水平年

规划现状（基准）年为 2013 年，近期水平年为 2020 年，远期水平年为 2030年，规划重点为 2020 年。

2.2.3　规划目标

规划近期目标：到 2020 年，基本建成人工与自动相结合的水资源保护监测体系。列入省级及以上人民政府批复的水功能区监测覆盖率达到 60%以上（水功能区监测覆盖率应与各地管理要求相匹配），其中国务院批复的重要水功能区监测覆盖率达到100%；省（国）界断面水质监测覆盖率达到100%；列入《全国重要饮用水水源地名录》的地表水水源地全部实现在线监测，并按旬进行人工监测；《全国重要饮用水水源地名录》以外的供水人口大于等于 20 万人（或年供水量大于等于 2000 万 m³）的饮用水水源地实现按月监测，其他集中式饮用水水源地视情况适时监测；规模以上入河排污口和流域机构直管的入河排污口全部实现人工监测和调查；流域控制性地下水代表站全部实现人工监测；重点湖库、重要江河河口及存在较大生态风险的大型河流湖库等水域水生态监测试点工作有序推进；选择部分建站条件较好且有迫切建站需求的省（国）界、饮用水水源地、入河排污口建设自动监测站；各级监测机构监测能力显著提高，基本满足水资源保护监测工作需求。

规划远期目标：到2030年，建立健全水资源保护监测体系，水功能区、省（国）界、饮用水水源地、入河排污口、平原区地下水水质监测站点实现全面监控，水生态监测工作全面开展；各级监测机构实现达标建设，监测能力满足水资源保护监测工作需求。

2.3　技 术 路 线

松辽流域水资源保护监测规划技术路线如图 2-1 所示。

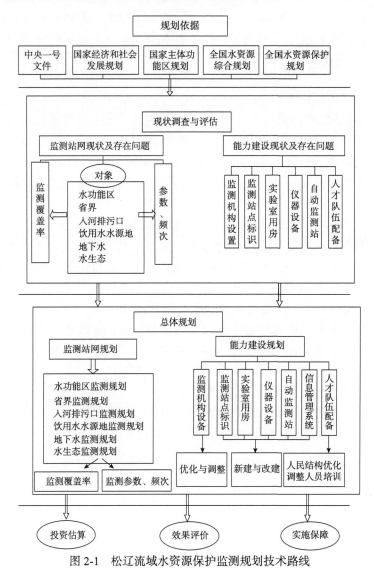

图 2-1　松辽流域水资源保护监测规划技术路线

2.4　水资源保护监测现状及存在的问题

2.4.1　监测站网现状

为全面掌握松辽流域水资源监测站网现状，通过收集和整理现有资料，充分利用全国水利普查、排污口普查、水资源公报以及全国水资源综合规划、流域综合规划修编、全国重要江河湖泊水功能区划、全国城市饮用水水源地安全保障规划、全国主要河湖水生态保护与修复规划、全国重要河湖健康评估试点等成果，对本流域内的水功能区、省(国)界、饮用水水源地、入河排污口、地下水、水生态监测站网布局现状进行统计和分析。

2.4.1.1　水功能区监测现状

(1)国控水功能区监测

松辽流域国控水功能区共有 899 个水质测站，其中一级水功能区水质测站 397 个，二级水功能区水质测站 502 个。截至 2013 年年底，已开展监测的国控一级水功能区水质测站共计 274 个，其中年监测频次不少于 12 次的有 146 个，不少于 6 次少于 12 次的有 89 个，少于 6 次的有 39 个；已开展监测国控二级水功能区水质测站共计 335 个，其中，年监测频次不少于 12 次的有 188 个，不少于 6 次少于 12 次的有 147 个；已开展监测的国控水功能区水质测站占全部国控水功能区水质测站的 67.7%。目前国控水功能区已建水质自动监测站 9 座。

流域内黑龙江省国控水功能区水质测站基本已全部开展监测，辽宁省国控水功能区水质测站监测比率在 60%以上，内蒙古自治区和辽宁省已开展监测的比率相对较低。黑龙江省国控水功能区水质测站 202 个，已开展监测的水质测站 196 个，占全省国控水功能区水质测站的 97.0%；吉林省国控水功能区水质测站 206 个，已开展监测 106 个，占全省国控水功能区水质测站的 51.5%；辽宁省国控水功能区水质测站 256 个，已开展监测 166 个，占全省国控水功能区水质测站的 64.8%；内蒙古自治区国控水功能区水质测站 222 个，已开展监测 133 个，占全省国控水功能区水质测站的 59.9%；其余的 13 个国控水功能区水质测站在河北省境内(流域机构监测的水质测站)，已开展监测 8 个，已监测占比为 61.5%。

(2)省控水功能区监测

纳入规划的省控水功能区水质测站共计 721 个，其中一级水功能区水质测站 244 个，二级水功能区水质测站 477 个。截至 2013 年年底，已开展监测的省控一级水功能区水质测站共计 146 个，其中年监测频次不少于 12 次的有 40 个，不少于 6 次少于 12 次的有 90 个，少于 6 次的有 16 个；已开展监测的省控二级水功能区水质测站共计 341 个，其中年监测频次不少于 12 次的有 192 个，不少于 6 次少于 12 次的有 149 个；已开展监测的省控水功能区占全部省控水功能区的 55.8%。目前还没有建成的省控水功能区水质自动监测站。

流域内内蒙古自治区的省级水功能区考核水质测站已全部开展监测，其他三省的省级水功能区考核水质测站已开展监测比率相对较低。黑龙江省级水功能区考核水质测站 195 个，已开展监测的有 27 个，占省级水功能区考核水质测站的 13.8%；吉林省级水功能区考核水质测站 217 个，已开展监测的有 5 个，占省级水功能区考核水质测站的 2.3%；辽宁省级水功能区考核水质测站 431 个，已开展监测的有 190 个，占省级水功能区考核水质测站的 44.1%；内蒙古自治区省级水功能区考核水质测站 30 个，已全部开展监测。

2.4.1.2 省(国)界监测现状

流域共设置省界水质监测断面 193 个，国界水质监测断面 49 个。截至 2013 年年底，已开展监测的省界水质监测断面共计 113 个，其中，年监测频次不少于 12 次的有 92 个，年监测频次少于等于 6 次的有 21 个，省界水质监测断面监测覆盖率为 58.5%；已开展监测的国界水质监测断面共计 43 个，其中，年监测频次不少于 12 次的有 13 个，少于等于 6 次的有 30 个，国界水质监测断面监测覆盖率为 87.8%。目前已建省界水质自动监测站 9 座，未建国界水质自动监测站。流域内省(国)界水质监测现状详见表 2-1。

表 2-1 松辽流域各级监测机构国界、省界水质监测现状表

各级监测机构(监测中心)	国界监测				省界监测			
	已监测站点个数	年监测≥12次	年监测≤6次	其中已建自动站	已监测站点个数	年监测≥12次	年监测≤6次	其中已建自动站
黑龙江省	9	0	9	0	7	1	6	0
吉林省	10	10	0	0	10	10	0	0
辽宁省	4	3	1	0	7	5	2	0
内蒙古自治区	0	0	0	0	20	7	13	0
松辽流域	20	0	20	0	69	69	0	9

2.4.1.3 饮用水水源地监测现状

纳入规划的国控水源地共计 105 个。截至 2013 年年底，已开展监测国控水源地 44 个，其中《地表水环境质量标准》(GB3838—2002)中规定的基本项目年监测频次为 12 次的有 38 个，监测频次为 6 次的有 6 个；规定的特定参数年监测频次为 6 次的有 13 个，其他的未开展特定参数监测。目前国控水源地已建水质自动监测站 10 座，全部在辽宁省监测范围以内。流域内国控水源地水质监测现状详见表 2-2。

表 2-2　松辽流域国控水源地水质监测现状表

各级监测机构 （监测中心）	已监测国控 水源地个数	GB3838 基本及补充项目		GB3838 特定项目		已建自 动监测 站个数
		监测项目数	监测频次（次/年）	监测项目数	监测频次（次/年）	
黑龙江省	6	31	6	5	6	
吉林省	15	31	12	80	≤6	
辽宁省	23	29	12			10
内蒙古自治区	0					
松辽流域	0					

纳入规划的省控水源地共计 355 个。截至 2013 年年底，已开展监测省控水源地共计 62 个，其中《地表水环境质量标准》（GB3838—2002）中规定的基本项目年监测频次为 12 次的有 45 个，监测频次为 6 次的有 17 个；规定的特定参数年监测频次不少于 6 次的有 18 个，监测频次为 3 次的有 13 个，监测频次为 1 次的有 1 个，其他的未开展特定参数监测。目前省控水源地已建水质自动监测站 1 座，位于内蒙古自治区阴河的三座店水库。流域内省控水源地水质监测现状详见表 2-3。

表 2-3　松辽流域省控水源地水质监测现状表

各级监测机构 （监测中心）	已监测省控 水源地个数	GB3838 基本及补充项目		GB3838 特定项目		已建自动监 测站个数
		监测项目数	监测频次（次/年）	监测项目数	监测频次（次/年）	
黑龙江省	17	31	6	5	6	
吉林省	13	31	12	80	3	
辽宁省	29	29	12			
内蒙古自治区	2	≤28	12	5	12	1
松辽流域	1	29	12	77	1	

2.4.1.4　入河排污口监测现状

纳入规划的入河排污口共计 1290 个。截至 2013 年年底，已开展监测入河排污口 537 个，监测频次为 2 次/年；监测项目达到 15 项的有 166 个，监测项目为 13 项的有 71 个，监测项目少于 9 项的有 15 个；入河排污口监测覆盖率约为 41.6%。目前入河排污口已建自动监测站 29 座，计划 2020 年增建入河排污口自动监测站 18 座。

2.4.1.5　地下水监测现状

纳入规划的国控地下水水质监测站点共计 654 个。截至 2013 年年底，已开展监测的国控地下水水质监测站点共计 184 个，年监测频次达到 12 次的有 6 个，监测 4 次的有 148 个，监测 3 次的有 30 个；监测项目达到 46 项的国控地下水监测站点共计 6 个，监测 28 项的有 126 个，监测 24 项的有 52 个。已开展监测的国控地下水水质监测站点分布在辽宁省和内蒙古自治区。国控地下水监测状况统计详见表 2-4。

表 2-4　松辽流域国控地下水监测状况表

各级监测机构（监测中心）	已监测站点数	监测项目				监测频次					
		监测项数	监测站数	监测项数	监测站数	监测频次(次/年)	监测站数	监测频次(次/年)	监测站数	监测频次(次/年)	监测站数
黑龙江省											
吉林省											
辽宁省	126	28	126			4	126				
内蒙古自治区	58	46	6	24	52	12	6	4	22	3	30

纳入规划的省控地下水水质监测站点共计 1634 个。截至 2013 年年底，已开展监测的省控地下水水质监测站点 523 个，已开展监测的省控地下水水质监测站点分布在黑龙江、吉林和辽宁三个省。其中黑龙江省已监测 289 个，监测频次为 2 次/年，监测项目为 28 项；吉林省已监测 162 个，监测频次为 4 次/年，监测项目为 32 项；辽宁省已监测 72 个，监测频次为 1 次/年，监测项目为 29 项。省控地下水监测状况统计详见表 2-5。

表 2-5　松辽流域省控地下水监测状况表

各级监测机构（监测中心）	已监测站点数	监测项目个数	监测频次（次/年）
黑龙江省	289	28	2
吉林省	162	32	4
辽宁省	72	29	1

2.4.1.6　水生态监测现状

生物指标包括浮游动植物、底栖动物、鱼类及其他水生生物；生境指标包括水文指标（水位、流量、流速）、水质指标、气象指标、河湖连通状态、重要湿地状态及与水生生物栖息相关的其他指标。目前，已开展监测的国控水生态监测区共计 11 个，其中，开展生境指标监测的有 11 个，开展水生生物指标监测的有 11 个。国控水域水生态监测规划站网统计见表 2-6。

表 2-6　国控水域水生态监测规划站网现状统计表（按行政区）　　单位：个

各级监测机构（监测中心）	国控水生态监测区	生境指标监测区	水生生物指标监测区
辽宁省	8	8	8
吉林省	3	3	3

2.4.2　监测能力现状

调查、收集水利系统现有实验室所在的流域及行政区、实验室用房面积,仪器设备承担的监测工作、自动站数量和人员队伍建设情况。在《全国水文基础设施建设规划(2013—2020年)》《国家水资源监控能力建设项目(2012—2014年)》等项目中已批复但尚未实施的设备设施,也应作为监测能力现状列出。

水利系统全国水资源监测网由水利部水质监测中心、流域水环境监测中心及其分中心、省级水环境监测中心及其分中心组成,原则上按属地原则开展监测工作。截至2013年年底,松辽流域建成流域水环境监测中心1个,没有流域分中心;建成省级水环境监测中心3个,省级分中心31个。松辽流域各级监测机构分布及承担监测任务现状统计详见表2-7。

表2-7　监测机构分布及承担监测任务现状统计表(按省区)　　单位:个

各级监测机构(监测中心)	监测机构	水功能区	省(国)界	入河排污口	饮用水水源地	地下水	水生态
黑龙江省	8	270	70	320	35	333	0
吉林省	9	101	21	0	21	150	3
辽宁省	13	354	11	166	52	198	8
内蒙古自治区	4	71	3	36	1	192	0
松辽流域	1	80	80	0	1	0	0

截至2013年年底,流域35个水资源监测机构共建成实验室建筑面积为20 968m²,其中办公面积为2363m²,检测场所面积为18 605m²(含温控面积8562.4m²)。流域各级监测机构实验用房现状统计情况详见表2-8。

表2-8　监测机构实验用房现状统计表(按省区)　　单位:m²

各级监测机构(监测中心)	办公面积	检测场所面积	检测场所温控面积
黑龙江省	498	4 117	1 289
吉林省	465	4 246	839
辽宁省	910	7 762	4 634.4
内蒙古自治区	120	480	0
松辽流域	370	2 000	1 800

截至2013年年底,松辽流域在各类水质监测断面(站点)处已建标识共399个。其中,自动监测站标识19个,国界水质监测断面标识34个,省界水质监测断面标识104个,地市界水质监测断面标识153个,水生态监测站标识12个,水源地水质监测断面标识77个;按标识设立和管理机构划分,流域机构负责设立和

管理的有 118 个,占全部标识总数的 29.6%;由地方负责设立和管理的有 281 个,占全部标识总数的 70.4%。流域内监测断面(站点)标识建设现状情况见表 2-9。

表 2-9　监测断面(站点)标识建设现状统计表(按省区)　　单位:个

各级监测机构(监测中心)	自动站	国界站	省界站	地市界站	生态站	水源地	合计
黑龙江省	0	0	7	0	0	0	7
吉林省	0	10	10	19	3	24	66
辽宁省	10	4	7	19	6	52	98
内蒙古自治区	0	0	20	115	3	0	138
松辽流域	9	20	60	0	0	1	90
总计	19	34	104	153	12	77	399

截至 2013 年年底,松辽流域各级水资源监测机构已配置常规监测设备 939 台(套)。其中,流域管理机构配置 177 台(套),各省及地市管理机构配置 762 台(套)。此外,水利系统各水资源监测机构在《全国水文基础设施建设规划(2013—2020年)》《国家水资源监控能力建设项目(2012—2014年)》等项目中已批复但尚未实施的常规监测设备设施共 1052 台(套),其中,流域机构配置 13 台(套),各省及地市机构配置 1039 台(套)。

截至 2013 年年底,松辽流域水利系统各级水资源监测机构已配置应急监测设备 124 台(套)。其中,流域管理机构配置 83 台(套),各省及地市管理机构配置 41 台(套)。此外,松辽流域水利系统各监测机构在《全国水文基础设施建设规划(2013—2020年)》《国家水资源监控能力建设项目(2012—2014年)》等项目中已批复但尚未实施的应急监测设备设施共 711 台(套)。全部配置至流域内的省(自治区)及地市管理机构。松辽流域仪器配备建设现状见表 2-10。

表 2-10　仪器设备建设现状统计表(按行政区)　　单位:台(套)

各级监测机构(监测中心)	常规监测设备	应急监测设备
黑龙江省	148	8
吉林省	148	2
辽宁省	388	31
内蒙古自治区	78	0
松辽流域	177	83

截至 2013 年年底,松辽流域各水资源监测机构水质监测从业人员共计 299 人,其中流域管理机构从业人员 29 人,地方管理机构从业人员 270 人。按照技术职

称统计，具有高级技术职称的人员有 115 人，占全部人员的 38.5%；中级技术职称的人员有 112 人，占全部人员的 37.5%；初级技术职称的人员有 72 人，占全部人员的 24.0%。按照学历结构统计，具有研究生及以上学历人员有 54 人，占全部人员的 18.1%；本科生有 184 人，占全部人员的 61.5%；其他学历人员有 61 人，占全部人员的 20.4%。按照技术岗位统计，管理岗位人员有 94 人，占全部人员的 31.4%；评价岗位人员有 97 人，占全部人员的 32.4%；检测岗位人员有 226 人，占全部人员的 75.6%；采样岗位人员 192 人，占全部人员的 64.2%。松辽流域监测队伍现状见表 2-11。

表 2-11　监测队伍现状统计表(按省区)　　　　　单位：人

各级监测机构(监测中心)	编制人数	高级职称	中级职称	初级职称
黑龙江省	79	34	20	25
吉林省	57	23	26	8
辽宁省	113	40	49	24
内蒙古自治区	21	9	4	8
松辽流域	29	9	13	7

截至 2013 年年底，松辽流域已建实验室评价系统 18 套，实验室信息管理系统 1 套，分别占实验室总数的 51.4%和 2.9%。流域内信息管理、评价系统建设现状见表 2-12。

表 2-12　实验室信息管理、评价系统建设现状统计表(按省区)

各级监测机构(监测中心)	水质分析评价	实验室信息管理系统
黑龙江省	16	0
吉林省	0	0
辽宁省	1	1
内蒙古自治区	0	0
松辽流域	1	0

2.5　监测站网规划

2.5.1　水功能区监测站网规划

2.5.1.1　国控水功能区

按照规划目标，近期规划开展监测的一级水功能区水质测站共计 123 个，其中年监测频次达到 12 次的有 91 个，年监测 6 次的有 3 个，年监测 2 次的有 29 个；规划开展监测的二级水功能区水质测站共计 167 个，其中年监测频次达到 12 次的有 129 个，年监测 6 次的有 38 个；规划实施后国控水功能区水质测站监测覆盖率将达到 100.0%。近期规划建设水功能区水质自动监测站 29 座。

规划实施后，流域内国控水功能区水质测站全部开展监测。2020 年以前，将在黑龙江省新建国控水功能区水质测站 6 个，在吉林省新建国控水功能区水质测站 100 个，在辽宁省新建国控水功能区水质测站 90 个，在内蒙古自治区新建国控水功能区水质测站 89 个，在河北省新建国控水功能区水质测站 5 个。

2.5.1.2　省控水功能区

按照规划目标，近期规划开展监测的一级水功能区水质测站共计 107 个，其中年监测频次达到 12 次的有 83 个，年监测 6 次的有 24 个；规划开展监测的二级水功能区水质测站共计 137 个，其中年监测频次达到 12 次的有 114 个，年监测 6 次的有 23 个；规划实施后省控水功能区水质测站监测覆盖率将达到 83.7%。2020 年以前，将在黑龙江省新建省控水功能区水质测站 40 个，在吉林省新建省控水功能区水质测站 197 个，在辽宁省新建省控水功能区水质测站 7 个。

远期规划开展监测的一级水功能区水质测站共计 124 个，其中年监测频次达到 12 次的有 8 个，年监测 6 次的有 108 个，年监测 3 次的有 8 个；规划开展监测的二级水功能区水质测站共计 253 个，其中年监测频次达到 12 次的有 79 个，年监测 6 次的有 174 个；规划实施后省控水功能区水质测站监测覆盖率将达到 100.0%。2030 年以前，将在黑龙江省新建省控水功能区水质测站 128 个，在吉林省新建省控水功能区水质测站 15 个，在辽宁省新建省控水功能区水质测站 234 个。

2.5.2　省(国)界监测站网规划

按照规划目标，流域范围内近期规划增加省界水质监测断面 71 个，增加国界水质监测断面 4 个。规划实施后，省界水质监测断面年监测频次达到 12 次以上的增加 63 个，年监测频次 6 次的增加 8 个，省界水质监测断面监测覆盖率将达到 95.3%；规划实施后，国界水质监测断面年监测频次达到 12 次的增加 2 个，年监测频次 6 次的增加 2 个，国界水质监测断面监测覆盖率达到 95.9%。近期规划建设省界水质自动监测站 2 座。

远期规划增加监测省界水质监测断面 9 个，增加国界水质监测断面 2 个。规划实施后，省界水质监测断面年监测频次达到 12 次以上的增加 7 个，年监测频次 6 次的增加 2 个；规划实施后，新增国界水质监测断面 2 个，年监测频次为 6 次。省界、国界水质监测断面监测覆盖率均达到 100%。省(国)界监测站网规划情况详见表 2-13。

表 2-13　松辽流域省(国)界监测状况表

各级监测机构	国界监测				省界监测			
	已监测站点个数	2020年新增监测站点个数	2030年新增监测站点个数	其中已建自动站	已监测站点个数	2020年新增监测站点个数	2030年新增监测站点个数	其中已建自动站
黑龙江省	9	0	2	0	7	0	2	0
吉林省	10	2	0	0	10	13	0	0
辽宁省	4	1	0	0	7	18	0	0
内蒙古自治区	0	1	0	0	20	1	0	0
松辽流域	20	0	0	0	69	39	7	9

2.5.3　水源地监测站网规划

按照近期规划目标，流域内规划开展监测国控水源地新增 57 个。依据《地表水环境质量标准》(GB3838—2002)中规定的基本项目监测的，年监测频次均为 12 次/年；依据《地表水环境质量标准》(GB3838—2002)中规定的特定参数监测的共计 3 个，分别是丰满净水厂水源地、永吉县自来水公司引松入口前水源地、吉林市水务集团有限公司第四供水厂水源地，监测项目为 80 项，年监测频次为 3 次/年。近期规划建设水质自动监测站 21 座。

按照远期规划目标，流域规划开展监测国控水源地新增 4 个。依据《地表水环境质量标准》(GB3838—2002)中规定的基本项目监测的，年监测频次均为 12 次/年；依据《地表水环境质量标准》(GB3838—2002)中规定的特定参数监测的，年监测频次为 3 次/年，监测项目为 80 项，分别是青山水库、吉林市水务集团有限公司第六供水厂水源地、金满水库、农安县两家子水库。远期规划建设水质自动监测站 8 座。国控水源地监测状况统计详见表 2-14。

表 2-14　松辽流域国控水源地监测状况表

各级监测机构（监测中心）	水源地监测站			水源地自动监测站		
	已监测站点个数	2020年新增监测站点个数	2030年新增监测站点个数	已建自动站	2020年新增自动站个数	2030年新增自动站个数
黑龙江省	6	0	0	0	0	0
吉林省	15	3	4	0	9	8
辽宁省	23	54	0	11	12	0
内蒙古自治区	0	0	0	0	0	0

按照近期规划目标，流域新增监测省控水源地 260 个。依据《地表水环境质量标准》(GB3838—2002)中规定的基本项目监测的，年监测频次均为 12 次/年。依据《地表水环境质量标准》(GB3838—2002)中规定的特定参数监测的，年监测频次为 12 次/年的有 37 个，监测项目为 5 项；年监测频次为 3 次/年的有 19 个，监测项目为 80 项。近期规划建设水质自动监测站 1 座。

按照远期规划目标，流域新增监测省控水源地 33 个。依据《地表水环境质量标准》(GB3838—2002)中规定的基本项目监测的，年监测频次均为 12 次/年；依据《地表水环境质量标准》(GB3838—2002)中规定的特定参数监测的共计 21 个，年监测频次为 3 次/年，监测项目为 80 项。远期规划建设水质自动监测站 27 座。省控水源地监测状况统计详见表 2-15。

表 2-15 松辽流域省控水源地监测状况表

各级监测机构	水源地监测站			水源地自动监测站		
	已监测站点个数	2020 年新增监测站点个数	2030 年新增监测站点个数	已建自动站个数	2020 年新增自动站个数	2030 年新增自动站个数
黑龙江省	17	38	0	0	0	0
吉林省	13	20	21	0	0	21
辽宁省	29	157	0	0	1	6
内蒙古自治区	2	45	12	1	0	0
松辽流域	1	0	0	0	0	0

2.5.4 入河排污口监测站网规划

按照近期规划目标，新增开展监测的入河排污口 731 个，其中年监测频次达到 4 次的仅有通沟河集安市政 3 号排污口，其他 730 个入河排污口年监测频次均为 2 次；规划建设自动监测站 18 个。排污口监测项目应包含《水环境监测规范》(SL219)规定的常规项目，具备条件的实验室应增加《污水综合排放标准》(GB8978)、《城镇污水处理厂污染物排放标准》(GB18918)和《污水排入城镇下水道水质标准》(CJ343)等标准中规定的其他监测项目。

按照远期规划目标，新增监测的入河排污口 22 个，年监测频次均为 2 次；未规划建设自动监测站。排污口监测项目应包含《水环境监测规范》(SL219)规定的常规项目，具备条件的实验室应增加《污水综合排放标准》(GB8978)、《城镇污水处理厂污染物排放标准》(GB18918)等标准中规定的其他监测项目。入河排污口监测状况统计详见表 2-16。

表 2-16　松辽流域入河排污口监测状况表

各级监测机构	列入规划入河排污口总数	监测频次（次/年）	人工监测项数	入河排污口			自动在线监测入河排污口	
				已监测个数	2020年新增个数	2030年新增个数	已自动监测个数	2020年增建个数
黑龙江省	504	2	9	285	219	0	0	0
吉林省	67	2	23	0	67	0	29	18
辽宁省	582	2	15	166	416	0	0	0
内蒙古自治区	122	2	13	71	29	22	0	0
松辽流域	15	2	<9	15	0	0	0	0

2.5.5　地下水监测站网规划

按照近期规划目标，新增国控地下水水质监测站点 470 个，其中年监测频次达到 12 次的有 31 个，年监测频次 4 次的有 399 个，年监测频次 2 次的有 40 个；监测项目达到 46 项的国控地下水水质监测站点 31 个，监测 32 项的有 48 个，监测 30 项的有 314 个，监测 20 项的有 77 个。国控地下水监测状况详见表 2-17。

表 2-17　松辽流域国控地下水监测状况表

各级监测机构（监测中心）	列入规划的国控地下水监测站点数	监测频次（次/年）	人工监测项数	国控地下水监测站		
				已监测个数	2020年新增个数	2030年新增个数
黑龙江省	314	4	30	0	314	0
吉林省	48	4	32	0	48	0
辽宁省	126	4	28	126	0	0
内蒙古自治区	89	≤12	≤46	58	31	0
松辽流域	77	≤4	20	0	77	0

按照近期规划目标，新增省控地下水水质监测站点共计 1054 个，其中年监测频次达到 12 次的有 72 个，年监测频次 4 次的有 643 个，年监测频次 3 次的有 22 个，年监测频次 2 次的有 317 个；监测项目达到 46 项的省控地下水水质监测站点 70 个，监测 32 项的有 307 个，监测 30 项的有 104 个，监测 24 项的有 197 个，监测 20 项的有 376 个。

按照远期规划目标，新增省控地下水水质监测站点共计 57 个，其中年监测频次达到 12 次的有 8 个，年监测频次 4 次的有 1 个，年监测频次 3 次的有 4 个，年监测频次 2 次的有 44 个；监测项目达到 46 项的省控地下水水质监测站点 8 个，监测 24 项的有 49 个。省控地下水监测状况详见表 2-18。

表 2-18　松辽流域省控地下水监测状况表

各级监测机构 （监测中心）	列入规划的省控地 下水监测站点数	监测频次 （次/年）	人工监 测项数	省控地下水监测站		
				已监测个数	2020 年新增个数	2030 年新增个数
黑龙江省	314	4	30	289	104	0
吉林省	48	4	32	162	307	0
辽宁省	126	4	28	72		0
内蒙古自治区	89	≤12	≤46	0	267	57
松辽流域	77	≤4	20	0	376	0

2.5.6　水生态监测站网规划

按照规划目标，近期规划开展监测的国控水生态监测水域共计 9 个，其中开展生境指标监测的有 9 个，开展水生生物指标监测的有 8 个；远期规划开展监测的国控水生态监测水域共计 3 个，其中开展生境指标监测的有 3 个，开展水生生物指标监测的有 3 个。国控水域水生态监测站网规划情况见表 2-19。

表 2-19　国控水域水生态监测站网规划统计表（按行政区）　单位：个

各级监测机构 （监测中心）	近期国控水生 态监测区	近期生境指标 监测区	近期水生生物 指标监测区	远期国控水生 态监测区	远期生境指标 监测区	远期水生生物 指标监测区
辽宁省	4	4	4	0	0	0
吉林省	0	0	0	1	1	1
内蒙古自治区	4	4	4	2	2	2
松辽委	1	1	0	0	0	0

按照规划目标，近期规划开展监测的省控水生态监测水域共计 125 个，开展生境指标监测的 125 个，开展水生生物指标监测的 96 个；远期规划开展监测的省控水生态监测水域共计 20 个，开展生境指标监测的 20 个，开展水生生物指标监测的 20 个。省控水域水生态监测站网规划情况见表 2-20。

表 2-20　省控水域水生态监测站网规划统计表（按行政区）　单位：个

各级监测机构 （监测中心）	近期省控水生 态监测区	近期生境指标 监测区	近期水生生物 指标监测区	远期省控水生 态监测区	远期生境指标 监测区	远期水生生物 指标监测区
辽宁省	45	45	45	0	0	0
吉林省	12	12	10	8	8	8
黑龙江省	37	37	10	0	0	0
内蒙古自治区	26	26	26	10	10	10
松辽流域	5	5	5	2	2	2

2.6　监测能力建设规划

在监测能力现状调查与分析的基础上，按照各级监测机构承担的工作任务，制定能力建设方案，保障规划实施后水资源保护监测工作顺利开展，满足水资源保护与管理需求。

2.6.1　新建实验室建设

全国水资源保护监测站网原则上以水利系统现有的部、流域、省、地市四级水环境监测机构的实验室为主体构建。为满足水资源保护监测工作需要，现有实验室难以满足监测规划目标的，需要提出新建实验室的计划，同时详细说明新建实验室的依据、明确其承担的监测任务。

按照近期工作需要，规划建成实验室 40 个，包括流域水环境监测分中心 3 个，省级水环境监测中心 3 个，省级水环境监测分中心 34 个；其中新建实验室 14 个。按行政区划统计，黑龙江省、吉林省、内蒙古自治区分别新建省级分中心实验室 2 个、5 个、4 个。

按照远期工作需要，规划建成实验室 30 个，包括流域水环境监测分中心 4 个，省级水环境监测分中心 2 个，省级分中心 24 个；其中新建实验室 14 个。按行政区划统计，黑龙江省、吉林省分别新建省级分中心实验室 3 个、7 个。新建监测机构建设规划统计见表 2-21 和表 2-22。

表 2-21　近期新建监测机构及承担监测任务统计表（按省区）　单位：个

各级监测机构	近期监测机构	近期新建实验室	近期改建实验室	近期水功能区	近期省(国)界	近期入河排污口	近期饮用水水源地	近期地下水	近期水生态
黑龙江省	10	2	8	260	30	504	58	698	37
吉林省	9	5	5	370	34	67	69	215	11
辽宁省	13	0	13	442	30	582	262	198	57
内蒙古自治区	5	4	2	270	0	66	0	695	30
松辽流域	3	3	0	117	117	0	1	452	6

表 2-22　远期新建监测机构及承担监测任务统计表（按省区）　单位：个

监测机构	远期监测机构	远期新建实验室	远期改建实验室	远期水功能区	远期省(国)界	远期入河排污口	远期饮用水水源地	远期地下水	远期水生态
黑龙江省	13	3	0	388	34	504	58	698	374
吉林省	10	7	3	385	34	67	69	238	18
辽宁省	13	0	13	678	30	582	262	198	57
内蒙古自治区	4	0	0	0	0	22	0	114	12
松辽流域	4	4	0	78	78	0	1	452	2

2.6.2　实验用房建设

在实验室用房现状调查的基础上，参照《水文基础设施及技术装备标准》(SL276)以及《水环境监测实验室等级评定标准》，对实验用房面积未达标的提出达标建设方案，明确扩建和改建实验用房面积和时间节点。现有实验用房达标建设在近期规划水平年前完成。

按照近期工作需要，规划建成监测机构 42 个，总实验室面积 19 503m²，其中办公室面积 1914m²、实验室面积 17 589m²；近期新建监测机构 14 个，新建实验室面积 12 680m²，其中办公室面积 780m²、实验室面积 11 900m²；需改扩建的监测机构 28 个，改扩建实验室面积 6823m²，其中办公室面积 1134m²、实验室面积 5689m²。

按照远期工作需要，规划建成监测机构 30 个，总实验室面积 18 178m²，其中办公室面积 1648m²、实验室面积 10 298m²；远期新建监测机构 14 个，新建实验室面积 9950m²，其中办公室面积 650m²、实验室面积 9300m²；需改扩建的监测机构 16 个，改扩建实验室面积 8228m²，其中办公室面积 998m²、实验室面积 7230m²。实验室实验用房建设规划情况见表 2-23。

表 2-23　实验室实验用房建设规划统计表(按省区)

各级监测机构	近期新建实验室个数	近期新建办公面积	近期新建检测面积	近期改建实验室个数	近期改建办公面积	近期改建检测面积	远期新建实验室个数	远期新建办公面积	远期新建检测面积	远期改建实验室个数	远期改建办公面积	远期改建检测面积
黑龙江省	2	120	600	8	498	1340	3	180	900	0		
吉林省	5	300	4 800	5	53	627	7	470	8 400	3	32	
辽宁省	0			13	533	3 322	0			13	486	1 230
内蒙古自治区	4		2 000	2	50	400	0			0		
松辽流域	3	360	4 500	0			4		480	6 000		

注：个数(个)，面积(m²)。

2.6.3　站点标识建设

站点标识建设的主要任务是为水质监测站点进行立碑标识。近期规划目标：完成规划重点范围内水功能区、饮用水水源地、入河排污口、地下水及全部省界监测站点标识建设；远期规划目标：完成所有水功能区、饮用水水源地、入河排污口、地下水监测站点标识建设。

按照近期工作需要，规划建成各类站点标识 453 个，其中自动站标识 56 个，国界水质监测断面标识 1 个，省界水质监测断面标识 40 个，地市界水质监测断面标识 75 个，水生态监测站标识 53 个，水源地水质监测断面标识 228 个。

按照远期工作需要，规划建成各类站点标识 34 个，其中自动站标识 25 个，省界水质监测断面标识 7 个，水生态监测站标识 2 个。监测断面(站点)标识建设规划情况见表 2-24 和表 2-25。

表 2-24　监测断面(站点)标识建设规划近期统计表(按省区)　　　位：个

各级监测机构 (监测中心)	近期自动站	近期国界站	近期省界站	近期地市界站	近期生态站	近期水源地站	合计
黑龙江省						35	35
吉林省	1				5		6
辽宁省					22	192	214
内蒙古自治区	53	1	1	75	24	1	155
松辽流域	2		39		2		43
总计	56	1	40	75	53	228	453

表 2-25　监测断面(站点)标识建设规划远期统计表(按省区)　　　单位：个

各级监测机构 (监测中心)	远期自动站	远期国界站	远期省界站	远期地市界站	远期生态站	远期水源地站	合计
黑龙江省							
吉林省	18				1		19
辽宁省							
内蒙古自治区							
松辽流域	7		7		1		15
总计	25		7		2		34

2.6.4　仪器设备建设

仪器设备建设主要是为各级监测机构配备采(送)样车、水质水量监测设备、应急监测设备和水生态监测设备。配备仪器设备的种类和数量参照《水文基础设施及技术装备标准》(SL276)以及《水环境监测实验室等级评定标准》并结合各级监测机构承担的监测任务确定。省级及以上监测机构能力建设完成后要能够满足《地表水环境质量标准》(GB3838—2002)所列 109 项参数的监测，其他监测机构要满足《地表水环境质量标准》(GB3838—2002)所列基本项目和补充参数的监测。

按照日常监测工作需要，近期需购置常规监测设备 1039 台(套)，全部配给省(自治区)监测机构；远期需购置常规监测设备 1592 台(套)，其中流域监测机构 366 台(套)，省(自治区)监测机构 1226 台(套)。

按照应急监测工作需要，近期需购置应急监测设备 724 台(套)，其中流域监测机构 13 台(套)，省(自治区)监测机构 711 台(套)；远期需购置应急监测设备 952 台(套)，其中流域监测机构 106 台(套)，省(自治区)监测机构 846 台(套)。仪器设备规划情况统计见表 2-26。

表 2-26 仪器设备规划统计表(按省区)

各级监测机构 (监测中心)	近期常规监测 设备	近期应急监测 设备	近期合计	远期常规监测 设备	远期应急监测 设备	远期合计
黑龙江省	287	205	492	414	289	703
吉林省	203	173	376	343	267	610
辽宁省	478	331	809	429	290	719
内蒙古自治区	71	2	73	40	0	40
松辽流域	0	13	13	366	106	472
总计	1 039	724	1 763	1 592	952	2 544

2.6.5　实验室信息管理系统建设

实验室信息管理系统建设的主要任务是在水利系统各级监测机构建设 LIMS 系统，提高实验室运行管理水平。近期目标是为流域监测中心、分中心及各省级监测中心建设 LIMS 系统，远期目标是为各省级监测分中心建设 LIMS 系统。

按照规划目标，近期规划流域机构新建评价系统 3 套、LIMS 系统 4 套；省级监测机构新建评价系统 16 套、LIMS 系统 8 套。远期规划流域机构新建评价系统 4 套、LIMS 系统 4 套；省级监测机构新建评价系统 26 套、LIMS 系统 13 套。实验室信息管理、评价系统建设规划统计情况见表 2-27。

表 2-27 实验室信息管理、评价系统建设规划统计表(按省区)

各级监测机构(监测中心)	近期评价系统	近期 LIMS 系统	远期评价系统	远期 LIMS 系统
黑龙江省	10	1	3	
吉林省		1	10	
辽宁省	1	1	13	13
内蒙古自治区	5	5		
松辽流域	3	4	4	4
合计	19	12	30	17

2.7　规划实施效果分析

2.7.1　效益评价

到 2020 年，流域内国控水功能区监测覆盖率达到 100%，省控水功能区监测覆盖率达 80% 以上；入河排污口实现人工监测和调查覆盖率达到 98% 以上；流域地下水监测覆盖率达 97% 以上。

项目实施后，一是有利于落实最严格水资源制度的要求；二是有利于推进水资源保护监测能力的标准化建设；三是有利于提升管理调控和应急处置能力；四是有利于推进水功能区达标考核的监督管理。松辽流域水资源保护监测能力建设的实施将为流域水资源保护工作提供全方位、多层次、多渠道的综合服务和技术支撑，具有显著的经济、社会和生态效益。

2.7.2　效果分析

水资源是社会经济可持续发展的基本支撑条件，而水资源监测能力是构建水资源安全保障体系的关键节点。实施水资源保护监测规划是当前一项十分迫切的战略任务。该项目的实施，将产生显著的社会经济环境效益。

1)水资源保护监测规划的实施，将提高水资源监测网、监测机构的监测能力，为保护、管理与合理利用水资源提供翔实可靠的监测数据，确保粮食安全、生态安全和饮水安全。

2)水资源保护监测规划的实施涉及范围广、参加人员多、宣传力度大，这一举动将引起全社会对保护水资源的关注，可提高全民对水资源保护意识，推动地方政府开展更加深入细致的调查和保护工作，促进水资源防治与保护产业形成。

第3章 松辽流域水资源保护监测能力建设

为提升松辽流域水资源监测能力，松辽流域将逐步改善流域中心及吉林省、辽宁省、黑龙江省、内蒙古自治区的水环境监测中心的实验室环境条件，提高实验室仪器设备配置水平，提高实验室分析的自动化水平和工作效率，从而形成先进、合理的松辽流域水资源质量监测网络体系，实现松辽流域水资源量、质信息的及时性、全面性、准确性，并进行科学的水资源保护管理工作。

3.1 流域水环境监测中心/分中心监测任务分析

3.1.1 松辽流域水环境监测中心监测任务

松辽流域水环境监测中心负责松辽流域内国际河流、省(自治区)界水体、松辽委直管江河湖库、跨流域调水及松辽委管理权限范围内水功能区、入河排污口的水质监测，参与流域内跨省(自治区)的重大水污染事故和水污染引起的水事纠纷的调查、仲裁，承担水文水资源调查评价及第三方检测，以及委托检测或仲裁检测等任务(赵小强和程文，2012)。检测范围为水利水环境类，包括水(含地表水、地下水、饮用水、污废水)、底质与土壤、空气、噪声4大类共计153项参数。

3.1.2 辽宁省水环境监测中心大连分中心监测任务

辽宁省水环境监测中心大连分中心负责3个常年水质监测站，每年进行6次24项水质检测；13个水质水量通报站，每年进行8~12次22项水质检测；20眼地下水井，每年进行一次26项水质检测；56眼海水入侵地下水井，每年进行1次10项水质检测任务；具备地表水、地下水、饮用水(含饮用天然矿泉水)、废污水、农田灌溉水、大气降水、水文要素、土壤8大类环境要素60余项参数的检测分析能力。项目建成后，委托其负责3个省界断面和1个入海口断面的常规水质检测任务。

3.1.3 辽宁省水环境监测中心抚顺分中心监测任务

辽宁省水环境监测中心抚顺分中心负责4个水质站，5个常规地下水质站、22个重点地下水质站、5个普通地下水质站，63个水功能区，8个通报水功能区，

41 个入河排污口及大伙房供水水库的水质检测任务,同时负责 4 个水文站的沙包和颗粒分析工作;具备地表水、地下水、饮用水(含饮用天然矿泉水)、废污水、农田灌溉水、大气降水、水文要素、土壤 8 大类环境要素 60 余项参数的检测分析能力。

3.1.4　辽宁省水环境监测中心阜新分中心监测任务

辽宁省水环境监测中心阜新分中心负责 2 个水质站、10 个常规地下水质站、26 个重点地下水质站、25 个普通地下水质站、50 个水功能区、4 个通报水功能区、28 个入河排污口的水质检测任务;具备地表水、地下水、饮用水(含饮用天然矿泉水)、废污水、农田灌溉水、大气降水、水文要素、土壤 8 大类环境要素 60 余项参数的检测分析能力。项目建成后,委托其负责 2 个省界断面的常规水质检测任务。

3.1.5　辽宁省水环境监测中心锦州分中心监测任务

辽宁省水环境监测中心锦州分中心承担 6 个水质站,14 个常规地下水质站,93 个水功能区,32 个排污口的水质检测任务,同时还承担泥沙颗粒分析任务。具备地表水、地下水、饮用水(含饮用天然矿泉水)、废污水、农田灌溉水、大气降水、水文要素、土壤 8 大类环境要素 60 余项参数的检测分析能力。项目建成后,委托其负责 1 个省界断面的常规水质检测任务。

3.1.6　辽宁省水环境监测中心铁岭分中心监测任务

辽宁省水环境监测中心铁岭分中心承担 7 个水质站,10 个常规地下水质站,18 个排污口,85 个水功能区的水质检测任务;具备地表水、地下水、饮用水(含饮用天然矿泉水)、废污水、农田灌溉水、大气降水、水文要素、土壤 8 大类环境要素 60 余项参数的检测分析能力。项目建成后,委托其负责 1 个省界断面的常规水质检测任务。

3.1.7　辽宁省水环境监测中心营口分中心监测任务

辽宁省水环境监测中心营口分中心承担营口、盘锦两市的地表水、地下水、饮用水等水质检测任务;具备地表水、地下水、饮用水(含饮用天然矿泉水)、废污水、农田灌溉水、大气降水、水文要素、土壤 8 大类环境要素 60 余项参数的检测分析能力。项目建成后,委托其负责 5 个省界断面的常规水质检测任务。

3.1.8　吉林省水环境监测中心四平分中心监测任务

吉林省水环境监测中心四平分中心承担四平地区东辽河、西辽河、伊通河及条子河 14 处断面的水质监测任务,负责四平市境内各流域污染源调查、入河排污口监测及饮用水源区的水质监测,负责四平市境内各流域水环境监测数据的整编、汇编,为水资源管理和水资源保护提供公正数据,编制水质通报、简报、年报和公报、水资源开发利用规划和水资源保护规划等;具备地表水、地下水、工业废水等 9 大类 45 项水质参数的检测分析能力。项目建成后,委托其负责 1 个省界断面的常规水质检测任务。

3.1.9 黑龙江省水环境监测中心齐齐哈尔分中心监测任务

黑龙江省水环境监测中心齐齐哈尔分中心承担齐齐哈尔、大庆、大兴安岭辖区内 19 处地表水水质监测站的监测任务,监测项目 32 项,同时承担齐齐哈尔、大庆地区 7 区 10 县的地下水监测任务,包括 35 个国家重点基本站监测,监测项目 34 项。项目建成后,委托其负责 16 个省界断面的常规水质检测任务。

3.1.10 黑龙江省水环境监测中心佳木斯分中心监测任务

黑龙江省水环境监测中心佳木斯分中心承担佳木斯、鹤岗、双鸭山、七台河 4 个地级行政区 13 处地表水水质检测任务。项目建成后,委托其负责 1 个省界断面和 1 个入国际河流断面的常规水质检测任务。

3.1.11 黑龙江省水环境监测中心牡丹江分中心监测任务

黑龙江省水环境监测中心牡丹江分中心承担牡丹江、鸡西 2 个地级行政区 15 处地表水水质监测站的水质检测任务。项目建成后,委托其负责 1 个省界断面和 2 个入国际河流断面的常规水质检测任务。

3.1.12 内蒙古自治区水环境监测中心赤峰分中心监测任务

内蒙古自治区水环境监测中心赤峰分中心承担 11 个水质监测断面,17 个地表水水功能区断面和 15 个入河排污口断面的水质检测任务,具备地表水、地下水、饮用水(含饮用天然矿泉水)、废污水 4 大类要素 55 项参数的检测分析能力。项目建成后,委托其负责 5 个省界断面的常规水质检测任务。

3.1.13 内蒙古自治区水环境监测中心呼伦贝尔分中心监测任务

内蒙古自治区水环境监测中心呼伦贝尔分中心承担 5 个常年水质监测站、24 个水功能区、27 个排污口的水质检测任务,具备地表水、地下水、饮用水、污废水、大气降水等 53 项参数的检测分析能力。项目建成后,委托其负责 2 个入国际河流断面的常规水质检测任务。

3.2　流域水环境监测中心监测能力建设设计

根据中华人民共和国水利行业标准《水文基础设施建设及技术装备标准》中流域中心的水资源监测能力建设规模的相关规定，进一步完善了流域水环境监测中心监测体系，明显提高了实验室仪器设备及现场仪器设备配置水平。本项目共配备水质移动实验室 2 套，实验室监测仪器设备 11 台(套)，其中 2012 年配置仪器设备 11 台(套)，2013 年配置水质移动实验室 1 套，2014 年配置水质移动实验室 1 套。详见表 3-1。

表 3-1　流域中心国控能力建设投资分年度明细表(2012～2014 年)

序号	仪器设备名称	单价(万元)	建设规模(台/套)				投资(万元)			
			2012 年	2013 年	2014 年	合计	2012 年	2013 年	2014 年	合计
1	水质移动实验室	200.00		1	1	2		200.00	208.00	408.00
2	等离子发射光谱仪	90.00	1			1	90.00			90.00
3	原子吸收分光仪	66.00	1			1	66.00			66.00
4	COD 测定仪	4.50	1			1	4.50			4.50
5	总有机碳测定仪	30.00	1			1	30.00			30.00
6	微波消解仪	22.00	1			1	22.00			22.00
7	电子天平	2.50	1			1	2.50			2.50
8	冷藏柜	2.50	3			3	7.50			7.50
9	高纯水制备系统	4.00	1			1	4.00			4.00
10	流动注射分析仪	120.00	1			1	120.00			120.00
合计			11	1	1	13	346.50	200.00	208.00	754.50

3.3　流域水环境监测分中心监测能力建设设计

3.3.1　辽宁省水环境监测中心大连分中心能力建设

根据中华人民共和国水利行业标准《水文基础设施建设及技术装备标准》(送审稿)中地(市)级分中心的水资源监测能力建设规模的相关规定，结合分中心的实际情况，大连分中心自 2012 年起利用 3 年时间进一步提高了实验室仪器设备及现场仪器设备的配置水平，完成了流域水环境监测中心委托监测断面的 24 项常规水质检测任务。本项目共配备实验室监测仪器设备 13 台(套)，其中 2012 年配置仪器设备 12 台(套)，2013 年配置仪器设备 1 台(套)。详见表 3-2。

表 3-2 大连分中心国控能力建设投资分年度明细表(2012～2014 年)

序号	仪器设备名称	单价(万元)	建设规模(台/套)				投资(万元)			
			2012 年	2013 年	2014 年	合计	2012 年	2013 年	2014 年	合计
1	紫外-可见分光光度仪	9.00	1			1	9.00			9.00
2	电子天平	2.50	2			2	5.00			5.00
3	分光光度计	1.00	1			1	1.00			1.00
4	BOD 测定仪	6.50	1			1	6.50			6.50
5	高速冷冻离心机	2.00	1			1	2.00			2.00
6	COD 测定仪	4.50	1			1	4.50			4.50
7	原子吸收分光光度仪	20.00	1			1	20.00			20.00
8	高纯水制备系统	4.00	1			1	4.00			4.00
9	离子色谱仪	14.80	1			1	14.80			14.80
10	原子荧光分光光度仪	14.50	1			1	14.50			14.50
11	红外测油仪	9.00	1			1	9.00			9.00
12	便携式多参数监测仪	15.00		1		1		15.00		15.00

3.3.2 辽宁省水环境监测中心抚顺分中心能力建设

辽宁省水环境监测中心抚顺分中心自 2012 年起利用 3 年时间进一步提高了实验室仪器设备及现场仪器设备的配置水平,完成了流域水环境监测中心委托监测断面的 24 项常规水质检测任务。本项目共配备实验室监测仪器设备 9 台(套),其中 2012 年配置仪器设备 8 台(套),2013 年配置仪器设备 1 台(套)。详见表 3-3。

表 3-3 抚顺分中心国控能力建设投资分年度明细表(2012～2014 年)

序号	仪器设备名称	单价(万元)	建设规模(台/套)				投资(万元)			
			2012 年	2013 年	2014 年	合计	2012 年	2013 年	2014 年	合计
1	原子吸收分光光度仪	20.00	1			1	20.00			20.00
2	微波消解仪	22.00	1			1	22.00			22.00
3	便携式多参数监测仪	15.00	1			1	15.00			15.00
4	电子天平	2.50	1			1	2.50			2.50
5	BOD 测定仪	6.50	1			1	6.50			6.50
6	高速冷冻离心机	2.00	1			1	2.00			2.00
7	离子色谱仪	14.80	1			1	14.80			14.80

续表

序号	仪器设备名称	单价(万元)	建设规模(台/套)				投资(万元)			
			2012年	2013年	2014年	合计	2012年	2013年	2014年	合计
8	原子荧光分光光度仪	14.50	1			1	14.50			14.50
9	叶绿素测定仪	18.00		1		1		18.00		18.00

3.3.3　辽宁省水环境监测中心阜新分中心能力建设

根据中华人民共和国水利行业标准《水文基础设施建设及技术装备标准》(送审稿)中地(市)级分中心的水资源监测能力建设规模的相关规定,结合分中心的实际情况,阜新分中心自2012年起,利用3年时间,不仅提高了实验室仪器设备及现场仪器设备配置水平,也完成了流域中心委托监测断面的24项常规水质检测任务。本项目共配备实验室监测仪器设备11台(套),其中2012年配置7台(套)仪器设备,2013年配置4台(套)仪器设备。详见表3-4。

表3-4　阜新分中心国控能力建设投资分年度明细表(2012～2014年)

序号	仪器设备名称	单价(万元)	建设规模(台/套)				投资(万元)			
			2012年	2013年	2014年	合计	2012年	2013年	2014年	合计
1	紫外-可见分光光度仪	9.00	1			1	9.00			9.00
2	BOD测定仪	6.50	1			1	6.50			6.50
3	高速冷冻离心机	2.00	1			1	2.00			2.00
4	COD测定仪	4.50	1			1	4.50			4.50
5	高纯水制备系统	4.00	1			1	4.00			4.00
6	离子色谱仪	14.80	1			1	14.80			14.80
7	原子荧光分光光度仪	14.50	1			1	14.50			14.50
8	便携式多参数监测仪	15.00		1		1		15.00		15.00
9	红外测油仪	9.00		1		1		9.00		9.00
10	原子吸收分光光度仪	20.00		1		1		20.00		20.00
11	叶绿素测定仪	18.00		1		1		18.00		18.00
	合计		7	4		11	55.30	62.00		117.30

3.3.4　辽宁省水环境监测中心锦州分中心能力建设

根据中华人民共和国水利行业标准《水文基础设施建设及技术装备标准》(送审稿)中地(市)级分中心的水资源监测能力建设规模的相关规定,结合分中心的实际情况,锦州分中心自2012年起,利用3年时间,提高了实验室仪器设备及现场仪器设备配置水平,并完成了流域中心委托监测断面的24项常规水质检测任务。本项目共配备实验室监测仪器设备 12 台(套)，其中 2012 年配置 8 台(套)仪器设备，2013 年配置 4 台(套)仪器设备。详见表 3-5。

表 3-5　锦州分中心国控能力建设投资分年度明细表(2012～2014 年)

序号	仪器设备名称	单价(万元)	建设规模(台/套)				投资(万元)			
			2012 年	2013 年	2014 年	合计	2012 年	2013 年	2014 年	合计
1	分光光度计	1.00	1			1	1.00			1.00
2	BOD 测定仪	6.50	1			1	6.50			6.50
3	高速冷冻离心机	2.00	1			1	2.00			2.00
4	COD 测定仪	4.50	1			1	4.50			4.50
5	高纯水制备系统	4.00	1			1	4.00			4.00
6	离子色谱仪	14.80	1			1	14.80			14.80
7	原子荧光分光光度仪	14.50	1			1	14.50			14.50
8	红外测油仪	9.00	1			1	9.00			9.00
9	便携式多参数监测仪	15.00		1		1		15.00		15.00
10	原子吸收分光光度仪	20.00		1		1		20.00		20.00
11	叶绿素测定仪	18.00		1		1		18.00		18.00
12	紫外–可见分光光度仪	9.00		1		1		9.00		9.00
	合计		8	4		12	56.30	62.00		118.30

3.3.5　辽宁省水环境监测中心铁岭分中心能力建设

根据中华人民共和国水利行业标准《水文基础设施建设及技术装备标准》(送审稿)中地(市)级分中心的水资源监测能力建设规模的相关规定，结合分中心的实际情况，铁岭分中心自 2012 年起，利用 3 年时间来提高实验室仪器设备及现场仪器设备配置水平，完成流域中心委托监测断面的 24 项常规水质检测任务。本项目共配备实验室监测仪器设备 7 台(套)，其中 2012 年配置 5 台(套)仪器设备，2013 年配置 2 台(套)仪器设备，详见表 3-6。

表 3-6　铁岭分中心国控能力建设投资分年度明细表(2012～2014 年)

序号	仪器设备名称	单价(万元)	建设规模(台/套)				投资(万元)			
			2012 年	2013 年	2014 年	合计	2012 年	2013 年	2014 年	合计
1	紫外–可见分光光度仪	9.00	1			1	9.00			9.00
2	BOD 测定仪	6.50	1			1	6.50			6.50
3	原子吸收分光光度仪	20.00	1			1	20.00			20.00

续表

序号	仪器设备名称	单价(万元)	建设规模(台/套)				投资(万元)			
			2012年	2013年	2014年	合计	2012年	2013年	2014年	合计
4	离子色谱仪	14.80	1			1	14.80			14.80
5	原子荧光分光光度仪	14.50	1			1	14.50			14.50
6	气相色谱仪	52.00		1		1		52.00		52.00
7	叶绿素测定仪	18.00		1		1		18.00		18.00
	合计		5	2		7	64.80	70.00		134.80

3.3.6　辽宁省水环境监测中心营口分中心能力建设

根据中华人民共和国水利行业标准《水文基础设施建设及技术装备标准》(送审稿)中地(市)级分中心的水资源监测能力建设规模的相关规定,结合分中心的实际情况,营口分中心自2012年起,利用3年时间来提高实验室仪器设备及现场仪器设备配置水平,并完成流域中心委托监测断面的24项常规水质检测任务。本项目共配备实验室监测仪器设备12台(套),其中2012年配置8台(套)仪器设备,2013年配置4台(套)仪器设备,详见表3-7。

表3-7　营口分中心国控能力建设投资分年度明细表(2012～2014年)

序号	仪器设备名称	单价(万元)	建设规模(台/套)				投资(万元)			
			2012年	2013年	2014年	合计	2012年	2013年	2014年	合计
1	电子天平	2.50	1			1	2.50			2.50
2	分光光度计	1.00	1			1	1.00			1.00
3	BOD测定仪	6.50	1			1	6.50			6.50
4	COD测定仪	4.50	1			1	4.50			4.50
5	高纯水制备系统	4.00	1			1	4.00			4.00
6	离子色谱仪	14.80	1			1	14.80			14.80
7	原子荧光分光光度仪	14.50	1			1	14.50			14.50
8	红外测油仪	9.00	1			1	9.00			9.00
9	便携式多参数监测仪	15.00		1		1		15.00		15.00
10	原子吸收分光光度仪	20.00		1		1		20.00		20.00
11	叶绿素测定仪	18.00		1		1		18.00		18.00
12	紫外~可见分光光度仪	9.00		1		1		9.00		9.00
	合计		8	4		12	56.80	62.00		118.80

3.3.7 吉林省水环境监测中心四平分中心能力建设

根据中华人民共和国水利行业标准《水文基础设施建设及技术装备标准》(送审稿)中地(市)级分中心的水资源监测能力建设规模的相关规定,结合分中心的实际情况,四平分中心自 2012 年起,利用 3 年时间要求进一步提高实验室仪器设备及现场仪器设备配置水平,并完成流域中心委托监测断面的 24 项常规水质检测任务。本项目共配备实验室监测仪器设备 12 台(套),其中 2012 年配置 11 台(套)仪器设备,2013 年配置 1 台(套)仪器设备,详见表 3-8。

表 3-8 四平分中心国控能力建设投资分年度明细表(2012～2014 年)

序号	仪器设备名称	单价 (万元)	建设规模(台/套)				投资(万元)			
			2012 年	2013 年	2014 年	合计	2012 年	2013 年	2014 年	合计
1	电子天平	2.50	1			1	2.50			2.50
2	离子色谱仪	14.80	1			1	14.80			14.80
3	气相色谱仪	44.00	1			1	44.00			44.00
4	BOD 测定仪	6.50	1			1	6.50			6.50
5	高速冷冻离心机	2.00	1			1	2.00			2.00
6	便携式多参数监测仪	15.00	1			1	15.00			15.00
7	紫外-可见分光光度仪	9.00	1			1	9.00			9.00
8	分光光度仪	1.00	1			1	1.00			1.00
9	COD 测定仪	4.50	1			1	4.50			4.50
10	普通显微镜	1.00	1			1	1.00			1.00
11	微波消解仪	22.00	1			1	22.00			22.00
12	叶绿素测定仪	18.00		1		1		18.00		18.00
	合计		11	1		12	122.30	18.00		140.30

3.3.8 黑龙江省水环境监测中心齐齐哈尔分中心能力建设

根据中华人民共和国水利行业标准《水文基础设施建设及技术装备标准》(送审稿)中地(市)级分中心的水资源监测能力建设规模的相关规定,结合分中心的实际情况,齐齐哈尔分中心自 2012 年起,利用 3 年的时间,不仅提高了实验室仪器设备及现场仪器设备配置水平,也完成了流域中心委托监测断面的 24 项常规水质检测任务。本项目共配备实验室监测仪器设备 4 台(套),其中 2012 年配置 3 台(套)仪器设备,2013 年配置 1 台(套)仪器设备,详见表 3-9。

表 3-9　齐齐哈尔分中心国控能力建设投资分年度明细表(2012~2014 年)

序号	仪器设备名称	单价(万元)	建设规模(台/套)				投资(万元)			
			2012 年	2013 年	2014 年	合计	2012 年	2013 年	2014 年	合计
1	BOD 测定仪	6.50	1			1	6.50			6.50
2	原子荧光分光光度仪	14.50	1			1	14.50			14.50
3	原子吸收分光仪	20.00	1			1	20.00			20.00
4	离子色谱仪	16.00		1		1		16.00		16.00
合计			3	1		4	41.00	16.00		57.00

3.3.9　黑龙江省水环境监测中心佳木斯分中心能力建设

根据中华人民共和国水利行业标准《水文基础设施建设及技术装备标准》(送审稿)中地(市)级分中心的水资源监测能力建设规模的相关规定,结合分中心的实际情况,佳木斯分中心自 2012 年起,利用 3 年时间,不但提高了实验室仪器设备及现场仪器设备配置水平,还完成流域中心委托监测断面的 24 项常规水质检测任务。本项目共配备实验室监测仪器设备 3 台(套),其中 2012 年配置 3 台(套)仪器设备,详见表 3-10。

表 3-10　佳木斯分中心国控能力建设投资分年度明细表(2012~2014 年)

序号	仪器设备名称	单价(万元)	建设规模(台/套)				投资(万元)			
			2012 年	2013 年	2014 年	合计	2012 年	2013 年	2014 年	合计
1	BOD 测定仪	6.50	1			1	6.50			6.50
2	原子荧光分光光度仪	14.50	1			1	14.50			14.50
3	便携式多参数监测仪	13.20	1			1	13.20			13.20
合计			3			3	34.20			34.20

3.3.10　黑龙江省水环境监测中心牡丹江分中心能力建设

根据中华人民共和国水利行业标准《水文基础设施建设及技术装备标准》(送审稿)中地(市)级分中心的水资源监测能力建设规模的相关规定,结合分中心的实际情况,牡丹江分中心自 2012 年起,利用 3 年时间,大大提高了实验室仪器设备及现场仪器设备配置水平,完成流域中心委托监测断面的 24 项常规水质检测任务。本项目共配备实验室监测仪器设备 2 台(套),其中 2012 年配置 2 台(套)仪器设备,详见表 3-11。

表 3-11 牡丹江分中心国控能力建设投资分年度明细表（2012～2014 年）

序号	仪器设备名称	单价（万元）	建设规模（台/套）				投资（万元）			
			2012 年	2013 年	2014 年	合计	2012 年	2013 年	2014 年	合计
1	BOD 测定仪	6.50	1			1	6.50			6.50
2	原子荧光分光光度仪	14.50	1			1	14.50			14.50
	合计		2			2	21.00			21.00

3.3.11 内蒙古自治区水环境监测中心赤峰分中心能力建设

根据中华人民共和国水利行业标准《水文基础设施建设及技术装备标准》（送审稿）中地（市）级分中心的水资源监测能力建设规模的相关规定，结合分中心的实际情况，赤峰分中心自 2012 年起，利用 3 年时间来提高实验室仪器设备及现场仪器设备配置水平，完成流域中心委托监测断面的 24 项常规水质检测任务。本项目共配备实验室监测仪器设备 9 台（套），其中 2012 年配置 4 台（套）仪器设备，2013 年配置 5 台（套）仪器设备。详见表 3-12。

表 3-12 赤峰分中心国控能力建设投资分年度明细表（2012～2014 年）

序号	仪器设备名称	单价（万元）	建设规模（台/套）				投资（万元）			
			2012 年	2013 年	2014 年	合计	2012 年	2013 年	2014 年	合计
1	离子色谱仪	14.80	1			1	14.80			14.80
2	BOD 测定仪	6.50	1			1	6.50			6.50
3	高纯水制备系统	4.00	1			1	4.00			4.00
4	原子吸收分光仪	20.00	1			1	20.00			20.00
5	叶绿素测定仪	18.00		1		1		18.00		18.00
6	冷藏柜	2.50		1		1		2.50		2.50
7	电子天平	2.50		1		1		2.50		2.50
8	便携式多参数监测仪	15.00		1		1		15.00		15.00
9	紫外-可见分光光度仪	9.00		1		1		9.00		9.00
	合计		4	5		9	45.30	47.00		92.30

3.3.12 内蒙古自治区水环境监测中心呼伦贝尔分中心能力建设

根据中华人民共和国水利行业标准《水文基础设施建设及技术装备标准》（送审稿）中地（市）级分中心的水资源监测能力建设规模的相关规定，结合分中心的实际情况，呼伦贝尔分中心自 2012 年起，利用 3 年时间，实现实验室仪器设备及现场仪器设备配置水平的提高，并完成流域中心委托监测断面的 24 项常规水质检测任务。本项目共配备实验室监测仪器设备 10 台(套)，其中 2012 年配置 7 台(套)仪器设备，2013 年配置 3 台(套)仪器设备。详见表 3-13。

表 3-13　呼伦贝尔分中心国控能力建设投资分年度明细表(2012～2014 年)

序号	仪器设备名称	单价(万元)	建设规模(台/套)				投资(万元)			
			2012 年	2013 年	2014 年	合计	2012 年	2013 年	2014 年	合计
1	离子色谱仪	14.80	1			1	14.80			14.80
2	BOD 测定仪	6.50	1			1	6.50			6.50
3	微波消解仪	22.00	1			1	22.00			22.00
4	高纯水制备系统	4.00	1			1	4.00			4.00
5	红外测油仪	9.00	1			1	9.00			9.00
6	气相色谱仪	44.00	1			1	44.00			44.00
7	原子吸收分光仪	20.00	1			1	20.00			20.00
8	叶绿素	18.00		1		1		18.00		18.00
9	冷藏柜	2.50		1		1		2.50		2.50
10	紫外-可见分光光度仪	9.00		1		1		9.00		9.00
	合计		7	3		10	120.30	29.50		149.80

3.4　仪器设施设备选型分析

本项目涉及监测仪器设备共计 24 种，分别对 24 种仪器设备的数据采集、分析等相关性能指标进行了比选。

3.4.1　移动实验室

应急移动实验室是以监测车为载体的实验平台，主要是为了方便现场水质监测和采样工作的开展。通常移动实验室由经过改装的专用车辆和移动式便携水质监测设备构成。

3.4.1.1　专用车技术要求

由于应急监测现场的采样和监测工作量比较大，所需携带的监测仪器设备又大又多，所以要选择购置比较宽敞、实用、方便的大中型面包车。车的性能要实用、耐用，具有一定的防震、抗震、减震能力，节省运行费用等，根据工作需要原车改装后要划分为工作人员乘坐区、实验操作区及储存区。

工作人员乘坐区：包括正、副驾座及监测人员座等，集中在驾驶台附近，与实验操作区隔离。

实验操作区：具有操作平台(可放置便携比色计、常规仪器系列、多参数仪、色谱仪等)及配套电路气路、样品存储冰箱、洗涤水池、试剂柜、电加热系统、空调等。

储存区：具有实验纯水水箱、实验废液储存器、采样器具存放、备用发电机等。

3.4.1.2　车体改装技术要求

未经原汽车底盘生产厂同意，不得对原车底盘做任何改动；车厢必须使用原车本身的一体化车厢。

(1)车厢结构及布局

整车分为 3 个功能区：驾驶区、实验区、数据处理配电区。区域间按照需要设置隔断或半隔断，隔断所使用的材料必须耐酸碱腐蚀，隔断上有推拉窗，推拉窗采用进口材料。车体由原厂提供，结构为高硬度、高强度的全金属结构，其材料具有防冷、防热、耐酸碱、抗腐蚀性。车顶及侧壁刚性需加强(加强筋处理)，后车体侧需封住，车体右侧带有侧滑门，车体后面带有 270 度对开门。地板加强，铺高级耐火耐磨、防腐、防滑地面。

(2)车厢内设备

整体为耐酸碱、防腐蚀理化实验台。实验台设有标准仪器减震装置和设备固定设施，专用仪器在柜内存放要有减震保护，并配有车载专用试管干燥架，留出预留便携式监测仪器的存放空间并带减震垫，同时要有完善的上、下水供应和排放系统。上、下水供应系统分为清水箱(20L、车体外有清水注入口)、去离子水箱(20L)、污水箱(30L)，各水箱应具有进水口和排水口，并可方便清洗。需安装车载专用不锈钢防腐蚀水槽、水龙头、试管冲刷水枪、应急冲眼器、皂液器、纸巾器、专用水管轴(含 20m 以上输水管，标准市政水管快速接口和专用加水枪)。两侧工作台宽度各为 550mm，后侧台面宽为 700mm，工作台高度为 800mm，台下均配有储存柜及抽屉，储藏柜体积依据车载实验仪器设备的尺寸设计，所有储存柜、抽屉及门均加锁定装置。

(3)电路系统

独立式发电机系统(进口汽油发电机)功率要求大于或等于 5000W，输出电压为 220V，频率为 50Hz；电路系统采用符合国际标准的电缆；车内三路 220V 输电源防水插座，插座数 6 个；城市 220V 供电输入，带 30～50m 电缆线和线轴。

(4)实验区空调通风系统

车载式车顶空调：冷却量大于或等于 4kW，加热量大于或等于 2kW，冷凝器空气流动大于或等于 1200m³/h。实验区空调供电既可接入市电,也可由车载发电机供电。进口双向排风系统要带有新鲜空气进气口和实验室排气扇;调和仪器用电要求分路布设,仪器用电输入应连接稳压电源(车载)。

(5)中央控制系统

基于单片机技术的中央控制系统,可同时显示和存储监测车内环境温度、车内环境湿度、清水箱液位、污水箱液位、电池剩余电量、电池工作电压和工作电流等参数,所有参数均显示在 6.4 英寸液晶显示器上。中央控制系统要求高度集成于应急监测车内,简单方便,具备蓄电池电压、电流和剩余电量显示监控,清水和污水液位显示及高低液位报警,工作环境温湿度显示及报警系统。配电柜,应包括:泵开关、空调开关、应急照明开关、发电机启动开关等。

(6)给排水系统

具有完善的上下水供应和排放系统,各种阀门可控制清水使用和污水排放;所有水箱要求稳固性良好;城政专用加水、接通装置。

(7)驾驶区要求

具有驾驶区应急灯;倒车后视监控、LCD 彩色液晶监视系统;驾驶区带有原车空调。

(8)防护系统

便携式 1kg 的干粉灭火器 2 个。

3.4.1.3　车载仪器设备

(1)便携式多参数监测仪

便携式多参数监测仪主要测定常规基础性水质参数,由探头传感器、主机和手持机等核心构件组成。该检测仪可集成多个监测项目参数:水温、pH、电导率、氧化还原电位、溶解氧、氟离子、氨氮、叶绿素等。具有测定快速、结果准确,适合现场物理化学指标项目测定的优点。配有 RS232 接口,数据可上传计算机保存。

主要性能指标要求如下。水温:最低测定温度 ≤−5℃,最高测定温度 ≥45℃,精度 ≤0.10℃,分辨率 ≥0.10℃;溶解氧:量程 ≥20mg/L,精度 ≥0.2mg/L,分辨率 ≥0.01mg/L;电导率:量程 ≥100mS/cm,精度 ≥1%,分辨率 ≥0.001mS/cm;pH:测量范围 0～14,精度 ≥0.2,分辨率 ≥0.10;浊度:测量范围 0～1000NTU,精度 ±0.5NTU,分辨率 ≥0.10NTU。目前市场主流产品性能指标比较见表 3-14。

表 3-14　便携式多参数监测仪性能指标

产品型号			HACH Hydrolab DS5	YSI 6600V2-4	WTW Multi350i/3430
性能比较	温度	测量范围(℃)	−55	−50	−110
		精度	0.1	0.15	0.1
		分辨率	0.01	0.01	0.01
	pH	测量范围	0～14	0～14	−22
		精度	0.2	0.2	0.01
		分辨率	0.01	0.01	0.01
	溶解氧	测量范围(mg/L)	0～50	0～50	0～20
		精度	0.2	0.2	0.50
		分辨率	0.01	0.01	0.01
	电导率	测量范围(mS/cm)	0～100	0～100	0～2 000
		精度(%)	1	0.50	1
		分辨率	0.001	0.001	0.001
	浊度	测量范围(NTU)	0～3 000	0～1 000	0～4 000
		精度(%)	1	2	
		分辨率	0.1	0.1	
	ORP	测量范围(mv)	±700	±999	±2 000
		精度	±0.5	±0.5	±1
		分辨率	0.1	0.1	0.1
	叶绿素 a	测量范围(μg/L)	0.03～500	0～400	0～500
		精度(%)	3	1	3
		分辨率	0.01	0.1	0.02
	氨氮	测量范围(mg/L)	0～100	0～200	0.02～900
		精度(%)	5	10	2
		分辨率	0.01	0.1	
	氟离子	测量范围(mg/L)			0.02～饱和
		精度			
		分辨率			

(2) 便携式测汞仪

便携式测汞仪是痕量汞的专用测定仪器，体积小巧，便于携带，主要用于各种气体、液体、固体中汞含量的测定，也作为实验室仪器使用。具体性能指标要求：测试范围：0.01～100mg/L；检出限：0.01mg/L；重复性：≤5%。目前市场主流产品性能指标比较见表 3-15。

表 3-15　便携式测汞仪性能指标

产品型号		俄罗斯 RA-915+	北斗星 PⅡA4813-Hg
性能比较	原子化技术	冷蒸汽	冷原子光度法
	水检出限	0.5ng/L	0.5ng/mL
	分析数量（个/h）	15	
	电池时间（h）	连续 8	24

（3）便携式重金属测定仪

便携式重金属测定仪装备于移动应急监测车上，用于野外现场重金属污染物的快速、及时测定。所配备仪器可轻便、快速检测水中重金属含量，使用积分技术提高重复性和分辨率，支持自行开发更多种重金属检测方法，具备多个可编程分析菜单和 RS232 通讯接口。主要性能指标要求如下。最快检测时间：30s；可检测到的重金属离子种类：>15 种；检测精度：测量 100ppb[①]时 ± 5%；检出限：≤1ppb；目前市场主流产品性能指标比较见表 3-16。

表 3-16　便携式重金属测定仪性能指标

产品型号	加拿大 AVVOR 8000	美国 PDV 6000
测量原理	阳极溶出伏安法	阳极溶出伏安法
测量金属	检测铬、镉、铜、砷、汞、铅、锌、铝、铁等多种金属离子的浓度	检测铬、镉、铜、砷、汞、铅、锌、锑、铁等多种金属离子的浓度
测量范围（ppm）	0.001～32	0.001～32
检测精度（%）	>10	>10
检测时间（s/次）	20～300	20～300

3.4.2　BOD 测定仪

BOD 测定仪具有快速、灵敏、操作简单等特点特别适用于大批量常规样品的分析，用于地表水、生活污水和大部分工业废水 BOD 的监测。具体性能指标要求如下。测量方法：无汞压差法；测试范围：0～4000mg/L；准确度：± 1mg/L；保存：BOD，每天；测量样品数：可以单独测 1 瓶，或 1～6 瓶自由组合。目前市场主流产品性能指标比较见表 3-17。

表 3-17　BOD 测定仪性能指标

产品型号		WTW OxiTop IS 6	HACH BODTrak™ Ⅱ
性能比较	测量范围（mg/L）	最小量程 0～40; 0～4 000，可扩展到 0～5 000	0～35，0～70，0～350，0～700
	精度（mg/L）	± 1	<3
	分辨率	0.1	1
	保存	每天	15min

---

①ppb=10^{-9}

3.4.3　COD 测定仪

该仪器能简便、快速地现场定量检测 COD，有效减轻测试工作强度。技术要求：能够自行设定温度并提供 150℃的固定温度档；程序设定反应时间，具有自动过高温切断功能；能完成 COD 水样的消解；测量范围：从 0～100mg/L 到 0～10 000mg/L；准确度：5%。目前市场主流产品性能指标比较见表 3-18。

表 3-18　COD 测定仪技术性能指标

型号		默克化工 Nova 30A	HACH DR1010	天津赛普 DR8800
性能指标	量程(mg/L)	2 个量程：10～150/25～1 500	2 个量程：0～150/0～1 500	3 个量程：10～250/10～2 500/0～15 000
	波长精度(nm)	±2	±1	±2
	光学精度(A)	±0.001	±0.002	±0.001

3.4.4　总有机碳测定仪

总有机碳分析仪是将水溶液中的总有机碳氧化为二氧化碳，并且测定其含量。用于分析地下水、地表水、污水中的 TOC，TC，TIC。主要配置包括自动进样器、主机等。可高温催化氧化，具有快速、准确、灵敏的优势，检测范围宽，检出限低。具体性能指标要求如下。检测器：非色散红外检测器；测量范围：TC：0～30 000mg/L IC：0～35 000mg/L；检测限：≤4μg/L；液体样品进样体积可变；进样方式：自动；所有测试过程中系统冲洗工作可自动完成。目前市场主流产品性能指标比较见表 3-19。

表 3-19　总有机碳分析仪技术性能指标比较表

仪器型号		日本岛津 TOC-L	德国 elementar LiquiTOC	美国 OI 公司 1030W
性能指标	燃烧温度(TC、IC)	680、200		900、200
	测量范围	TC:0～3 000；IC:0～3 500	0～100 000ppm	2ppb～30 000ppm
	重复性	1.5%	1.5%	1.5%或 2ppb
	自动进样器	配备	配备	配备

3.4.5　紫外-可见分光光度计

紫外-可见分光光度计是实验室比色法常用的监测设备，目前国内生产厂家较多，技术成熟，主要用于检测污水、地表水、地下水等样品中国标方法规定使用分光光度法检测的物质。具体性能指标要求如下。双光束分光光度计，光源氖灯、卤素灯；衍射光栅刻线数：1300 条/mm；杂散光：≤0.02%以下；波长准确度：±0.3nm；波长重复精度：±0.1nm；分辨率：1nm。目前市场主流产品性能指标比较见表3-20。

表 3-20　紫外–可见分光光度仪性能指标比较表

仪器型号		日本岛津 UV-1800	德国耶拿 SPECORD 200PLUS	普析 TU-1901
性能指标	光谱带宽(nm)	2.0	可调	可调
	波长范围(nm)	190～1 100	190～1 100	190～900
	波长精度(nm)	±0.5	±0.01	±0.3
	稳定性	≤0.001A/30min	≤0.000 2A/50min	≤0.000 4A/h

3.4.6　原子荧光光度计

原子荧光光度计是用于监测水中的砷、汞、硒、锑等元素，是实验室的必备仪器，主要技术要求如下。光学系统：短焦距透镜聚光，无色散系统；光源：特制空心阴极灯；检测器：光电倍增管；氢化物发生器：满足需要的各种氢化物发生系统；进样方式：大于 50 位自动进样；检出限：砷 As、硒 Se、碲 Te、铋 Bi、锑 Sb 等优于 0.09μg/L。目前市场主流产品性能指标比较见表 3-21。

表 3-21　原子荧光光度计技术指标比较表

仪器型号		北京吉天 AFS-8230	江苏天瑞 AFS-200T	北京海光 AFS-9600
性能比较	光学系统	短焦距透镜聚光	非色散光学系统	短焦距透镜聚光
	检测器	光电倍增管	光电倍增管	进口日盲光电倍增管
	自动进样器	130 位自动进样器	136 位自动进样器	130 位自动进样器
	原子化器	石英原子化器	低温原子化器	红外加热石英炉
	气路控制	气路自动控制、保护、报警系统	气路自动控制、保护、报警系统	气路自动控制、保护、报警系统
	测量精度	优于 2%	优于 1%	优于 1%
	汞检出限	小于 0.002μg/L	小于 0.001μg/L	小于 0.005μg/L

3.4.7　微波消解仪

微波消解是一种快速有效的无机样品制备方法，微波消解仪可以加快化学反应速度，近年来逐步在水质监测领域得到应用，微波消解仪成为实验室必备的现代化实验设备。根据工作方式，微波消解仪可以分为密闭系统和聚焦微波系统两种。主要技术要求：微波发射频率 2450MHz；最大微波功率≥1500W；腔体最高耐温≥350℃；每次可同时消解≥12 个样品。目前市场主流产品性能指标比较见表 3-22。

表 3-22　微波消解仪性能指标比较表

	产品型号	奥地利安东帕 Mulitiwave	美国 CEM MARS-5 系列	Milestone Ethos A
性能比较	微波功率(W)	最大 1 400	0～1 500	≥1 500
	微波频率(MHz)		2 450	2 450
	磁控管	二维双磁控管		磁控管
	发射方式	非脉冲	自动变频输出	扇形散射器
	控温精度(℃)	±0.1	±0.1	±0.1
	样品罐	PTFE-TEM 或 PFA 内衬管	最高压力 1 500psi[①]，最高温度 300℃，材料 PFA、TFM 或石英	内罐和盖子为 TFM

3.4.8　冷冻离心机

高速冷冻离心机主要用于样品的离心操作，国内生产厂家有很多，产品均可满足要求。主要技术要求如下。最高转速：18 500r/min；最大相对离心力>23 700xg；转速控制精度：±50r/min；温度设定范围：-20～40℃；温控精度：±1.5℃。目前市场主流产品性能指标比较见表 3-23。

表 3-23　冷冻离心机技术性能指标比较表

	仪器型号	湖南赫西 HR21M	湖南赫西 HR26M	湖南湘仪 H1850R
性能比较	容量(mL)	4×200, 20×15	4×200, 20×15	6×50, 12×10
	最大转速(r/min)	21 000	26 000	18 500
	最大离心力(g)	48 330	80 496	>23 700
	温度范围(℃)	-20～40	-20～40	-20～40

3.4.9　国产原子吸收分光光度计

原子吸收分光光度计主要用来测定铜、铅、锌、铬、铁、锰等重金属含量，通过对不同的前处理程序，可对水体、生物、土壤和固体废弃物样品进行分析。主要技术要求如下。火焰原子化器和石墨炉原子化器为一体化设计，可自动切换；波长范围：190～900nm；火焰精密度：RSD≤1%；石墨炉精密度：RSD≤2%。目前市场主流产品性能指标比较见表 3-24。

---

①1psi=6894.757Pa

表 3-24　国产原子吸收分光光度计技术指标比较表

仪器型号		北京普析通用 TAS-996SUPER	北京东西仪器 AA-7020 型
性能比较	分光系统	波长范围：190～900nm 光谱带宽：0.1nm、0.2nm、0.4nm、1.0nm、2.0nm，五档自动切换 波长准确度：+0.15nm 波长重复精度：0.05nm 基线漂移：0.002A/30min	波长范围：190～900nm 光谱带宽：0.1nm、0.2nm、0.4nm、1.0nm、2.0nm，五档自动可选 波长精确度：全波段优于 ± 0.10nm 波长重复性：全波段 ≤ ± 0.1nm 基线漂移：0.003A/30min 分辨率：≤ ± 0.1nm
	火焰原子化系统	特征浓度(Cu)：0.02μg/mL/1% 检出限(Cu)：0.004μg/mL 燃烧器：金属钛燃烧器 精密度：RSD≤0.7% 喷雾器：高效玻璃雾化器 雾化室：耐腐蚀材料雾化室	特征浓度(Cu)：≤0.02μg/mL/1% 检出限(Cu)：≤0.003μg/mL 燃烧器：100mm 金属钛燃烧器，空冷预混合型 精密度：RSD≤0.6% 喷雾器：高效玻璃雾化器 雾化室：耐腐蚀材料雾化室
	石墨炉原子化系统	特征浓度(Cd)：≤0.3×10^{-12}g 检出限(Cu)：≤0.4×10^{-12}g 精密度：RSD≤2% 加热方式：先进的石墨炉横向加热方式	特征浓度(Cd)：≤0.5×10^{-12}g 检出限(Cd)：≤0.5×10^{-13}g 精密度：RSD≤1% 加热方式：先进的石墨炉纵向加热方式

3.4.10　进口原子吸收分光光度计

原子吸收分光仪主要用于对重金属的定量检测分析，是对测定铜、铅、镉、铁、锰等重金属测定较为有效、准确和方便的仪器。主要技术要求如下。火焰原子化器和石墨炉原子化器为一体化设计，可自动切换；波长：180～900nm，自动选择狭缝：0.1nm、0.2nm、0.5nm、1.0nm 狭缝，自动选择。目前市场主流产品性能指标比较见表 3-25。

表 3-25　进口原子吸收仪性能技术指标比较表

	产品型号	美国 Thermo iCE3500	日本岛津 AA6300C	美国 PE PinAAcle 900T
性能指标	主机	火焰/石墨炉一体机，无需机械切换	火焰/石墨炉一体机，手动切换	火焰/石墨炉一体机
	波长范围(nm)	180～900	185～900	190～900
	分辨率(nm)		0.1	1.6
	基线稳定性	0.004A/30min	0.004A/30min	
	背景校正	D2 或四线氘灯或交流塞曼效应可选	D2 或纵向 SR 法	D2 或纵向塞曼效应可选
	石墨炉自动进样器	配备，带可视系统,自动智能化浓缩和稀释	配备	配备
	自动灯选择	6 灯	6 灯	8 灯
	操作系统	中英文，Windows 下运行	中英文，Windows 下运行	中英文，Windows 下运行

3.4.11 红外测油仪

根据 GB/T16488—1996 标准，采用气、水分离技术将水样中油类气化到比色池中，在通过红外扫描测量石油类。此仪器主要应用于测定污水、地表水中石油类参数。主要技术要求如下。波数范围：2941～4167nm；最低检出浓度：0.001mg/L；线性相关系数 $r > 0.999$。目前市场主流产品性能指标比较见表 3-26。

表 3-26 红外测油仪技术性能指标比较表

仪器型号		吉林吉光 JLBG-129	北京华夏科创 OIL480 型
性能比较	特点	准确度、稳定度、灵敏度高，仪器自动调整满度值，采用 USB2.0 接口，具有定性分析功能，具有非色散测量结果的直读功能，具有测量仪器校正系数的功能，可使用 S-316、四氯乙烯、三氯三氟乙烷等其他非碳氢有机溶剂作萃取剂，相关性好	可拆卸一体化光学系统，实时自动调零，分析效率高，一触即发，当仪器标定后，只需轻轻按下空格键，仪器就会按照预先选定的方法、标准曲线、分析次数完成样品的自动扫描分析，并将分析结果显示在屏幕上和记录到预先指定的文件中
	检出限 (mg/L)	水样检出限：<0.001	水样最低检出浓度：0.000 8
	重复性	标准偏差<0.5%	相对标准偏差 RSD<0.4%
	准确度	误差<±2%	±0.2%
	相关系数	$r>0.999$	$r>0.999$
	测量范围	0～100%油	0～100%油

3.4.12 分光光度计

分光光度法是仪器分析最常用的分析方法之一，在水环境监测工作中主要用于检测污水、地表水、地下水等样品中国标方法规定使用分光光度法检测的物质。主要技术要求如下。波长范围：325～1100nm；最低检出浓度：0.001mg/L；线性相关系数 $r > 0.999$。目前市场主流产品性能指标比较见表 3-27。

表 3-27 分光光度计性能指标比较表

仪器型号		上海精科 723PC	北京普析 T6 新悦	北京瑞利 VIS-723G
性能指标	光谱带宽 (nm)	4.0	2.0	2.0
	波长范围 (nm)	325～1 000	325～1 100	320～1 100
	波长精度 (nm)	±1	±2	±0.5
	稳定性 (A/h)	≤0.004	≤0.002	≤0.004

3.4.13 普通显微镜

普通显微镜是利用光束和光学透镜，使物质的细微结构在非常高的放大倍数下成像的仪器。主要用于放大微小物体使之成为人的肉眼所能看到的仪器。主要技术要求：放大倍率 40～1000 倍；视场数≥20，瞳距调节范围为 48～75mm。目前市场主流产品性能指标比较见表 3-28。

表 3-28　普通显微镜性能指标比较表

仪器型号		奥林巴斯 CX31	徕卡 DM500
性能指标	光学系统	第二代无限远校正光学系统 UIS	极佳的光学性能
	放大倍率	40～1 000 倍	40～1 000 倍
	聚光镜	带有孔径光阑的阿贝聚光镜，N.A.1.25，带有蓝色滤色片	N.A.0.8
	目镜	10×，视场数≥20	
	物镜	平场消色差物镜 4×（N.A.≥0.1）、10×（N.A.≥0.25）、40×（N.A.≥0.65）、100×（N.A.≥1.25）	平场消色差物镜 4×、10×、40×、100×

3.4.14　离子色谱仪

离子色谱是高效液相色谱的一种，具有分析速度快、能同时检测多种阴离子等优点，主要用于测定污水、地表水、地下水中氟离子、氯离子、硫酸根离子等常见阴离子参数的测定。主要技术要求如下。泵流速范围：0.0~10mL/min；检测范围：0～10 000μS/cm；连续自动再生微膜抑制器。目前市场主流产品性能指标比较见表 3-29。

表 3-29　离子色谱仪技术性能指标比较表

仪器型号		戴安公司 ICS-90A	万通公司 861
性能比较	泵流速（mL/min）	0.00～4.50	0.001～20
	最大泵压	4 000psi	35MPa
	流量准确度	<0.1%	<0.1%
	电导池测量范围（μS/cm）	0～10 000	0～15 000
	电导池基线噪音（nS/cm）		<0.1
	电导池分辨率（μS/cm）	0.004 7	0.004 7
	抑制器	连续自动电解再生膜抑制器	自动连续再生抑制器，10 年质保

3.4.15　气相色谱仪

进口气相色谱仪主要用于挥发性有机化合物的定性定量分析，温度控制系统、流量控制系统精度高，噪声低，在分离分析方面，具有高灵敏度、高选择性、高效能、速度快、应用范围广、所需试样量少等特点。主要技术要求：分流不分流进样（SSL）：温度范围从 50～400℃，1℃递增；具备电子压力和流量控制（DCC）；火焰离子检测器（FID）最低检测限：2pgC/s；电子捕获检测器（ECD）最低检测限：<10fg 林丹；液体自动进样器最小进样体积：0.1μL。符合性能指标要求的市场主流进口产品比较见表 3-30。

表 3-30　进口气相色谱仪技术指标比较表

仪器型号		美国热电 Trace GC Ultra	美国安捷伦 7890A	美国瓦里安 CP-3800
性能指标	检测器	独特基座技术，可安装 3 个检测器同时工作，检测器有串联功能；具有高灵敏度和长寿命的检测器：采样速率 300Hz 的 FID 和专利技术的 NPD、PDD 检测器	行业最广泛的灵敏的检测器选项，包括：火焰离子化检测器、热导检测器、微型电子捕获检测器、氮磷检测器、质量选择检测器、电感耦合等离子体——质谱以及一种改进的火焰光度检测器。改进后的火焰光度检测器对硫的灵敏度是以前检测器的 5 倍，对磷的灵敏度是以前检测器的 10 倍，与标准 FPD 相比，对硫和磷都有极佳灵敏度。其他通过安捷伦伙伴可选的检测器，包括：SCD、脉冲火焰光度检测器(PFPD)和原子发射光谱检测器(AED)	可同时操作控制 FID、TCD、ECD、TSD(N,P)、PFPD 及离子阱 MS、四极杆 MS/MS 等一系列通用型和选择性检测器；火焰离子化检测器(FID)检测限：2pgC/sec，P：100fgP/sec；N：20pgN/sec
	进样口	多种进样口方式：优化几何尺寸的分流/不分流进样口；专利冷柱头进样口；程序升温汽化进样口，可选择的进样技术，包括：顶空进样、吹扫捕集和阀进样	完善的进样选项：分流/不分流进样(0～100psi 和 0～150psi)、填充柱进样、冷柱头进样、程序升温汽化进样口和挥发性物质分析接口，可选择的进样技术，包括：顶空进样、吹扫捕集和阀进样	可配置同时具有 5 种进样模式的 1079 PTV 进样口、专用的分流/不分流 1177 毛细管进样口和 1041 填充柱进样口 无论是手动还是电子气路控制均能得到可靠的数据。不同的进样口可采用不同类型的全优化电子流量控制方式
	柱箱温度	室温～450℃ 控温精度 0.01℃	室温～400℃ 控温精度 0.01℃	室温～400℃ 控温精度 0.01℃
	流量控制	电子压力控制 0～100psi	电子压力控制 0～100psi	电子压力控制 0～100psi
	数据处理	原厂工作站或 Xcalibur 系统	各种数据处理选项，包括安捷伦 QA/QC Cerity 网络化数据系统和安捷伦 ChemStation Plus 系列产品(包括 ChemStore C/S 和 ChemAccess)	中文 Star 色谱工作站软件，全面控制仪器操作，采集并处理分析数据，方便用户使用，满足 GLP 要求
	一般配置	主机、进样口、火焰离子化检测器(FID)、电子捕获检测器(ECD)、氮磷检测器(NPD)、火焰光度检测器(FPD)	主机、进样口、火焰离子化检测器(FID)、电子捕获检测器(ECD)、氮磷检测器(NPD)、火焰光度检测器(FPD)	主机、进样口、火焰离子化检测器(FID)、电子捕获检测器(ECD)、氮磷检测器(NPD)、火焰光度检测器(FPD)

3.4.16　等离子发射光谱仪

等离子发射光谱仪主要用于固体废物浸出液、污水、地表水、地下水、饮用水、土壤中无机元素 Ba、As、Al、Be、Cr、Pb、Zn、Co、Cu、Hg、Mn、Ni 等含量的测定。主要技术要求：光谱仪应能在 1min 内快速分析 60 种元素含量；检测单元：大于 290 000 个检测单元；波长范围：165～850nm。对符合国际知名厂商的产品进行了比较，性能指标见表 3-31。

表 3-31　等离子发射光谱仪技术指标比较表

仪器型号		美国利曼 Prodigy	美国帕金埃尔默 Optima 7000	美国热电 ICAP6300
性能指标	波长范围(nm)	165～1100，可选配 120～165 段波长	165～850	166～847 波长全覆盖
	信号稳定性		实际功率波动<0.1%(TPC 真实功率控制专利)	≤1.0%RSD(4h)
	RF 发生器频率(MHz)	40.68	40.68	27.12
	分辨率	<0.005nm	200nm 处 0.003nm	200nm 处<0.007nm
	输出功率	最大功率：2 000W，多级可调	750～1 500W，增量 1W	1150W
	数据处理	检测器像素≥100 万，全谱直读检测，一次曝光完成，分析速度快；非破坏性智能数据读取处理，超级检出能力	原始数据具有不可覆盖性，数据具有可追溯性，满足法规要求及国际认证惯例。软件具有模拟运行和离线运行功能	具有同时记录所有元素谱线的"摄谱"功能，并能永久保存和自动检索操作软件，并可永久保存和日后再分析，具有多种干扰校正方法和实时背景扣除功能

3.4.17　流动注射分析仪

流动注射分析法是快速、灵敏、准确、平稳、操作简单的自动仪器分析方法，特别适用于大批量常规样品的分析，可实现多组分的同时测定，大大缩短了分析周期。用于检测污水、地表水、地下水等样品中的有机、无机物。主要技术要求：配置自动稀释器；蠕动泵精度为≤0.5%；标准工作曲线的相关系数：$r>0.999$；最多可到 8 通道，2 个通道共用一个检测器。市场主流产品均可满足要求，性能指标比较见表 3-32。

表 3-32　流动注射分析仪性能指标比较表

产品型号		德国布朗卢比 AA3	荷兰 Skalar San++
性能比较	工作环境	环境温度：5～40℃ 电源供给：220V(AC)，50Hz 相对湿度：5%～95%	环境温度：5～40℃ 电源供给：220V(AC)，50Hz 相对湿度：5%～95%
	通道	最多可到 8 通道，2 个通道共用一个检测器	最多可到 8 通道，2 个通道共用一个检测器
	泵	32 道比例蠕动泵，2 套电子空气泵，10 道以上空气注射器	2 个 16 道高精度比例蠕动泵，1 套电子空气泵，10 道电子空气阀
	检测器	双光束分光光度计	每一化学反应单元都配备一个单独的检测器，每个检测器都是一个双光束的光度计，固定波长范围在 340～1 100nm。每个分析方法都包含了与之配套的特定滤光片。数字式检测器信噪比更好，检测范围更宽，检测限更低
	自动进样器	计算机控制 XYZ 三维随机取样器。内置清洗泵，可双针同时取样	计算机控制随机取样器。可双针同时取样，可在面板上设定取样，清洗，空气注入时间，无须注射阀
	自动稀释器	自动稀释样品	自动稀释样品

3.4.18　冷藏柜

温冰箱不同于一般家用冰箱,主要应用于医疗、环境等领域保存样品,具有控温准确、制冷快速等优点,在水环境监测工作中主要应用于低温保存检测所用水样、试剂及其他样品。主要技术要求如下。箱体采用优质结构钢板,采用双层透明保温玻璃门、门体带有防凝露加热功能,门体配锁,底部带有万向脚轮,箱内配备照明系统,配备优质浸塑钢丝搁架;总有效容积:≥900L;温度控制:精确控温 2～10℃。符合要求的市场主流产品性能指标比较见表 3-33。

表 3-33　冷藏柜技术性能指标比较表

产品型号		中科美菱 ModelYC-950L	海尔 HYC-940
性能比较	温度控制范围(℃)	2～10	2～8
	有效容积(L)	950	890
	其他	强迫空气循环系统,声光报警:过高或过低的温度报警、低电池、电力故障报警、门稍微打开报警、过滤堵塞报警、系统故障报警,两层玻璃门,内充惰性气体	高低温报警、断电报警、开门报警、传感器故障报警、电池电量低报警,搁架高度可任意调节,适应不同存储需求,强制风冷,自动除霜

3.4.19　高纯水制备系统

高纯水制备系统可用于一般实验室的常规实验、配置常备溶液、清洗玻璃器皿、组织培养、痕量分析、精密分析试验。主要技术要求如下。进水:城市自来水;出水:可同时产出 RO 纯水和 UP 超纯水;UP 出水水质:电阻率 18.2MΩ·cm。目前符合要求的国内市场主流产品性能指标比较见表 3-34。

表 3-34　高纯水制备系统主流产品性能指标

产品型号		普析 GWA-UN4-F30	上海优普 ulup-iv-20t
性能比较	出水流速(L/h)	30	120
	纯水产水电导率	≤5μS/cm	≤进水电导率×2%
	超纯水产水电阻率(MΩ·cm)	18.2	18.2
	细菌(cfu/mL)	<1	<1
	出水口终端过滤 0.22μm	有	有

3.4.20　电子天平

电子天平称量准确可靠、显示快速清晰并具有自动检测系统、简便的自动校准装置以及超载保护等装置,用于对实验室药品的精确称量。主要技术要求如下。称量范围:0～220g;可读性:0.1mg;重复性误差:0.1mg。目前符合要求的市场主流产品性能指标比较见表 3-35。

表 3-35　电子天平性能指标比较表

产品型号		梅特勒 MS204S	丹佛 SI-234
性能比较	称量范围(g)	0～220	0～230
	可读性(mg)	0.1	0.1
	重复性误差(mg)	0.1	0.1
	线形误差(mg)	0.2	0.2
	传感器	单模块传感器	双级一体传感器
	秤盘尺寸(mm)	Φ90	Φ90

3.4.21　叶绿素测定仪

根据叶绿体色素提取液对可见光谱的吸收,利用分光光度计在某一特定波长测定其吸光度,即可用公式计算出提取液中各色素的含量。可用于实验室中测定萃取的叶绿素样品。主要技术要求如下。测量采用荧光法;可同时测量叶绿素 a 和蓝绿藻;测量范围:叶绿素 a 0～300μg/L。目前符合要求的市场主流产品性能指标比较见表 3-36。

表 3-36　叶绿素测定仪技术性能指标比较表

叶绿素测定仪		TD 公司 Trilogy	Enbiron Lab ChloroTech121
性能比较	测量原理	荧光法,台式	荧光法,便携式
	测量范围(μg/L)	0～300 叶绿素 a	0～500 叶绿素 a
	最小检测浓度(μg/L)	0.025 叶绿素 a	0.2 叶绿素 a
	校准	1～5 点校准,最大 18 条校准曲线存储	
	读数	可以直接读出浓度(μg/L, ppb)或者荧光值	可以直接读出浓度(μg/L,ppb)或者荧光值

3.5　建设任务清单

大江大河水量断面监测采取与省(区)共建共管方式。根据流域水环境监测中心委托 24 项常规水质检测参数所需仪器设备,结合松辽流域省界断面的分布及各监测中心的实际情况,松辽流域重点加强 13 个水环境监测中心的建设,共配备移动实验室 2 个、实验室监测仪器设备 115 台(套)。大江大河省界断面监控体系建设内容详见表 3-37。

表 3-37 大江大河省界断面监控体系建设内容表

序号	单位	设备名称	数量(台/套)	预算(万元)
1	松辽流域水资源监控中心	水位计；RTU；流速仪 2 套、测深仪、台式机；便携机；打印机；冰钻	16(水文站)	90.42
2	松辽流域水环境监测中心	水质移动实验室、等离子发射光谱仪、原子吸收分光仪、COD 测定仪、总有机碳测定仪、微波消解仪、电子天平、冷藏柜、高纯水制备系统、流动注射分析仪	13	754.50
3	辽宁省水环境监测中心大连中心	紫外-可见分光光度仪、电子天平、分光光度计、BOD 测定仪、高速冷冻离心机、COD 测定仪、原子吸收分光光度仪、高纯水制备系统、离子色谱仪、原子荧光分光光度仪、红外测油仪、便携式多参数监测仪	13	105.30
4	辽宁省水环境监测中心抚顺分中心	原子吸收分光光度仪、微波消解仪、便携式多参数监测仪、电子天平、BOD 测定仪、高速冷冻离心机、离子色谱仪、原子荧光分光光度仪、叶绿素测定仪	9	115.30
5	辽宁省水环境监测中心阜新分中心	紫外-可见分光光度仪、BOD 测定仪、高速冷冻离心机、COD 测定仪、高纯水制备系统、离子色谱仪、原子荧光分光光度仪、便携式多参数监测仪、红外测油仪、原子吸收分光光度仪、叶绿素测定仪	11	117.30
6	辽宁省水环境监测中心锦州分中心	分光光度计、BOD 测定仪、高速冷冻离心机、COD 测定仪、高纯水制备系统、离子色谱仪、原子荧光分光光度仪、红外测油仪、便携式多参数监测仪、原子吸收分光光度仪、叶绿素测定仪、紫外-可见分光光度仪	12	118.30
7	辽宁省水环境监测中心铁岭分中心	紫外-可见分光光度仪、BOD 测定仪、原子吸收分光光度仪、离子色谱仪、原子荧光分光光度仪、气相色谱仪、叶绿素测定仪	7	134.80
8	辽宁省水环境监测中心营口分中心	电子天平、分光光度计、BOD 测定仪、COD 测定仪、高纯水制备系统、离子色谱仪、原子荧光分光光度仪、红外测油仪、便携式多参数监测仪、原子吸收分光光度仪、叶绿素测定仪、紫外-可见分光光度仪	12	118.80
9	吉林省水环境监测中心四平分中心	电子天平、离子色谱仪、气相色谱仪、BOD 测定仪、高速冷冻离心机、便携式多参数监测仪、紫外-可见分光光度仪、分光光度计、COD 测定仪、普通显微镜、微波消解仪、叶绿素测定仪	12	140.30
10	黑龙江省水环境监测中心齐齐哈尔分中心	BOD 测定仪、原子荧光分光光度仪、原子吸收分光仪、离子色谱仪	4	57.00
11	黑龙江省水环境监测中心佳木斯分中心	BOD 测定仪、原子荧光分光光度仪、便携式多参数监测仪	3	34.20
12	黑龙江省水环境监测中心牡丹江分中心	BOD 测定仪、原子荧光分光光度仪	2	21.00
13	内蒙古自治区水环境监测中心赤峰分中心	离子色谱仪、BOD 测定仪、高纯水制备系统、原子吸收分光仪、叶绿素测定仪、冷藏柜、电子天平、便携式多参数监测仪、紫外-可见分光光度仪	9	92.30
14	内蒙古自治区水环境监测中心呼伦贝尔分中心	离子色谱仪、BOD 测定仪、微波消解仪、高纯水制备系统、红外测油仪、气相色谱仪、原子吸收分光仪、叶绿素测定仪、冷藏柜、紫外-可见分光光度仪	10	149.80
	合计		133	2 049.32

第 4 章　松辽流域实验室监测信息系统建设

水资源质量监测信息是否准确，直接影响到分析的结论是否客观、管理决策是否准确，是判断水资源保护的基本前提。利用现代化的科学技术手段，建立覆盖松辽流域的水资源质量信息系统。该信息系统是现代水资源保护不可缺少的技术基础，也是松辽流域水资源保护和水质改善工程建设的必然要求。为提高松辽流域内水环境监测水平，规范松辽流域水资源质量监测工作，保障水质监测数据和信息的准确可靠，松辽流域水环境监测中心(简称监测中心)逐步落实开展实验室《计量认证评审》，并随着水环境监测质量管理越来越受重视，实验室内出具的数据质量也明显提高。

4.1　松辽流域水资源质量监测实践

水资源质量监测过程主要包括：样品采集过程、样品运输过程、样品分析检测过程、监测报告的形成过程。

4.1.1　样品采集过程

水资源现场采样质量控制和质量保证工作是确保样品具有代表性、完整性的关键。在确定和优化监测点时应遵循尺度范围原则、信息量原则和经济性、代表性、可控性原则。水质监测点的布设关系到监测数据是否具有代表性，因此各断面的具体位置应能真实地反映该区域水资源质量现状及污染物分布和变化规律的特征，要尽可能以最少的断面获取足够代表性的信息。为正确评估水资源质量状况，必须采集具有代表性的样品。严格执行《水环境监测规范》(SL219)中采集样品的规定，加强样品采集人员的技能培训，配备必需的样品采集器具，保证样品的代表性(中华人民共和国水利部，2013)。

4.1.2　样品运输过程

为保证从样品采集到测定这段时间间隔内，样品待测组分不产生任何变异或使发生的变化控制在最小程度，在样品保存、运输等各个环节都必须严格遵守《水环境监测规范》(SL219)。针对水样的待测项目特性实施保护措施，并力求缩短运输时间，当待测项目浓度很低时，应尽快送实验室进行分析，并要注意水样保存。样品采集后，添加必要的化学试剂进行保存；微生物分析样品的容器不得使用非灭菌的玻璃容器等；样品运输前应将容器盖盖紧，用采样箱装好；样品传输过程中储存环境符合要求；样品在规定时间内送达分析室等。特殊样品(如冷藏、保温)要按要求运输。当待测物浓度很低时，注意水样保存，尽快送实验室进行分析。采样员应根据不同项目的不同要求，进行有效处理和保管，运送至实验室，将样品和采样原始记录交给样品管理员，再由样品管理员交给分析室主任检查并填好接收单，以免发生样品的漏、丢、不合格等事故。分析人员在接收样品时，要仔细核对样品和采样记录，确认正确无误后方可签收。

4.1.3　样品分析检测过程

标准化实验室、高水平监测分析人员、高精度仪器设备是质量管理的重要组成部分。创造清洁整齐、便于操作的环境，减少因室内温度、湿度、电源电压波动、空气中污染成分等对分析测试的影响；对分析仪器设备、玻璃量器进行检定校正；分析人员经过考核持证上岗等其他方式均可以降低样品分析检测过程的误差。

影响分析检测过程中的误差因素主要包括：

1)测量仪器设备造成的误差。对于需强制检定的仪器设备，必须按照检定计划，在规定时间内由有关计量检测部门进行检定，保证检测设备正常运转。

2)使用的标准物质和化学试剂造成的误差。存放化学试剂和药品的器具须符合存放有关试剂和药品的要求。严格区分化学试剂的级别(基准试剂、色谱纯、优级纯、分析纯、化学纯)，查看药品的有效期，及时更新、配制分析检测过程中使用的化学试剂和药品，对需严格要求存放容器和存放环境的试剂和药品应按规定要求存放。

3)采用的检测标准方法造成的误差。检测过程中应优先采用国家标准和行业标准的检测方法，暂时没有国家标准和行业标准的检测项目，应广泛收集和参考有关标准和方法。

4)分析检测人员的技术能力造成的误差。从事分析检测人员应进行岗前技术培训，掌握基本原理和操作技能，及时了解和掌握与新的标准相适应的新的检测技术，对其所承担的检测项目进行定期考核。

5)测量的时效性造成的误差。水环境检测样品对时效性要求很高，不同的项目分析检测的时间要求不尽相同，如溶解氧、亚硝酸盐氮、生化需氧量等应在数小时内进行检测，总氰化物、挥发酚等应在 24h 内检测，一些金属离子在添加了保存剂的前提下，可在 1 个月以内进行检测。

6)环境因素造成的误差等。建设分析室时应按照有关要求进行，同时建设好必需的分析室环境，避免因环境条件的不适宜造成的误差。

4.1.4　监测报告的形成过程

按照《检测任务单》要求，完成样品分析后，认真填报样品的各项检测结果，客观评价检测结果。严格按照《水环境监测规范》（SL219）和《水和废水监测分析方法》规定标准进行控制；严格执行实验室的质量手册、程序文件以及相关规定。水环境监测足够的信息量是指所获得的监测数据，在空间分布上重复性最小，代表性最好，在时间上分辨率处于最佳状态。监测数据报告执行三级审核制度。现场采样人员要认真填写采样记录，并进行互审，为流域环境管理提供准确、可靠的基础数据，保证监测数据的质量水平。

监测中心对检测记录进行每月一次的质量统计检查，以判断测试数据是否在可控制范围之内、数据之间是否合理等，对于超出可控制范围的数据和不合理的数据进行判断分析，必要的时候组织技术人员讨论，查找原因并及时采取措施，以保证数据的准确可靠。根据体系运行的需要，建立切实可行的质量计划，主要包括年度监测任务、人员培训学习、质量体系内部审核、质量监督、量值溯源、仪器设备购置、仪器设备期间核查等。计划内容（目的、内容、时间、责任人、效果、阶段成果检查等）要切实可行，符合实验室的各类资源设置和程序运转，保证按期实施。对实验室工作环节进行质量跟踪检查，分为例行检查和随机检查。监测中心档案管理由管理员按照质量体系文件要求进行管理，每年指派专人对技术档案进行年度检查，主要包括质量记录是否符合程序要求、仪器设备档案是否齐全、人员档案是否及时更新、各类变更的方法标准是否收集、受控文件的发放是否符合要求等。

4.2　实验室信息管理系统业务流程

4.2.1　监测任务管理

可自定义实验室的检测任务类型，如每月常规监测任务、委托任务及各种临时任务。对每种监测任务包含哪些批次、这些批次包含哪些站点、站点包含哪些监测项目实现灵活的自定义功能，系统具备各类站点的增加、删除及修改功能。站点的信息管理包含站点名称、站点编码、位置（经纬度）、所属河系、流域名称、水体类型等。

4.2.2　下达采样任务

管理人员根据采样站点、采样人员、采样时间下达采样任务（图4-1），采样任务下达后，系统生成采样任务通知单，实现采样瓶与化验项目的自动关联，根据监测项目自动判断各个站点所需的采样瓶种类及瓶数。

图 4-1　个人任务列表

采用条形码技术是一个条码贯穿整个样品周期，无需更换标签，条码信息可以描述样瓶的特征(包括任务类、采样地点、类别、容器材质等)，这样在简化工作、控制监测成本的同时，克服了采样点与样品相对应的质控漏点，使检验员不知道检测的地点、委托人等信息，使监测工作更加符合质量控制要求。

4.2.3　样品的采集

采样人员将根据系统打印的采样任务通知单去现场采样，将现场检测项目如pH、水温的检测数据填报到手持终端的现场测定记录表中，回到实验室进行保密入库。

4.2.4　样品接收

采样人员返回实验室与样品管理员进行样品交接，样品管理员确认各采集样品质量和数量符合实验室采样规范要求，并检查现场测试数据记录，存在问题要与采样人员沟通并填写相应的备注信息。对于不符合水样采集和储运规定的样品，系统可以拒绝接收，并提供备注说明。

4.2.5　下达测试任务

有相应权限的人员下达测试任务后，系统自动生成该批次的检测任务通知单，管理人员在核查该批次检测任务时，如发现站点项目有误，可以进行增加和删除操作，如果确认没有问题，所有化验任务将按照预先设置分配给相应的化验人员，考虑到人员请假或者其他特殊情况，系统可以临时进行调整(图 4-2)。

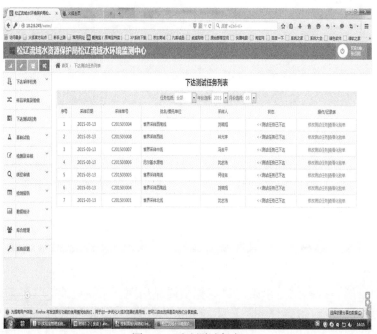

图 4-2　下达测试任务

4.2.6　样品领用

化验人员根据系统下达的测试任务到样品管理室领取各自的样品，确认样品状态符合检测要求后，在系统上点击签字，系统自动记录签字时间，生成样品领用的质量控制记录表。

4.2.7　样品检测

标准溶液的配置和标定：系统建立标准溶液的基本信息档案，对溶液配置日期、配置人、试剂名称、干燥条件、标定日期、标定记录等信息进行管理以方便查询与质量控制。

检测人员登录自己系统，在自己的任务界面可以直接查看本人的检测任务，检测完成时，可以直接点击进入原始记录表进行数据的录入，对于液相色谱仪、气相色谱仪、流动分析仪、原子吸收分光光度计、原子荧光光度仪等各类的检测仪器可实现数据自动采集，仪器产生的原始谱图当自动关联到每张原始化验表单时，要确保数据的可追溯性。同时，要实现所有化验项目涉及的自动计算、位数保留、修约规则、是否小于检出限的自动判断。

4.2.8 数据的三级审核

系统具备单独的校核、复核、审核权限的功能。由实验室根据实际情况进行设置，审核人员发现化验单有问题，可退回该化验单，化验人员查明问题原因后进行相关修改，所有修改会被系统记录。为确保检测、校核、复核及审核人员能够及时审核检测数据，系统可以设置规定的数据审核时间，对每个审核人员的月、年进行延迟审核次数统计。

4.2.9 检测任务的进度管理

系统设有专门的实验室整体任务管理功能界面，可以方便管理人员查看实验室目前总共有哪些任务，任务的完成状况，点击进入某个批次任务，可以查看该批次中未完成的化验项目停滞在未开始化验、开始化验、校核、复核、审核中的哪个阶段，相关责任人是谁等信息。管理人员有权限对可能影响任务整体进度的人员发送任务提醒，通过该功能，管理人员能清晰掌握实验室任何一个批次任务、批次任务中任何一个检测任务的进展情况，了解每个检测人员目前的工作状态，及时发现检测工作中出现的异常情况，并做出相应的纠正措施，有利于管理者加强实验室的质量控制。

4.2.10 检测报告

按照实验室要求自动生成常规监测任务、外界委托任务、临时性任务等各类检测报告并提供 Excel 格式的下载功能(图 4-3)。

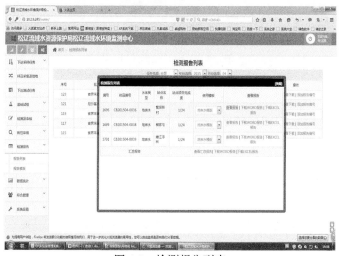

图 4-3 检测报告列表

4.3　质量控制模块管理

4.3.1　采样到位监督

针对以往人工巡视采样、手工纸介质记录的工作方式存在着人为因素多、管理成本高、无法监督监测人员实际到位状况等缺点，系统采用智能终端(平板电脑)来实现采样位置的到位监督管理，具体包括以下功能。

1)内置电子地图，直观反映采样人员与采样点的相对位置，提醒采样人员目前位置和规定位置的相差距离。

2)在智能终端开发现场采样记录界面，可以直接输入 pH、水温、溶解氧等现场检定项目数据，回到实验室使用局域网同步上传，并将采样时间和现场检测项目数据直接发送到系统中的现场测定记录表中，同时，管理人员可以在实验室直接查看各个站点的到位情况，如是否在规定的位置采样，相差多少距离，并直接在地图上进行比对查看。

4.3.2　现场平行与全程序空白

在下达采样任务界面可以按照相应比例要求选择站点进行现场平行质控，平行样品会以普通样品编号进入到检测任务中，检测人员填写检测结果后，在化验单上自动计算相对偏差并判断该现场平行样品是否合格。

在下达采样任务界面可以按照相应比例要求选择该批样品是否进行全程序空白质控，通过全程序空白和实验室空白的相对偏差进行质控分析。

4.3.3　室内质控

室内平行：由化验人员在化验单界面选择样品做平行双样，系统自动计算相对偏差并判断是否合格，对不合格数据用其他颜色区别显示。

标准曲线：在系统中建立单独的标准曲线模块，自动计算曲线的截距、斜率并判断是否合格，在一些涉及标准曲线的化验项目表单中实现与最新一条标准曲线的自动关联，无须手工录入曲线的截距和斜率，同时保留化验人员选择以往曲线的权限。

加标回收：在样品中加入定量的待测成分标准物质，系统自动计算加标回收率，判断该值是否在合格的回收率范围之内。

标样考核：质量负责人可以在系统中下达单独标样考核任务，系统自动判断考核结果是否合格。

4.3.4　数据合理性分析

通过水质指标之间的特定关系进行数据的合理性分析，如三氮小于总氮、阴阳离子平衡、总硬度与总碱度的关系、三氮与溶解氧关系的自动计算，辅助审核人员审核数据，改善以往只能通过经验来对逐个数据进行审核的方式，提高数据审核的质量。

4.3.5　质控统计与溯源

自动统计每一批次水样的质量控制措施并自动生成质控统计报表：实验室空白检测结果比较表、实验室与现场空白检测结果比较表、密码平行样检测结果表、密码平行样检测结果评定表、实验室平行样控制结果表、实验室平行样检测结果评定表、加标回收率检测结果表、加标回收率检测结果评定表、盲样控制结果表。

生成现场采样质控表和实验室常规检测质控表(图 4-4)：自动统计实验室每月做了多少组现场平行、全程序空白、室内平行、盲样、质控样品控制率、合格个数、合格率等信息，通过质控统计来发现检测过程中产生误差的来源，以便及时控制及改进实验室质量控制体系。

图 4-4　现场采样质控记录

检测数据全流程溯源：对影响检测数据的各个环节和要素进行有效溯源，包括采样现场是否有异常情况，样品运输过程是否发生污染，采样人、化验人是否具备该项目化验资质，原始记录表、三级审核情况、方法标准、仪器状况是否在检定周期内，试剂和标准物质是否在有效期范围内使用，标准曲线 t 值是否合格，实验室环境是否正常，以加强数据的准确性和可靠性。

4.4　实验室资源管理模块

4.4.1　仪器管理

仪器电子档案：建立实验室仪器设备基本档案库，对设备、仪器、计量器具的出厂信息、验收、检定、保管、标准操作、校正、校验、保养、维护、使用状况、降级、报废规定等进行记录，生成水利部要求的年度《水质监测仪器设备信息表》。

校验及检修的自动提醒：系统可以设定检定周期、下次检定日期、提醒天数，实现对仪器检验的提前提醒，确保仪器处于合格使用状态。

仪器操作规程的自动调用：可调用查看仪器操作规程，仪器操作人员可针对仪器具体情况进行自定义补充，逐渐形成实验室自己的知识库。

仪器数据的自动采集：为避免人为的失误而造成数据的错漏，系统对实验室内包括液相色谱仪、气相色谱仪、流动分析仪、原子吸收分光光度计、原子荧光光度仪等各类的检测仪器实现数据自动采集功能，仪器产生的原始谱图应自动关联到每张原始化验表单，确保数据的可追溯(图 4-5)。

图 4-5　仪器设备管理

4.4.2　人员管理

科室及人员管理：系统管理员可按单位的实际情况对科室和人员信息进行管理，可以增加、修改、删除科室和人员信息。人员可按部门、分组、角色进行权限管理，同一人可以属于不同角色或多个部门。

实验室人员电子档案库：建立实验室人员基本档案库，将实验室人员包括姓名、性别、出生日期、籍贯、毕业院校、学历、职务、技术职称、考核记录、工作经历、著作论文、培训情况、所受奖惩、具有哪些项目的检测能力、岗位资质证书及编号等其他信息都纳入整个系统管理，自动生成水利部要求的《人员岗位汇总表》。

人员上岗项目管理：建立人员上岗项目查询界面，可以查询每个化验人员授权的上岗考核项目，也可以按照化验项目查询有相应授权的化验人员。

人员工作量自动统计：可以自动统计个人和实验室整体的周、月、年工作量，方便实验室更加合理分配检验任务。如果一个人负责多个项目，可以自动统计个人每个项目的周、月、年化验数目。

绩效管理：通过对各类质控考核和工作任务的内容、数量完成情况，结合实验室设定的不同项目计算系数（可根据实际情况进行修改）建立可量化的职工工作绩效评价指标体系，为实验室人员工作考核建立客观公正的评价方案和绩效管理。

4.4.3　器皿、试剂、标样管理

器皿管理：可以录入、增加、修改、删除、存储容器台账和容器详细信息，例如，容器名称、购置时间、规格、制造商、使用地点、检定记录、报废记录等；实现关键字查询、联合检索的功能。

试剂、标准物质、标准溶液管理：建立试剂、标准物质及标准溶液的管理档案，包括名称、供应厂商、成分、含量或纯度、出厂编号、出厂日期、存放条件、有效期等信息，系统自动生成标准物质、标准溶液的汇总台账，对各类资源的出入库进行严格管理，自动生成相应的领用管理台账（图 4-6）。

图 4-6　标准溶液管理

管理人员可以实时了解各类资源的库存信息，避免库存不足影响工作或库存过多而造成过期失效、积压浪费等。系统根据设定的信息进行过期报警提示和最低库存提醒。

4.4.4　文件管理

按照实验室能力认可要求对实验室文件档案进行分类管理，具有文件管理权限的人可以自定义文件分类、每类文件包含哪些子文件，可以按类别录入、增加、删除如监测档案、质量手册、程序文件、作业指导书、人员管理档案、质量活动、合同评审、内审、管理评审、行业标准等各种文件，实现 Word、Excel、TXT、PDF等各种格式重要文件的上传(图 4-7)。

图 4-7　文件管理

4.5　数据查询及统计分析

4.5.1　数据的综合查询

建立水环境监测数据库，对所有任意站点、任意项目、任意时间段的水质数据、报表实现方便的综合查询。

4.5.2　数据的评价

系统按照不同水体设置相应的预警值，对于超标的数据进行自动变色警示，自动计算超标倍数，并可以方便查阅该站点以往的历史数据进行对比。

自动生成浮游藻类定性分析成果表可以分析采样水体的优势藻类，自动生成浮游藻类定量分析成果表用来统计各种浮游藻类的密度、生物总密度、优势种类及数量。

4.5.3　数据的统计

实现灵活的数据统计功能，可以按照任意批次、任意站点、任意项目、任意时间段进行统计，生成相应的统计报告。

系统可以统计一个站点的多个项目的数据趋势图，通过项目的关联性进行特定分析。

系统也可以统计多个站点某项化验项目的数据趋势图，通过数据的变化趋势进行特定分析。

4.5.4　监测站电子地图

在地图上可以直观查看中心所监测的所有站点，点击站点可以显示该站点最新一次的监测数据。

在地图上直接查看任意站点、任意化验项目的历史数据趋势图。

在地图上直接对地表水站点进行评价(可按照单因子评价，也可按照综合评价)，不同类别的站点按照不同的颜色进行区别显示，通过监测站点历史评价结果趋势图来分析水质变化趋势(李纪人等，2009)。

4.6　系统管理模块

4.6.1　检测项目管理

检测项目管理可以方便设置化验项目所用分析方法的基本参数、参数间关系、参数的上下限值、参数单位、参数计算公式、参数的有效位数、参数修约规则等内容。

4.6.2　检测方法管理

检测方法是检测人员检测分析的方法依据，也是报告数据的一个组成部分。系统具备方法建立、查询、修改、作废、删除、存储等功能。把检测方法和检测项目建立关联，实现项目检测方法的自动调用，同一个化验项目有多种检测方法时，原始记录表界面可以提供下拉菜单供化验员选择与调整。

4.6.3　检测标准管理

检测标准管理可以按照中心要求建立如地表水、地下水、生活饮用水等各类国家检测标准，在原始化验单和报告中自动根据站点数据进行评价。

4.6.4　其他管理

其他管理具备系统登录、版本信息显示、日志管理、权限分配、数据下载等功能。其中，权限分配功能可针对不同层级、不同部门、不同人员进行权限分配设置，数据下载功能可实现为用户使用层提供数据库文件下载界面，确保数据安全。

4.6.5　系统对接

系统具有良好的开放性和兼容性，提供开放的应用接口，按照《水质数据库表结构与标识符规定》自动将指定的水质数据上传到水质评价系统、GIS 系统等其他业务管理系统，以实现水环境监测数据的整合和共享。

4.7　系统性能要求

4.7.1　系统性能指标

最大并发用户数：支持 1000 人以上同时在线。当 200 人并发访问时，服务器运行正常，客户端访问正常，系统支持长期运行；高峰时期系统响应时间小于 5s；能够连续存储过去 20 年以及未来 20 年以上的全流域水质监测数据。

4.7.2　系统安全要求

内外网隔离：本中心实验室各部门的工作计算机需要实行内部局域网联网，不与互联网相连，实行内外网访问分离的网络管理模式。

访问控制：对于系统内部的数据安全，要求每个人只可以根据自己的用户名和密码访问系统，并根据不同岗位人员的权责，只允许其访问个人权限内的功能或数据。

根据实验室人员职责，划分不同系统权限。

同一用户不允许在多台电脑上同时登录，登录系统后，30s 内不进行任务操作，系统将自动退出登录。

自动备份：为保证数据安全，系统能够实现监测数据的自动备份。保证数据不因断电等外界因素而影响系统的数据安全和系统的正常使用。

传输加密：对于分中心实验室与省中心数据存储中心的数据传输，采用相应技术手段来保障数据安全，具体包括：服务器认证、客户认证、SSL 链路上的数据完整性和 SSL 链路上的数据保密性。

4.8　系　统　设　备

4.8.1　服务器（含操作系统）

CPU：四核；

硬盘：1TB；

RAID：SAS RAID，256M 高速缓存，带电池保护，RAID 级别 0、1、5；

内存：8G；

操作系统：支持 32 位和 64 位的 Windows/Linux；

外观样式：机架式。

4.8.2　手持终端

内存容量：2GB；

存储：8GB 以上；

屏幕：5 英寸以上；

拍照功能：支持，800 万像素以上；

GPS 导航：支持；

操作系统：Android4.0 以上；

外观样式：直板。

4.8.3　条形码打印机

打印方式：热感式或热转印；

分辨率(dpi)：不低于 150；

接口类型：标准并口/RS-232 串口/USB；

字符集：国际标准字符集；

工作温度(℃)：4～38，工作湿度：10%～90%；

存储温度(℃)：4～60，存储湿度：15%～85%。

4.8.4　扫描枪

2M 内存以上；

存储数据总数统计功能；

重码，超距离提示枪 ID 显示；

超出距离音量与指示灯提示功能；

可以每次设定上传最新数据，断点续存；

一个基座可支持多台扫描器，通信距离室内至少 20m。

4.9　技　术　培　训

4.9.1　培训要求

为保证系统的正常运行，达到预期性能，承建方应负责完成对系统使用人员在进入试运行前的技术培训，保证工程验收移交后，使用人员能够胜任系统的全部运行、操作、维护、故障分析处理、设备维修和保养等工作。培训期间，承建方应免费提供有关的设备、仪器、工具、技术文件、图纸、参考资料等。培训授课人必须是经过相关权威部门或行业协会认证的工程师、技术员等，所提供培训应确保系统管理员具有完成简单的系统维护工作的能力。在培训结束时，承建方应对考试合格者出具培训结业证书，以确认培训结束。

4.9.2　培训形式、内容

1)提供详细的系统管理员培训和系统所有相关人员培训计划。

2)培训授课人必须是经过相关权威部门或行业协会认证的工程师、技术员等，所提供培训应确保系统管理员具有完成简单的系统维护工作的能力。

3)承建方应将所有培训费用列入"售后服务费"内。

4)用户方可根据实际情况决定接受培训的时间、地点和培训方式。

4.10　技　术　服　务

4.10.1　试运行期技术服务

1)系统安装完成后，承建方应拟定测试方案和计划，在与发包人和用户方讨论、沟通并得到明确认可后，方可进行测试。

2)承建方测试合格后，须向发包人提出验收方案，在验收方案得到发包人和用户方书面明确认可后方可进行验收。

3)验收前,承建方负责将项目的全部有关产品说明书、技术文件、资料、源代码,以及安装、测试、验收报告等文档汇集成册交付发包人和用户方审查;验收后,承建方应按验收意见对上述资料进行补充、修改,然后交发包人验收存档。

4)自竣工验收合格,双方签字之日为开始计算试运行期的时间,试运行期限为 1 个日历月。

5)试运行期内,承建方需派专业人员常驻实践现场,现场解决试运行期间出现的各类问题。该人员必须是参与本项目的主要技术骨干人员,派驻人员的数量和所需专业以能够尽快解决现场问题,满足用户方应急使用而定。试运行期内为完成上述工作所需费用计入总价中。

4.10.2　质量保证期技术服务

1)承建方须提供 12 个月的保修服务,保修期自试运行期满之日起计算。保修费用由承建方自行计算并计入总价中。

2)保修期内,承建方负责对本项目进行维护及版本升级,其所需费用由承建方自行计算并计入总价中,不向用户收取费用。

3)保修期内,承建方派员到现场进行维修、调试、技术支持、解答问题、观察运行、系统重装等服务,所产生的一切费用由承建方自行计算并计入总价中。

4)承建方须明确本项目的保修期内所需的保修项目、内容和范围。

4.10.3　后续技术支持服务

1)对于用户方提出的系统产品故障问题,承建方在 36h 内指派服务工程师到达用户现场提供服务,及时解决问题并跟客户确认,现场工程师在维护完毕后,需用户进行现场检查后签字确认,服务工程师以文字方式将有关本次维护的注意事项留给用户。

2)升级服务:承建方为用户提供部分升级内容,主要包括 Linux 系统升级、内核升级、MYSQL 数据库升级以及系统相关服务平台(Apache,PHP)的升级。

3)应用培训:对于用户方提出的系统应用问题,由承建方安排相关培训,指导和培训用户方指定的实施人员,使之能够独立进行处理。

4.10.4　水资源质量实验室监测信息系统的优势

水资源质量实验室监测信息系统建设是为了更好地满足水环境计量认证评审工作的要求。水资源质量实验室监测信息系统的优势主要体现在:

1)用先进的管理系统,提高数据共享;数据发布后,职能部门就能看到相关数据。

2)充分利用系统的统计功能,对河流、湖库的监测数据进行统计,充分地进行数据分析，及早发现异常情况，减少错误。

3）自动采集数据，减少手动录入步骤，从而减轻工作量。

4）系统具有强大的计算功能，自动计算、自动生成数据报告。

5）实现监测任务的自动提醒：例如，采样提醒、分析提醒、报告审核提醒等，提高工作效率、增加用户满意度。

6）规范监测中心业务管理流程，实现仪器校准管理、标准物质管理、人员的上岗证管理以及库存管理等。

4.11　水环境计量认证评审重点关注的问题

4.11.1　准确把握评审基本原则

（1）充分认识计量认证活动是政府的执法行为

计量认证是国家法律和行政法规设定的行政许可项目，计量认证评审活动是依法行政的具体体现。评审员熟悉和掌握《中华人民共和国行政许可法》、《中华人民共和国计量法》等有关法律法规和《实验室资质认定管理办法》、《水利行业计量认证程序规定》、《水利行业计量认证现场评审细则》等规范性文件，并依据法律法规的要求和程序规定从事评审工作和活动。

（2）严格依据评审准则及相关技术标准的要求开展评审工作

评审员是掌握《实验室资质认定评审准则》和《水利行业质检机构计量认证评审准则》（SL309）（以下简称"评审准则"）的内容及相应评审方法和技巧的专业人士，熟练掌握所从事专业领域标准，特别注意提高评审技能和专业知识，跟踪自己专业领域的最新进展和趋势，严格执行"评审准则"和计量认证相关规定。对于不能满足要求的质检机构，评审员不能给出评审通过的结论；对于存在较多问题的质检机构，评审员会认真提出整改要求，确保评审活动的有效性。

（3）以事实为依据，客观公正地开展评审工作

评审员会以事实为依据，客观公正地对质检机构进行评审，不会轻视任何影响质检机构检测能力的重大问题和隐患。因时间和人员等的限制，对计量认证某些条款的评审往往采取抽样检查的方式。评审员掌握抽样的基本原理和方法，使抽样具有代表性，并以此为依据对质检机构做出正确的评价。

（4）牢固树立责任意识和风险意识

评审组长对评审活动和评审结论负责，评审员对其所承担的评审工作负责。在评审工作中严格按照评审工作程序和评审工作分工，各司其职，认真对待评审工作的每一个环节，保证评审工作质量。

4.11.2　充分做好现场评审准备工作

开展现场评审前，评审员特别是评审组长会对质检机构提交的申请材料(包括申请书、质量管理体系文件等)认真进行审查，发现并指出质检机构质量管理体系文件中不够合理的规定，确保评审活动的充分性和有效性。对不满足要求的不能开展现场评审，要对上次评审以来变化的情况给予特别关注，包括新增仪器设备情况、新增人员情况、关键岗位人员(领导层、技术负责人、质量负责人、授权签字人等)变化情况、新增的检测能力情况、环境条件的变化等，并充分做好现场评审准备工作，使评审工作起到检验质检机构真实水平的作用。

4.11.3　全面覆盖现场评审工作范围

评审组在制定评审日程表时会充分考虑现场评审的范围，确保评审覆盖质检机构所有场所(包括药品室、样品室、质控室、有机实验室、无机实验室、生物实验室、档案资料室和其他有关部门或场所)、所有部门、申请认证的所有检测业务范围以及"评审准则"所涉及的所有条款。

《水利行业计量认证现场评审细则》(水国科〔2010〕504号)第六条规定：对于多场所质检机构的现场评审，应覆盖所有场所。对于水环境类多场所质检机构，现场评审应覆盖所有分中心实验室；对于水利工程类多场所质检机构，应重点评审实验室管理体系是否覆盖全部场所，以及多场所人员、设备管理是否全部纳入管理体系。

4.11.4　准确评价质检机构检测能力

评审组应本着实事求是的原则，通过对质检机构人员、仪器设备、环境条件、标准等几方面进行综合评审后给出客观、公正的评价，不具备检测能力的检测单位或机构，坚决不予通过评审。近几年的国家计量认证监督评审或国家认监委组织的专项检查发现，质检机构获得计量认证证书后，个别参数不符合要求的情况时有发生，如检测参数未配置相应的仪器设备、检测参数与标准不对应、使用了作废的检测标准等。

评价质检机构的检测能力通过以下4个方面进行评价。

1)有经考核合格的上岗人员。评审组应对照质检机构《质量手册》中所列"人员对照表"，检查检测人员上岗培训考核记录。以检测人员上岗资格证所列的检测项目/参数作为依据。

2)有标准中规定的仪器设备。评审组应对照《申请资质认定检测能力表》和《仪器设备(标准物质)配置一览表》，初步判断质检机构是否具备申请检测能力表中所列参数应配置的所有仪器设备的条件。在检查实验室时，重点查看实验室是否摆放这些仪器设备。对于测量仪器设备还应检查是否经检定或校准在有效期内且满足预期使用要求，对于非测量仪器设备应检查其是否功能正常。

3)检测环境条件应满足检测工作要求。首先应确保检测环境条件满足相关法律法规和标准规定要求；其次在设施和环境条件对检测结果的质量产生影响时应进行有效的监控(有监控设施和监控记录)；再次应确保建立程序配置相应的设施设备以确保产生的废水、废液、废气及固体废弃物等得以有效控制且符合环境和健康要求；当区域间的工作相互之间产生不利影响时进行有效的隔离。

4)使用现行有效的检测方法标准。《水利行业质检机构计量认证评审准则》(SL309)规定："质检机构应按照相关技术规范或者标准，使用适合的方法和程序实施检测和/或校准活动。质检机构应优先选择国家标准、水利行业标准、相关行业标准、地方标准。在评审时，质检机构应能提供检测能力中列举的检测标准现行有效文本。"

4.11.5　严格执行现场操作考核相关规定

《水利行业计量认证现场评审细则》第十二条对现场操作考核进行了规定：现场操作考核应选择有代表性和较大操作难度的项目，并能覆盖质检机构申请计量认证项目的类别范围和主要仪器设备，原则上不得与上次复查评审时的考核参数重复。现场操作考核项目的数量不应少于质检机构申请认证项目总数的15%。

现场操作考核可选择盲样考核、人员比对、仪器比对、样品复测、报告验证、见证试验等方式。对于水环境监测类项目一般采用盲样考核。在现场操作考核过程中，评审员应严格执行现场操作考核的相关规定，对参加现场操作考核人员的技术水平、仪器设备操作、数据记录、报告编写等方面进行全面考核。经现场操作考核，不合格项目占考核项目总数20%以下的，允许补考或启用备用考核样重新考核；若不合格项目占20%以上或经补考仍不合格的，对这些项目的评审不予通过，不列入质检机构的技术能力范围。

4.11.6　认真审核质检机构记录档案

检测报告是水利质检机构的最终成果，也就是质检机构的产品。从目前情况看，质检机构检测报告主要问题包括：格式不规范、信息不够全面和准确等。评审组应查阅质检机构的管理体系、工作程序、人员信息、仪器设备、检测方法、环境与设施、样品处置、质量控制和验证活动以及质量记录、技术记录、检测报告或证书等记录档案，依据"评审准则"和质量管理体系文件等进行评价，确定不符合项或不合格项。评审组应按照现场评审工作的分工，认真审核所负责条款的档案记录，着眼于质量活动或技术活动全过程的记录,检查档案记录的正确性、规范性和可追溯性。

4.12　水资源质量管理体系

水资源质量管理体系是指水环境监测机构为了实现管理目的或效能,把影响检测质量的所有要素(组织机构、人员、仪器设备、程序和环境)综合在一起,在质量方针的指引下,为实现质量目标而形成的集中统一、步调一致、协调配合的有机整体。这种管理体系是用文件化的形式列出的有效的、一体化的技术和管理程序,它在质检机构运作过程中左右着整个质量活动。

4.12.1　建立水资源质量管理体系的必要性

水资源监测机构建立管理体系是为了实施质量管理,并使其有效运行、实现质量方针和质量目标,指导质检机构的工作人员、设备及程序的协调活动,从而保证顾客对质量的满意。建立水资源监测机构管理体系是我国水利质量检测工作国际化、标准化和规范化的客观需要,也是保障水资源监测机构自身检测质量的前提。建立管理体系并获得国家认证认可监督管理委员会批准,是质检机构迅速提高内部管理水平的有效办法,也是质检机构扩大知名度、增加竞争力的最佳途径。

质检机构是否有能力向社会出具高质量的准确、可靠、及时的检验报告,并得到社会的广泛信任和认可,已成为质检机构能否适应市场需求和快速发展的关键。质检机构出具的检测报告包含了对影响检测报告质量的各个因素(检测技术、人员、仪器设备、设施和环境以及管理等)的全面控制,其控制范围涉及检测报告形成的全过程。因此,为了保证向客户提供的检测服务具备科学性、公正性和准确性,质检机构就必须以体系的概念去分析、研究上述质量形成过程中各项活动的相互联系和制约关系,以整体优化的要求处理好各项质量活动中的协调和配合关系,建立高效的管理体系。

4.12.2　水资源质量管理体系构成的基本要素

建立一个有效的、适合水资源质量监测机构检测工作开展的管理体系,是质检机构进行全面质量管理、实施质量方针和实现质量目标的核心。一个有效的管理体系应该既能满足质检机构内部的管理需要,又能满足社会对质检机构的质量工作要求。对影响质量的各项活动都应进行有效控制,所控制的各项质量活动应相互配合、相互促进和制约,形成一个有机整体。从宏观上看,管理体系包含了基础资源和管理系统两部分,由组织机构、程序、过程和资源 4 个基本要素组成。具体来说,管理体系包括了评审准则中管理要求和技术要求的 19 个要素。首先必须具备相应的检测条件,包括符合要求的仪器设备、设施和环境以及持证人员等资源；然后按其工作范围设置与其相适应的组织机构，分析确定各检测工作的过程，分配协调各项工作的职责和接口，指定检测工作的工作程序及检测依据方法，使各项检测工作有效、协调地进行，成为一个有机的整体。通过采用管理评审、内外部审核、实验室比对等方式，不断使管理体系完善和健全，以保证实验室有能力为社会出具准确、可靠的检测报告(王有全，2010)。

4.12.3　提高水资源质量管理体系运行有效性的对策

检测机构要求基础数据不仅需要经过检测人员以及校核人员的共同确认，并保留完整的过程记录，还要求审核人、授权签字人随机抽查，确保数据准确可靠，避免检测质量事故。完成一个检测任务，一般要经历顾客委托、样品接收、对检测人员下达检测任务、实施检测、上报检测结果、数据审核、出具报告、顾客反馈等一系列过程，每一个环节都有其开始的条件，也就是输入，每一个环节的结束也都有可交付成果，也就是输出。将输入、输出的每个环节紧密地结合在一起并加以有效控制，可最大限度降低人为的随意性，增强过程的可控性，在保证检测质量的同时，确保可以及时、准确地出具检验报告。

因此，要实现水资源质量管理体系的有效运行，检测机构必须建立职责明确的组织机构，形成管理的组织体系。对文件控制、检测和/或校准分包、服务和供应品采购、合同评审、申诉和投诉、纠正措施、预防措施及改进、记录、内部审核、管理评审等管理过程规定运行的方法和程序，并在人员、设施和环境条件、检测和校准方法、设备和标准物质、量值溯源、抽样和样品处置、结果质量控制、结果报告等方面作出明确的技术要求，并对管理体系的定期分析评审，采取措施确保质量体系持续有效运行，实现质量方针和质量目标。

第5章 松辽流域水资源质量信息数据库建设

松辽流域水资源质量信息数据库的建设是一项系统性工程，该数据库作为流域水质监测数据中心，通过水资源保护监测数据的分类、分组开展评价，分析预测水质趋势，满足松辽流域水资源保护工作信息化、标准化、现代化的建设需求。

5.1 系 统 说 明

该系统以 B/S 的模式运行，系统部署到应用服务器后，客户端以浏览器的方式进行访问使用系统，系统支持 IE6.0 及以上版本访问，系统的水质地图是以 Java 的 Applet 方式运行在浏览器中，客户端需要安装 JVM（Java 虚拟机）。

5.1.1 服务器端运行环境

5.1.1.1 软件环境

操作系统：Windows 2003 服务器版，或以上；
数据库系统：SQL Server 2008；
应用服务器：Tomcat 6.0；
Java 运行环境：JDK1.6，或以上。

5.1.1.2 硬件环境

CPU：Intel Xeon 2.0GHz，或以上；
内存：内存 2GB，建议使用 4GB 内存；
硬盘：可用空间至少 20GB。

5.1.2 客户端运行环境

5.1.2.1 软件环境

操作系统：Windows XP，或以上；
浏览器：IE6.0，或以上；
Java 虚拟机：jre1.6，或以上。

5.1.2.2　硬件环境

CPU：Intel 奔腾 4 以上处理器，建议使用酷 2 处理器；
内存：内存 1GB，建议使用 2GB 内存；
硬盘：可用空间至少 1GB。

5.2　系 统 登 录

新闻主页由水质动态、水质报告、工作动态、水质常识、技术规范、通知公告等信息栏目和系统登录框组成，分别显示各栏目最新消息。系统登录框位于主页面的右上角，输入用户名和密码，即可登录到系统的主界面。系统主界面主要由菜单栏、功能区和结果显示区组成，系统登录主界面如图 5-1 所示。

图 5-1　系统登录主界面

5.3　系统功能及操作说明

系统功能模块由菜单栏进行划分，主要由分类评价、分组评价、入库评价、数据中心、趋势分析、系统管理 6 个模块组成。下面分别对系统功能及操作进行详细介绍。

5.3.1　分类评价

分类评价是系统的核心功能，主要完成各种水质的评价、计算和统计。

5.3.1.1　地表水水质评价

地表水水质评价是对监测站对象进行的评价，使用的评价方法是单因子评价法，具体参见《水质评价方法及说明》。

地表水水质评价界面如下：功能区由 3 部分组成，分别是评价参数、监测站筛选条件和评价时间，结果区由评价结果、区域统计(省份和地市统计)和水质报告组成。地表水水质评价界面如图 5-2 所示。

图 5-2　地表水水质评价界面

(1)评价参数

评价参数包含 3 个参数，即评价标准、评价等级、取值方式。

评价标准：设置本次评价使用的标准。默认标准是 GB3838—2002，在此评价过程中以 GB3838—2002 标准来进行评价计算。

评价等级：设置本次评价达标的等级。如果选择的等级为Ⅲ类，那么此次评价结果中的Ⅰ、Ⅱ、Ⅲ类水均为达标，对于其他未达标的评价水会在评价结果中列出其超标项目。

取值方式：监测项目浓度值的取值方式，平均值或中位值。

(2)筛选条件

监测站筛选是查询参与本次评价的监测站，监测站可以通过多种区域条件进行筛选，分别是流域水系、水资源分区和行政区划，用户可以任选其中一种方式进行查询，系统默认为行政区划，还可以组合水域类型、测站功能、监测站名称条件查询。监测站名称条件支持模糊查询，也可以输入测站编码。在这里查询方式的选择会对评测结果的统计列表产生影响。

如果选择的是流域水系方式，那么系统就会按流域水系的方式对监测站进行筛选评价，在评价结果中的统计也会按流域、水系、河流来统计。流域、水系、河流是一种由大到小的分级，只有选择上一级内容，下一级才可以选择对应的内容，默认为未选择(在下拉框中显示为全部)。

如果选择的是水资源分区，那么系统就会按水资源分区的方式对监测站进行筛选评价，在评价结果中的统计会按一至四级的水资源分区来统计。水资源分区是一种由大到小的分级，只有选择上一级内容，下一级才可以选择对应的内容，默认为未选择(在下拉框中显示为全部)。例如，只有在一级分区中选择了"松花江"，二级分区中才会有一级分区"松花江"对应的二级分区数据"嫩江"可以选择，其他分区依次类推。

如果选择的是行政区划，那么系统就会按照省份与地市对监测站进行筛选，在评价结果中的统计也会按省份、地市来统计，行政区划方式为默认的筛选方式。只有在省份区域选择相应的省之后，地市区域中才会有相应的地市数据出现，默认为未选择(在下拉框中显示为全部)。例如，只有在省份区域中选择了"黑龙江省"，在地市区域中才会有对应的"哈尔滨"、"齐齐哈尔"等数据。

如果对监测站的水域类型与功能进行筛选，这里可以设置所评价的水域类型(河流、湖泊、水库、湖库)，设置所要评价的对应监测站功能，也可以通过输入监测站的名称来筛选监测站。这里的水域类型、测站功能、测站名称3种筛选是并列互不影响的，可以同时进行设置。

(3)评价时间

评价时间是指读取哪个时段的监测数据进行评价，评价时间包括两种时间选择模式，分别是单时间段和时间序列模式。系统提供了多种时间步长方式，用户可以任意选择其中一种步长。

单时间段模式是按指定步长、指定的时间，进行一次评价，得到该步长的一次评价结果。如果设置的是单时间段模式，则在结果显示区输出评价结果列表、区域统计列表和水质报告，可以点击标签按钮进行切换显示。

时间序列模式是按指定步长，从开始时间到结束时间进行多次评价，得到该步长的多次评价结果。如果设置的是按时间序列评价，则结果显示区只输出评价结果列表。

(4)评价结果列表

评价结果列表包括监测站的相关信息、水质类别和超标项目。

评价结果：在结果显示区中点击评价结果，显示的数据包括站码、站名、评价时段、水质类别、超标项目等数据。在其下方有分页工具栏，右上方有对应的发布、导出等功能按钮。其中，发布、导出的功能，在下面的内容中会介绍到，这里描述一下分页工具栏的功能。对于比较多的评价结果，会用分页显示的方式来进行。分页工具栏中的各图标功能包括跳转到第一页、返回上一页，可以通过输入页面数据来跳转到指定页，跳转到下一页，跳转到最后一页，表示当前显示的数据索引及总共有多少条数据。

双击某个监测站的评价结果列表，会弹出该测站参与评价的项目具体信息（此功能在分类评价、分组评价和入库评价的地表水水质评价和水源地指数评价中适用）。

(5) 区域统计列表

区域统计就是区域水质评价，统计的结果是对各种类别的水质所占比例的统计。按照四种口径统计，分别是按监测站的个数、评价河长、评价面积和评价库容。在列表中显示的是按监测站(断面)个数的方式进行的统计，子表中是按评价河长、评价面积和评价库容的统计。统计结果还包括按监测站(断面)个数统计的环比和同比的比较结果。

按照用户选择的区域方式进行统计，用户选择流域水系查询监测站，则统计结果会包括流域统计、水系统计、河流统计；用户选择水资源分区查询监测站，则统计结果就包括一级水资源分区统计、二级水资源分区统计、三级水资源分区统计、四级水资源分区统计；用户选择行政区划查询监测站，则统计结果会包括省份统计和地市统计。

(6) 水质报告

水质报告是指系统根据评价结果和统计结果，按地表水水质报告模板自动生成的文档。地表水水质报告是按照用户选择的区域方式而生成的，用户根据流域水系查询监测站，则生成流域水系水质报告；用户选择水资源分区查询监测站，则生成水资源分区水质报告；用户选择行政区划查询监测站，则生成行政区划水质报告。

用户可以点击右上角的输出按钮(导出和发布)将评价结果、统计结果和水质报告输出。评价结果中导出的是评价结果数据对应的 Excel 文件，统计结果中导出的是对应统计结果数据的 Word 文件，水质报告中的"导出报告"导出的是水质报告的 Word 文件，"导出统计结果"导出的是统计结果数据对应的 Excel 文件。

5.3.1.2　水源地指数评价

水源地指数评价是对水源地监测站进行的评价，主要评价方法是水质指数法，也可以利用单因子(水质)评价，具体参见《水质评价方法及说明》。

水功能区达标评价是对水功能区对象进行评价，使用的评价方法主要是单因子评价法，参见《水质评价方法及说明》。在进行水功能区达标评价时，可进行湖库水功能区的营养化评价，在评价标准中隐含使用了湖库营养化评价标准，参见《地表水资源质量评价技术规程》（SL395—2007）。单次达标评价的结果可以直接评价得出。

5.3.1.3　湖库营养化评价

湖库营养化评价是对湖泊或水库进行的评价，具体实现方法参见《水质评价方法及说明》。在进行湖库营养化评价时，可进行湖库的水质评价（李小平，2013）。

湖库营养化评价界面功能区由 3 部分组成，评价参数、湖库筛选条件和评价时间，结果区由评价结果、区域统计（省份地市）和水质报告组成。

湖库筛选是查询参与本次评价的湖库，湖库可以通过多种区域条件进行筛选，包括流域水系、水资源分区和行政区划，用户可以任选其中一种方式进行查询，系统默认为行政区划，还可以组合水域类型、湖库名称条件查询。湖库名称条件支持模糊查询，也可以输入湖库编码。

在评价结果列表的子表中，系统给出了参与营养化评价项目的各项信息。区域统计是按用户所选区域内的湖库对各类营养化等级进行统计。按照 3 种口径统计，分别是按湖库的个数、评价面积和评价库容，统计结果包括环比和同比结果。

水质报告是指系统根据湖库营养化评价结果和统计结果，按湖库营养化报告模板自动生成文档。湖库营养化报告是根据用户选择的区域方式而生成的，用户根据流域水系查询湖库，生成流域水系湖库营养化水质报告；根据水资源分区查询湖库，生成水资源分区湖库营养化报告；根据行政区划查询湖库，生成行政区划湖库营养化报告（Kakff，2011）。

5.3.1.4　地下水水质评价

地下水水质评价有两种评价方式，分别是单项组分评价和综合评价（内文·克雷希克，2013）。

地下水评价界面功能区由 3 部分组成，评价参数、监测站筛选条件和评价时间，结果区由评价结果、区域统计（省份地市）和水质报告组成。

评价参数包含 3 个：评价标准、评价等级和评价方式。具体参数要求与地表水水质评价相同。

地下水筛选是查询参与本次评价的监测站，筛选的区域条件只有行政区划，可以组合测井类型、测站名称条件查询。测站名称条件支持模糊查询，也可以输入测站编码。

地下水水质评价的区域统计按行政区划进行统计，统计结果是各种水质类别测站个数占总个数的比例，并同时给出统计数据的环比和同比结果。

水质报告是指系统根据水质评价结果和统计结果，按地下水水质报告模板自动生成的文档。

5.3.1.5　天然水化学特征评价

天然水化学特征评价，是对地表水监测站进行的评价，具体实现方法参见《水质评价方法及说明》，包括 4 种评价，其分别是：①地表水总硬度评价；②地表水矿化度评价；③地表水天然劣质水评价；④地表水水化学分类评价。各种评价使用不同的标准，评价标准参见《地表水资源质量评价技术规程》(SL395—2007)。

天然水化学特征评价的界面功能区由评价标准列表框、监测站筛选条件、评价时间组成，结果显示区显示评价结果。在评价标准列表框中，用户可以选择需要进行的评价标准，系统默认为地表水总硬度评价。

5.3.1.6　水体底质污染评价

在水体底质污染评价进行评价时系统隐含给出了评价标准，具体实现方法和评价标准参见《水质评价方法及说明》。水体底质污染评价功能区由监测站筛选条件和评价时间组成，结果显示区显示评价结果。

5.3.1.7　水功能区纳污能力达标评价

水功能区纳污能力达标评价是对水功能区进行的评价，对排污口监测站的污染物通量进行计算，具体实现方法参见《水质评价方法及说明》。

水功能区纳污能力达标评价由水功能区筛选条件和评价时间组成，在评价结果表的子表中给出了各参与项目的评价情况。排污口监测站查询可以利用 3 种区域条件进行筛选，也可以组合排污口的水域类型、污水类型、排污单位和测站名称。

5.3.2　分组评价

分组评价是为用户提供一个自由灵活编辑测站和项目的评价方式，满足个性化的需求，方便区域统计。

首先在系统管理—评价对象分组里配置好需要的测站分组，再设置评价项目分组，这里可添加、修改和删除项目分组。添加和修改项目分组时，可在未分配项目中通过项目名称快速查找到该项目后，拖动到已分配项目中完成配置。

从测站分组、水质项目和营养化项目查询框里选取需要的分组。分组评价有区域统计，没有水质报告。可导出、发布和导出测站水质项目结果表即测站参与评价的各项目监测值，如果项目分组里有营养化监测项目，则还包含测站营养化结果表。

5.3.3　入库评价

入库评价是为保存评价结果提供的一种快速的评价方式。主要是为保存评价结果而设计，在进行评价后，点击入库按钮对评价结果进行入库保存，点击提示按钮，可以查看数据库中保存的评价结果的起始和终止时间，以及漏评的时间。在用户改变了评价步长后，功能区中的入库提示信息会提示当前评价步长，最开始保存的时间和最后一次保存入库的时间。

入库评价界面功能区由固定的评价参数、评价时间和入库提示信息组成，结果显示区显示本次评价结果。入库操作是在进行评价后，点击入库按钮将评价结果存入数据库保存起来，如果此评价已经入库过，会有如下提示，点击"是"重新进行评价，并将评价结果重新入库。入库操作完成后，也会有对应的提示信息。

5.4　数　据　中　心

5.4.1　添加水质监测数据

鼠标点击数据中心——添加水质监测数据，选择数据监测年月。

编辑录入测站：通过套件查询后，结果显示在中间页面，鼠标勾选需要测站，再点击配置所选，就会自动进入右侧的配置对象列表，通过上下移动来调整测站顺序。

编辑录入项目：在页面选出需要录入的项目拖动到左侧页面，通过上下移动调整顺序，或者在项目名称查询框输入中文项目名称或英文项目编号，快速查询到该项目。支持中文和英文模糊查询，如输入字母 A，按回车键（或点击输入框后的小箭头），则项目编号中包含 A 的项目都搜索出来了。输入框后变成两个小箭头，点击第一个小箭头返回原始状态。

配置好后可对这些测站项目进行手动录入监测数据。若一个月内该测站有 2 次或以上的监测数据，选择测站后，点击右上角的添加数据。监测数据填写完成后点击右下角的提交按钮。

5.4.2　校核水质监测数据

校核水质监测数据主要是对手动添加的水质监测数据进行校核。首先选择数据监测年月，然后编辑录入测站和编辑校核项目。若不选择校核项目，则系统默认所有未校核的项目都显示出来。对未校核的数据可校核选中数据或所有数据，校核成功后可在已校核页面查询。

5.4.3　数据查询

数据查询主要是对基本信息、评价结果和地表水监测数据概况进行查询，查询结果可导出 Excel 表格。评价结果必须先进行入库评价才可以查询到。其中水功能区还可导出测站关系数据。数据查询界面如图 5-3 所示。

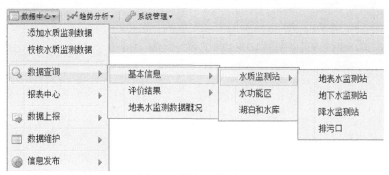

图 5-3　数据查询界面

5.4.4　报表中心

报表中心有两种报表，一种是国家固定格式的公报通报，一种是常用报表。

5.4.4.1　公报通报

公报通报包括全年、汛期和非汛期 3 次评价结果，只有当这 3 次评价结果都入库才能查询出正确的报表结果。公报通报的所有报表都是实时计算，统计的结果可以输出。公报通报报表界面如图 5-4 所示。

图 5-4　公报通报报表界面

5.4.4.2　常用报表

常用报表中的地表水测站年度成果表支持单站数据的输出和导出。常用报表界面如图 5-5 所示。

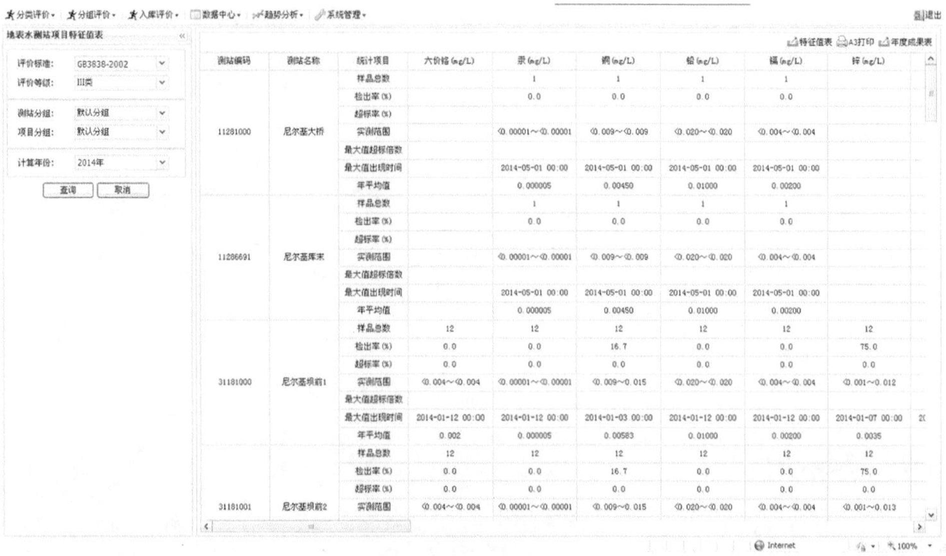

图 5-5　常用报表界面

5.4.5　数据上报

数据上报是同步监测数据，选择上传地址和测站分组，确定开始和结束时间，点击确定按钮，传输日志会显示传输的具体信息。

上传地址可以添加、修改和删除。点击已有的上传单位，可修改上传 IP 地址。

测站分组可以添加、修改和删除。添加测站分组时，可先查询测站列表，勾选后配置所选，并给该组命名，确定即可。

5.4.6　数据维护

数据维护主要指增加、删除和修改系统使用的数据，包括评价对象基本信息维护、评价结果维护和监测数据维护。

5.4.6.1　基本信息

基本信息是指评价对象的基本信息，评价对象分为基本评价对象和统计区域对象。基本评价对象有地表水测站、地下水测站、降水测站、排污口、水功能区、湖泊和水库，统计区域对象有流域水系、水资源分区和行政区划对象。

基本评价对象的查询结果都可以添加、修改、删除和导出入库格式。其中水功能区还可以导出测站关系入库格式。统计区域对象只能添加、修改和删除，不能导出。

5.4.6.2　添加基本信息数据

选择基本信息菜单下的基本评价对象后，以地表水测站为例，功能区为监测站查询条件，输入查询条件，单击确定按钮后，结果显示区显示监测站结果列表。点击右上角维护工具栏的添加按钮，打开添加地表水监测站的添加窗口，用户需要填写新增监测站的基本信息，在完整填写监测站基本信息后，点击提交按钮，即可完成新增监测站，如果用户没有填写完整的信息，系统将给出提示，带红色边框的输入框是监测站必填信息。

在输入监测站所属的水功能区编码时，用户可以点击输入框旁的小箭头，打开水功能区的查询窗口，用户可以通过查询水功能区来选择水功能区编码，在查询出来的结果列表中，勾选水功能区编码前的方框，单击确定按钮，水功能区编码会自动填写到监测站的水功能区编码输入框中。监测站所属湖库编码也可以通过该方法查询获取。在监测站查询结果列表中，选中某一记录，单击维护工具栏的修改按钮，打开该监测站的信息修改窗口，在完成信息修改后，单击确定按钮，即可完成监测站基本信息的修改。在监测站查询结果列表中，选中一项或多项监测站记录后，单击工具栏的删除按钮，即可对选中的监测站进行删除操作。

水质测站(地表水测站、地下水测站、降水测站、排污口)可对任选的测站修改垂线/层面，添加垂线和层面名称限制 20 个字符。名称输入框可快速查询垂线和层面的名称，对查询结果可修改或删除。编号可任意填写数字，若和已有的测站垂线/层面编号重复会有提示。若要对水功能区对象进行维护时，通过在查询列表中勾选要修改的测站，点击右上角的修改所选按钮，弹出该测站的基本信息框，可对除功能区编码外的所有信息进行修改。

5.4.7　评价结果

评价结果维护是对入库评价的结果进行维护，对不再使用的评价结果数据进行删除操作。可以对入库评价中的地表水水质评价结果、水源地指数评价结果、水功能区达标评价结果、湖库营养化评价结果、地下水单项分组评价结果和地下水综合评价结果进行删除。

评价结果维护界面如下，在输入查询条件后，单击查询按钮，结果显示区显示符合条件的评价结果记录，对于不再使用的评价结果数据，在列表中选中后，点击删除按钮，可删除评价结果。

5.4.8　数据整编

数据整编包括数据导入、修改入库错误、监测数据维护、监测数据维护日志和排污口监测数据整编。

5.4.8.1　数据导入

系统提供两类数据的 Excel 文件导入功能，一类是评价对象基本信息，另一类是监测数据。Excel 文件是按照特定的模板格式建立文件，系统提供模板文件的下载。

基本信息有 9 张表需要导入，功能区为导入数据类别，选择数据类别后，系统弹出文件上传对话框，点击文件上传对话框的添加按钮，将打开文件选择对话框，选择要上传的 Excel 文件，在选择 Excel 文件上传后（上传的文件必须是按照模板文件格式组织的文件），系统将打开该文件，文件内容显示在可编辑列表区中，初步验证主要是验证编码，"验证下一页"按钮是验证字段是否符合要求。如果需要修改数据，可以在可编辑列表区中点击单元格进行修改，在完成以上操作后，点击提交按钮，即可批量导入数据。清空缓存是指清空右侧列表区域。

在工具栏中，点击下载 Excel 模板文件，即可下载特定的模板文件。清空列表和删除所选是对列表中的记录进行维护操作。

功能区为导入数据类别。选择数据类别后，系统弹出文件上传对话框，点击文件上传对话框的添加按钮，将打开文件选择对话框，选择要上传的 Excel 文件，在选择 Excel 文件上传后（上传的文件必须是按照模板文件格式组织的文件），会弹出对话框提示文件是否符合规范。

下载数据文件后打开，错误会标注成红色框，鼠标放上去将提示错误原因，将垂线和层面编号补充完整后再导入。若提示数据存在警告问题，下载数据检查会发现是监测数值小数位不对或者是非数值型数据。例如，数据库中存在本次导入的部分或全部数据会弹出提示框，并显示具体信息。点击是之后，逐条导入并显示进程。

5.4.8.2　修改入库错误

监测数据维护：左侧查询条件框选择查询条件，在结果列表中勾选需要修改的监测数据，可进行修改，删除和导出操作。修改具体信息时，如果忽略框点选"是"，表示该信息不参与评价。入库错误修改界面如图 5-6 所示。

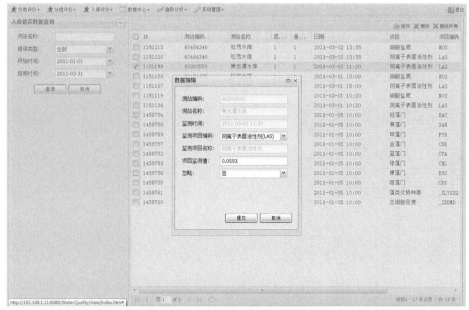

图 5-6　入库错误修改界面

5.4.8.3　监测数据维护日志

监测数据维护日志详细记录真实姓名、执行操作与执行时间。监测数据维护日志界面如图 5-7 所示。

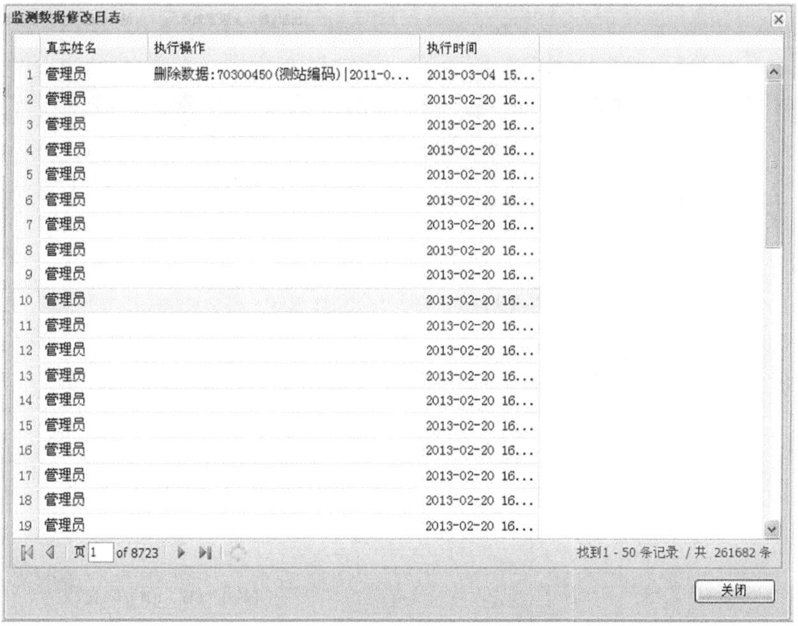

图 5-7　监测数据维护日志界面

5.4.8.4 排污口监测数据

对排污口监测数据进行录入、修改和删除操作，同时可导出 Excel 表格。排污口监测数据录入界面如图 5-8 所示。

图 5-8 排污口监测数据录入界面

5.4.9 信息发布

信息发布是指通过在线编辑的方式，把信息发布到系统的主页面上，可以将不同类型的信息（水质动态、水质报告、工作动态、水质常识、技术规范和公示公告）分别发布到主页面对应的不同栏目下。

5.4.9.1 水质动态的发布信息查询

选择信息发布菜单栏中的水质动态，则会显示出水质动态信息的主页面。选择完查询条件后，单击查询按钮，则会在结果显示区出现过滤出的所要查询的信息。查询信息的排列，在结果显示区，所显示出的信息列表可以按新闻编号、栏目、新闻标题、发布人和发布时间的正序、逆序和列选项进行排列显示。

5.4.9.2 水质动态信息的删除

水质动态信息的删除是指将主页面已发布的信息进行删除。在信息列表中选中一条记录，需要删除时，单击删除按钮，则会出现警告的提示框来确定是否要删除该记录。确定删除选择"是"，取消则选择"否"。在删除记录时，用户可以复选记录前的选择框，来进行多条删除。

5.5　趋　势　分　析

趋势分析包括监测站监测项目 Kendall 趋势分析、地表水站点水质曲线、地下水站点水质曲线和沿程站点分布水质曲线。

5.5.1　Kendall 趋势分析

Kendall 趋势分析是对地表水监测站的监测项目进行分析。具体实现方法参见《水质评价方法及说明》。

Kendall 趋势分析界面分为"参评条件功能面板区"和"输出结果功能面板区"。

参评条件功能面板区由分析项目、站点筛选条件、评价时间 3 部分组成。在进行项目趋势分析时，用户需要选择需要分析的项目，通过站点筛选条件评价参与分析的监测站，最后通过评价时间来确定分析的时间段。

输出结果功能面板区显示分析结果，结果可导出 Excel 格式或发布到系统主页面。

5.5.2　地表水站点水质曲线

通过地表水站点水质曲线图形的变化趋势来反映水质变化。系统提供"水质类别和项目浓度历史变化曲线"，还提供"水质类别和项目浓度同比曲线"。

选择水质趋势菜单下的地表水站点水质曲线后，"参评条件功能面板区"切换为地表水监测站查询条件，在查询站点后，"输出结果功能面板区"显示监测站列表，在列表中选择站点，右键点击后，显示"水质类别曲线"、"项目浓度曲线"、"水质类别同比曲线"和"项目浓度同比曲线"子菜单。

选择子菜单后，打开相应的条件对话框，完成条件输入后，点击提交按钮，打开相应的曲线窗口。

5.5.3　沿程站点分布水质曲线

沿程站点分布水质曲线是通过曲线图形的方式展现沿程站点的水质变化。在评价条件框里选择具体的评价条件后(测站分组和项目分组可在系统管理——评价对象分组中进行配置)，点击查询按钮就会出现评价结果和评价曲线图。

5.6　系　统　管　理

系统管理包括系统的一些配置选项、评价标准管理、用户及用户权限管理等，一般由系统管理员来管理这些功能。

5.6.1　评价项目配置

评价项目配置是指配置参与评价或计算的监测项目，监测项目一般是按照某种评价标准来确定的，用户可以指定哪些项目参与评价或计算，哪些项目不参与评价或计算。

地表水环境质量评价项目配置是对地表水监测站水质评价、地表水监测站指数评价、水功能区水质达标评价和湖库水质评价中参与评价的监测项目进行配置。

5.6.1.1　地表水环境质量评价项目配置

在地表水环境质量评价项目配置界面中，在窗口的左边显示的是评价标准的项目列表，右边显示的是监测项目列表，监测项目一般是标准项目的子集，用户可以通过项目查看按钮来比较，系统默认标准为 GB3838—2002。

监测项目列表中只有在参与评价复选框中选中项目，才能真正参与到水质评价中。可以通过双击标准项目列表中的项目来添加监测项目。选中监测项目列表中的项目，点击删除所选按钮，即可删除监测项目列表中的项目。如果有多个评价标准，在列表框中选择其他标准后，点击确定按钮即可切换到其他标准相对应的监测项目。在完成配置后，用户必须点击确定按钮来保存本次的配置。

5.6.1.2　地下水资源质量评价项目配置

地下水资源质量评价项目配置界面与地表水资源质量评价项目配置界面相同，系统默认标准为 GB/T14848—93。

5.6.1.3　湖库营养化评价项目配置

湖库营养化评价项目配置界面与地下水资源质量评价项目配置的界面相同。

5.6.1.4　底质污染评价项目配置

底质污染评价项目配置界面与地下水资源质量评价项目配置和湖库营养化评价项目配置的界面相同。

5.6.1.5　排污口通量计算项目配置

排污口通量计算项目配置界面中的窗口左侧中显示的是库项目列表，右侧显示的是配置后的排污口通量计算项目，用户可以指定哪些项目参与评价或计算，哪些项目不参与评价或计算。左侧列表中的项目通过双击配置到右侧列表中，如果该项目已在右侧列表中，则会在项目名称前的方框里打钩显示。用户可在左侧列表上方输入项目名称快速查询具体项目。

5.6.1.6　单站污染物通量评价项目配置

单站污染物通量评价项目配置界面与上述的评价项目配置界面相同。

5.6.2　评价标准配置

评价标准菜单，是指对评价标准进行维护，用户可以对地表水环境质量标准、地下水质量标准、湖库营养化评价标准和底质污染评价标准进行维护。新建标准后需要退出重新登录系统，方可查询使用。

5.6.2.1　地表水环境质量标准

选择评价标准菜单下的地表水环境质量标准，打开地表水水质评价标准窗口，系统默认标准为 GB3838—2002。

地表水环境质量标准的项目包括基本项目、饮用水项目和湖库特殊项目。在窗口左边显示的是基本项目列表，双击项目，在中间的列表中显示该项目的各水质类别的标准值，单击单元格中的标准值，可以进行标准值的修改；在窗口右边显示饮用水项目，单击标准值单元格，可以进行标准值的修改。点击添加项目按钮，打开项目库窗口，可添加新的项目；选中项目后，单击删除所选按钮，即可删除该项目。以上操作完成后，用户必须点击提交按钮来保存当前的修改。

在窗口底部，点击湖库项目值按钮，将打开湖库特殊项目标准的修改窗口，湖库标准的维护参考上面的描述。

地表水环境质量标准允许用户删除和新建。点击标准另存为按钮，打开另存为对话框，输入标准名称，单击确定后，可以将当前的标准保存为另外的一个新标准。点击删除本标准按钮，当前标准将被删除；如果有多个标准，可以在底部的列表框中选择其他的标准，单击确定按钮来维护其他标准。

5.6.2.2　其他质量标准

选择评价标准菜单下的相应质量标准，并打开相应的质量标准窗口，所进行的操作与地表水质量标准相同。

5.6.3　评价对象分组

评价对象分组分为测站分组和项目分组。其中测站分组有 4 种类型：地表水监测站、地下水监测站、水功能区和湖库。这里主要是为分组评价做配置。

以地表水监测站分组为例：

编辑测站分组，可添加、修改、删除或另存为操作。分组类型分为公用和自定义，公用是程序后台设置的，修改时不能更改分组名称，其他操作和自定义一样。另存为实际上是简化操作：表示当前测站分组换个名称后，增加或删减几个测站再提交，主要用于新创建分组测站较多且与现有分组测站重复率高的情况。

点击添加测站分组，通过套件查询后，结果显示在中间页面，鼠标勾选需要测站，再点击配置所选，就会自动进入右侧的配置对象列表，通过上下移动来调整测站顺序。点击导出报表按钮，可导出该测站分组的基本信息。

5.6.4　系统初始化设置

系统初始化设置由管理员操作，主要对水质数据库进行备份、删除和初始化操作。其中，初始化水质数据库将删除所有的基本信息、监测数据、评价结果数据和新闻信息。

点击备份水质数据库后，备份的文件存放在系统目录下：Apache Software Foundation/Tomcat 6.0/webapps/WaterQuality/backup。系统升级检测点击后会自动检测最新版本并提示是否需要升级，升级完成后会弹出对话框提示重新启动 Web 服务器 Tomcat。

5.6.5　系统日志

系统日志是指用户在使用系统时，系统自动记录用户的某些重要操作，以便系统管理员更好的管理用户。

在选择系统日志菜单后，打开系统日志窗口，在系统日志中记录了用户登录服务器的 IP 地址、用户名称、执行操作和执行时间。点击右上角的清除日志是指清除所有日志记录。

5.6.6　监测项目管理

初次使用系统时，可通过项目名称快速查询到相应监测项目，对监测项目的最大值/长度、小数位数、计量单位和项目描述进行修改操作。此功能只有超级管理员角色用户可以看到并操作使用。若点击删除按钮，会同时删除数据库中所有测站的该监测项目数据。

添加新的监测项目时，需要输入以下信息，项目类型和数据类型可在下拉框中选择。分组类型(1 一般项目、2 生物项目、3 底泥项目、4 水文项目)程序会自动识别。

5.6.7　系统参数设置

系统参数设置是对系统运行相关的参数进行灵活设置的功能组。

5.6.7.1　汛期时段设置

汛期时段设置是指设置时间步长中的汛期开始时间和结束时间，系统默认的汛期开始时间是每年的 5 月 1 日至 10 月 31 日，用户可以根据当地的汛期时间进行设置。汛期时段设置修改后，必须重新进行两次入库评价(汛期和非汛期)，才能更改年度成果表中的汛期平均值。

5.6.7.2　菜单权限更新

系统版本升级后，菜单可能会有变化，如果未点击菜单权限更新，则新添加的菜单是灰色的，不能分配权限和使用。此功能只有超级管理员角色用户可以看到并操作使用。

点击"是"后，更新菜单完成，需要重新登录系统。

重新登录后，需要重新设置角色的权限。如果不重新设置角色的权限，会造成角色权限错位等错误，不能正常使用。

5.6.7.3　COD 判断设置

在进行单因子水质评价时，进行 COD 判断。在 COD 大于 30mg/L 时，采用化学需氧量评价；在 COD 不大于 30 mg/L 时，采用高锰酸盐指数评价。

5.6.8　用户和角色管理

用户和角色管理主要是指对使用本系统的用户和角色进行管理，在该功能中，可以添加用户、修改用户、删除用户和查找用户。

在用户和角色管理界面中，单击添加按钮，打开用户编辑对话框窗口，输入用户名称、密码、真实姓名并选择所属部门后，鼠标选择并拖动右边的角色到左边的所属角色列表中，即完成用户的角色分配，也可以将已分配的角色选中并拖动到右边的窗口中，删除角色，单击提交，完成新用户的添加；在用户管理列表中选中用户后，单击修改按钮，打开用户编辑窗口，可以对用户的名称、密码、真实姓名和所属部门进行修改，同时对角色进行重新分配，具体操作参考上面的描述；在用户管理列表中选中用户，单击删除按钮，即完成用户的删除。在查找框内输入用户名可快速查找需要的用户名。

5.6.9　修改密码

修改密码是指修改当前登录用户的密码，修改密码界面如下，在旧密码文本框中输入当前登录的密码，在新密码和重复密码文本框中输入需要修改的密码，单击提交按钮，即可完成密码的修改。

5.7　水 质 地 图

水质地图是利用 Web 地理信息系统的方式,将水质评价结果进行一种可视化的展现，让用户更直观、更形象地看到水质评价结果。通过 IE 浏览器进入到系统主界面后，在右边登录窗口上方，是水质地图系统的快速进入窗口，点击进入水质地图系统界面。"水质地图"的核心是系统提供的以水质业务展现为主要目的的 18 个"专题地图"和以测站等基础信息展现和查询为主要目的的"对象查询"工具组。"专题地图"主要展现特定"评价时间"下特定"评价对象"的评价结果，并辅助以"统计显示区"的"饼图统计"和"列表统计"以及"图例"来对相应的专题地图数据进行统计显示；用户可以利用"地图工具栏"来对"地图区"进行放大缩小等基本操作，直观查找具体监测对象的具体点位信息。

5.7.1　地图基本操作

全屏：点击该按钮，水质地图页面最上方的标题会隐藏，地图区域扩展至全屏。

全图：点击该按钮，将显示所有地图信息，地图缩放到填充整个地图区域。

查询：当执行放大、缩小、移动操作时，鼠标经过地图区任意站点时捕捉不到站点信息，点选查询按钮，即可再次捕捉点选。

放大：点击放大按钮之后，鼠标操作变成放大状态，用户可以在地图上拖动鼠标绘制一个矩形区域，地图将该区域放大至填充整个地图区。

缩小：点击缩小按钮之后，鼠标操作将进入缩小状态，在地图上按下鼠标后拖动，可以绘制一个矩形区域，地图将按照比例进行缩小。

移动：点击移动按钮之后，鼠标操作进入移动地图状态，在地图区域按下鼠标并且拖动，地图将随之进行移动。

图层：点击该按钮可以对地图图层进行进一步设置。点击右侧的复选框，可以改变某个图层的显示与否。不同的图层显示组合，可以展现不同的显示效果。水资源地图发布系统如图 5-9 所示。

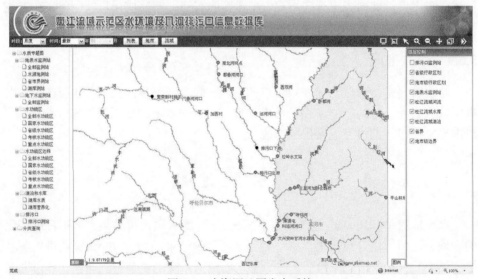

图 5-9　水资源地图发布系统

5.7.2　时间选择

时间选择用来选择查看所选择时间的水质情况，在不同的专题图中有不同的展现，分为"时段选择(按季度、半年等步长)"和"时间选择(按年)"。当选择一个时间后，当前的专题图就会展现当前专题、时间的水质情况，默认情况下显示最新时间水质状况。

5.7.3　统计显示形式

以相应水质等级类别为依据，系统提供了两种形式的统计显示图，饼图侧重显示统计面积比例，列表直观显示统计数据。饼图和列表统计显示界面如图 5-10 所示。

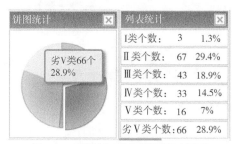

图 5-10　饼图和列表统计显示界面

5.7.4　统计查询方式

点击"列表"按钮，界面右侧弹出相应专题图层查找出来的对象信息，以列表形式呈现。

点击"地市统计"按钮，鼠标移动到地图区相应位置，以地市轮廓的形式来进行点选，单击鼠标点选，则显示出该地市范围内水质信息统计结果。

点击"流域统计"按钮，鼠标移动到地图区相应位置，以流域轮廓的形式来进行点选，单击鼠标点选，则显示出该流域范围内水质信息统计结果。

5.7.5　站点信息表现

点击不同专题地图下任意站点，会弹出两个对话框，一个是显示该站点的历史水质曲线变化图，一个是显示该站点相关基础信息显示和最新水质评价信息。

5.7.6　专题地图

水质专题地图是本界面的核心内容，其相互关系是如图 5-11 所示。

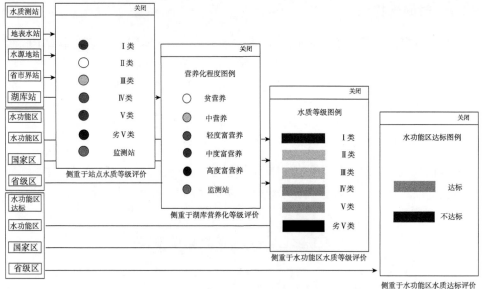

图 5-11　水质专题地图相互关系

5.7.6.1　测站水质等级评价

地表水监测站(包括"全部监测站"、"水源地监测站"、"省市界监测站"、"湖库监测站")和地下水全部监测站分属一个大类,侧重于水质等级评价。

5.7.6.2　湖库区营养化评价

"湖库水质"、"湖库营养化"、专题地图则侧重于湖库区营养化等级评价。

5.7.6.3　"水功能区"水质等级评价

"全部水功能区"、"国家水功能区"、"省级水功能区"、"考核水功能区"、"重点水功能区"分属一个大类,该大类侧重于水功能区水质等级评价。

5.7.6.4　"水功能区达标"评价

"全部水功能区"、"国家水功能区"、"省级水功能区"、"考核水功能区"、"重点水功能区"分属一个大类,该大类侧重于水功能区水质达标评价。

5.7.6.5　"排污口达标"评价

该评价侧重于排污口测站水质达标评价。

第6章 松辽流域水资源管理系统建设

准确、及时地了解流域的水质、水量信息是实现流域水资源保护的关键。针对松辽流域水资源评价状况，提出松辽流域水资源评价中存在的主要问题，基于松辽流域水资源管理系统平台，构建松辽流域水资源数量与质量联合评价体系，实现与中央、省级水资源管理过程核心信息的互联互通和主要水资源管理业务的在线处理，为实行最严格水资源管理制度提供技术支撑。

6.1 松辽流域水资源情况解析

6.1.1 松辽流域降水量情况

2013 年松辽流域年平均降水量 649.2mm，折合降水总量 8108.00 亿 m³，比多年平均值偏多 26.1%。地表水资源量 2998.44 亿 m³，折合径流深度 240.1mm，比多年平均值偏多 76.0%，地下水与地表水之间的不重复量 359.53 亿 m³，水资源总量 3357.97 亿 m³，比多年平均值偏多 68.7%。

松辽流域降水的高值区位于流域的东南部地区，年降水量在 800～1400mm；其他区域的年降水量大部分为 400～700mm。松辽流域 2013 年年降水量距平等值线变化主要范围在 20%～100%，其中黑龙江上游、嫩江中部等地降水量比多年平均值偏高 50% 以上；西辽河上游和大小凌河等地降水量比多年平均值偏低 10% 以上。在松辽流域 14 个二级区中，降水量比多年平均值偏多的区域主要分布在额尔古纳河、嫩江、第二松花江、松花江(三岔河口以下)、黑龙江干流、乌苏里江、绥芬河、图们江、东辽河、辽河干流、浑太河、鸭绿江和东北沿黄渤海诸河。其中，降水量比多年平均值偏多 30% 以上的有 6 个，额尔古纳河偏多 49.3%；降水量偏多 10% 以上的有 11 个；降水量偏少的为西辽河，偏少 12.4%。

2013 年在松辽流域 5 个行政一级区中，黑龙江省年降水量为 707.4mm，比多年平均值偏多 32.6%，比上年增加 15.8%；吉林省年降水量为 791.9mm，比多年平均值偏多 30.0%，比上年增加 7.9%；辽宁省年降水量为 754.1mm，比多年平均值偏多 11.0%，比上年减少 18.6%；内蒙古自治区年降水量为 501.8mm，比多年平均值偏多 23.6%，比上年增加 15.7%；河北省承德市降水量为 485.6mm，比多年平均值偏少 0.3%，比上年减少 0.4%。

6.1.2　松辽流域水资源数量情况

2013 年松辽流域总供水量 713.75 亿 m³，比上年度增加 4.50 亿 m³。在总供水量中，地表水源占总供水量的 54.3%，地下水源占总供水量的 45.1%，其他水源占 0.6%。松辽流域总用水量为 713.75 亿 m³，生产用水占 91.5%，生活用水占 5.9%，生态用水占 2.6%；在生产用水中，第一产业占 83.2%，第二产业占 15.1%，第三产业占 1.7%。松辽流域总耗水量 448.66 亿 m³，综合耗水率 62.9%。2013 年松辽流域 79 座大型水库和 284 座中型水库，年末蓄水总量 353.27 亿 m³，比年初减少了 19.54 亿 m³，其中松花江区减少了 15.53 亿 m³，辽河区减少了 4.01 亿 m³。

从 2003～2013 年共 11 年的水资源总量变化过程可以看出，前 10 年的松花江区和辽河区的变化趋势基本一致。与多年均值比较，除 2005 年、2010 年、2012 年和 2013 年偏多外，其余年份均不同程度偏少。其中松花江区在 2005 年、2010 年、2012 年和 2013 年分别偏多 2.3%、9.9%、3.0% 和 82.7%，辽河区分别偏多 11.1%、63.2%、43.9% 和 27.0%；松花江区在 2007 年和 2008 年分别偏少 37.8% 和 34.3%，辽河区在 2009 年和 2003 年分别偏少 44.5% 和 31.0%。

2013 年松辽流域对 79 座大型水库和 284 座中型水库进行统计，水库年末蓄水总量为 353.27 亿 m³，比年初蓄水总量减少 19.54 亿 m³。其中，大型水库年末蓄水量为 314.99 亿 m³，比年初减少 23.47 亿 m³；中型水库年末蓄水总量为 38.28 亿 m³，比年初增加 3.93 亿 m³。

6.1.3　松辽流域重要水功能区水质达标情况

6.1.3.1　松花江流域重要水功能区水质达标状况

全因子评价：2013 年松花江流域全因子评价水功能区 190 个，达标水功能区 68 个，占评价总数的 35.8%。水功能区评价河长 10 628.4km，达标河长 2385.3km，占评价河长的 22.4%；湖库评价面积 2100km²，均不达标。未达标水功能区的主要超标污染物为高锰酸盐指数、化学需氧量、氨氮。

双因子评价：2013 年松花江流域双因子评价水功能区 190 个，达标水功能区 83 个，占评价总数的 43.7%。水功能区评价河长 10 628.4km，达标河长 3526.0km，占评价河长的 33.2%；湖库评价面积 2100km²，均不达标。未达标水功能区的主要超标污染物为高锰酸盐指数、氨氮、化学需氧量。

6.1.3.2　辽河流域重要水功能区水质达标状况

全因子评价：2013 年辽河流域全因子评价水功能区 173 个，达标水功能区 64 个，占评价总数的 37.0%。水功能区评价河长 5513.4km，达标河长 2260.2km，占评价河长的 41.0%。不达标水功能区的主要超标污染物为氨氮、高锰酸盐指数、化学需氧量。

双因子评价：2013 年辽河流域双因子评价水功能区 173 个，达标水功能区 95 个，占评价总数的 55.0%。水功能区评价河长 5513.4km，达标河长 3136.9km，占评价河长的 56.9%。不达标水功能区的主要超标污染物为氨氮、高锰酸盐指数、化学需氧量。

6.2　松辽流域水资源评价的主要问题

6.2.1　松辽流域水资源数量和质量评价情景分析

具体地说，松辽流域水资源评价有两个基本情景。

1) 针对松辽流域水功能区划的水质目标以及保证向下游输水的河道最小流量(如河流环境流量、生态需水、下游基本用水)的要求，在河流受到一定程度污染和现状用水条件下，未超过水功能区划水质目标的可用的剩余的水资源量，简称为剩余可用水量。评价松辽流域河流剩余可用水量，能够在河流水功能区划的水质目标和流域上游、中游、下游的可用水资源量之间建立联系，重点考虑水资源配置中的生态需水要求。

2) 在满足松辽流域水功能区划水质目标和河道最小流量的条件下，如果改变现状用水并重新配置水资源后，河流的可用水资源量，简称为可用水量。评价满足河流水功能区划水质目标和河道最小流量约束下的河流可用水量，能够为水资源的优化配置、流域水资源可持续利用提供决策依据。

当前面临的难点问题是：由于水体的流动性，一年之内以及年际之间，同一个监测点汛期与非汛期水质变化比较大；流域上游、中游、下游之间的水质状况差别也可能非常大。由于辽河流域水污染严重，同样的流域水资源总量，对于河道水质评价结果很差，但是对于水库，由于水体的自净能力强，水质评价结果则比较好。如何提出具有科学性和实用性的水资源数量与质量联合评价方法，是当前松辽流域水资源评价面临的挑战性难题。

6.2.2　松辽流域水资源数量和质量联合评价

目前，松辽流域水资源评价中，虽然在数量评价时，也进行质量评价，但是水量与水质往往单独分析，两者相互独立，互不联系。这样的评价使得应用这些成果的人无法知道某一区域不同水质类别的水到底有多少数量，分布在什么地方。这给水资源的规划设计、开发利用、管理与保护带来了极大的不便。水资源数量与质量联合评价方法研究，就是要根据水资源的特点，基于水量平衡原理，将两者有机联系起来，使水资源的评价结果属性完整，更好地指导水资源开发利用管理与保护工作。地表来用水状况的水量水质联合评价，其实质是确定研究区内水资源数量和质量的分布状况，摸清流域水资源的家底，为进一步找出并解决水资源开发利用中存在的主要问题、保证流域水资源可持续利用奠定基础。

当前，从水资源保护管理的实际需求出发，需要探讨和解决两类松辽流域水资源数量和质量联合评价的问题。

1) 评价流域水资源数量中的水体质量分布情况，其中水资源量包括流域已经取用还原的水资源量，以松花江流域为例，需要回答松花江水资源总量中 I 类水体的水资源数量占水资源总量的比例是多少、II 类水体的水资源数量占水资源总量的比例是多少。因此，此类水资源数量和质量联合评价问题可以简称为"以来用水为主的水资源数量和质量联合评价问题"。

2) 我国水资源矛盾与冲突日益突出，水资源合理配置不仅要考虑生产、生活用水，还要考虑生态与环境用水，处理水资源数量和质量的统一评价问题。流域水资源数量与质量的联合评价，涉及一条河流在水功能区划和照顾到上下游需水、生产需水多目标的可用水资源量的测算。

6.3　松辽流域地表来用水状况的水量水质联合评价

6.3.1　松辽流域水资源联合评价的挑战

目前水资源评价的成果及方法还不能满足经济可持续发展和水资源可持续利用的要求。其表现在以下 4 方面。

1) 人类活动对水资源的影响。土地利用、城市化、水资源利用等人类活动干扰了天然水文循环，改变了水资源的产生条件，进而影响了水资源的数量、质量、分布等特征。平原区由于地下水的开发利用，地下水位普遍降低，土壤容蓄量增加，下渗条件改善，使产流条件发生很大变化。现行水资源评价成果难以反映人类活动对水资源的影响，而且这种影响是一个不断扩张的渐变过程，将对未来可利用水资源量产生影响，威胁水资源的可持续利用。只有定量评估人类活动对水资源的影响程度，并对其变化趋势进行长期预测，才能保证水资源的持续利用。人类活动一方面影响了水资源的数量与质量，另一方面也破坏了水文系列具有随机性和独立性，即资料产生的一致性，人类活动使水资源产生条件处于持续变化过程中，而现行的系列"还原"计算只能对水利工程引出和调入水量进行还原，难以满足系列一致性的前提条件。

2) 气候变化对水资源的影响。水资源主要来源于大气降水，对气候变化具有高度依赖性。在干旱半干旱地区、湿润地区和污染严重区域，可能小的气候变化就会产生较大的水资源问题。部分专家认为，中国北方地区是全球气候变暖的敏感区，干旱化趋势和温室效应，可能使北方广大地区降水偏少，水资源形势将更为严峻。因此，定量研究气候变化及其对水资源的影响，以采取相应的对策、措施，也是水资源评价面临的重大问题。

3) 可利用水资源量的评价。以往评价成果是以天然水资源量(数量、时空分布、开发利用程度等)来表示的，虽然能够宏观描述天然水资源状况，但缺乏可利用量或可利用程度的指标，不能满足生产与管理工作的需要。而可利用量取决于水资源质量、分布、工程设计与规划工程等，尚无统一公认的计算方法与技术标准。考虑水质指标的水资源数量评价，具有重要的实用价值。由于水质是由多个评价指标描述的瞬间状态，处于不间断的掺混、弥散、降解过程中，很难与表征时间或分布总量的水资源数量联系起来。

4) 用水资料问题。目前主要问题是用水资料人为因素大，精度不高，一定程度上影响了水资源开发利用情况的分布和水资源评价成果的精度，应建立规范化的用水资料收集、审查、分析系统。水文站等应充分发挥观测资料作用，解决水资源评价中的专项科研问题。

6.3.2　松辽流域水资源联合评价关键技术

1) 建立水资源评价模型。为了对松辽流域现状及未来水资源量进行评估，应分区建立具有物理背景的反映降水、地表水、土壤水与地下水转化机制及下渗、蒸发等水循环过程，引水、开采等水资源开发利用活动的水资源评价模型。对植被情况、不透水面积、作物条件及水资源利用水平等因素需用参数形式体现在结构化水资源评价模型中，通过参数变化，反映松辽流域产流条件及水资源利用水平，并根据松辽流域社会经济发展及气候变化预估未来产流条件变化及水资源利用情况。另外，还可以研制较为通用的结构化水系统模型，根据不同地区自然地理条件和水文地质条件，增减不同的模型组件，使模型参数具有物理背景和可比性，通过试点流域、实验站资料等率定分区模型参数。

2) 充分利用松辽流域水资源数据库。充分利用松辽流域水资源数据库系统，研制水资源评价系统与水文数据库、水资源数据库的接口，从而实现大数据技术在松辽流域水资源评价中的融合问题。

3) 在 GIS 平台上建立集成化的水资源评价信息系统。充分利用地理信息系统对空间数据及属性数据的管理、分析功能，实现 GIS 与水资源评价模型、水文及水资源管理数据库的集成，建立基于 GIS 平台上的水资源评价信息系统，从根本上改变水资源评价的手工操作状况。

4)统一技术标准指导评价工作。制订统一的技术标准与评价方法，采用一致的水资源数据系列，根据需要与可能，分区开展水资源评价工作，即可为松辽流域经济可持续发展和水资源持续利用提供科学依据，也可在需要时汇总成松辽流域水资源评价成果。

6.3.3 松辽流域水资源质量和数量联合评价的基本思路

针对松辽流域地表来用水状况的水量水质联合评价方法研究的基本思路如下：

1)在流域水循环径流形成过程以及产生水体污染的成因机理分析与指导下，要确定水资源评价对象的空间分区和时间过程概化的时段。在研究对象的空间分区方面，主要思想是把过去开展工作基础较好的河流水质评价区域与水资源评价三级分区的区域相结合，通过水文站、水质站实测获取的水量水质监测信息，结合松辽流域水功能区划的河长空间分布，把松辽流域水资源数量与质量联合评价系统划分为①能够反映河流水污染空间变化系统(线)；②与水资源总量对应的水库(湖泊)蓄水体系统(点)。整体评价的基本对象仍然是水资源三级分区，同时应考虑与河流水质评价相结合。

2)在确定空间分区和评价时段之后，分别探讨单元系统和复合系统的水量水质联合评价方法。既有上游单元流域的河流输水和水库取用水、泄水过程，又有多个单元流域汇合、河道输水和中下游水库调蓄取用水、泄水的复杂系统，称为复合系统。

6.3.4 水资源数量与质量联合评价步骤

采用针对地表来用水状况的水量水质联合评价方法，水资源数量与质量联合评价可以分为 8 个步骤(夏军等，2013)。

(1)确定水资源评价区

根据评价对象，合理确定评价区。一般采用水资源三级分区或行政分区作为评价区进行评价。

(2)基础资料收集整理

收集整理各评价区内工农业用水、渠道引水、跨流域调水等取用水的位置、水量等资料；水库蓄水变量、河道实测径流量等水量监测资料；水质监测站点分布与水质评价成果等资料。

(3)确定水质水量结合评价站点

分析评价区内取用水口、水量监测站及水质监测站点的分布位置，在评价区内选定水质水量结合评价控制站点。每一个控制站点与上游控制站点形成一个评价区间，这个区间取用水的水质由控制站点的水质状况评价。对评价区的河流确定出口水质水量控制站。

(4)水资源数量与质量资料选用

分析各评价区间取用水量及水质水量控制站点的水质在年内不同时期的变化情况。将年内的河道、水库取用水以及水库蓄水变量按照汛期、非汛期做年内统计。水质由控制站按汛期、非汛期分别评价。

(5)河道站实测径流量评价

流出评价区的水量是评价区可能被利用的水资源量，根据出口控制站的河道实测资料，按汛期、非汛期分别进行实测径流的水质水量评价。

(6)计算评价区的天然年径流量

采用区域水资源数量计算方法，计算区域天然净流量。

(7)统计不同水质类别的水量

从评价区入境到评价区出口，由水质水量控制站点分成若干个评价区间。对各个区间的评价水量按水质类别加和统计，得到评价区利用或可能被利用的不同水质类别水量。

(8)扣除入境水量

入境水量是计算区间内用水的一部分，但不是自产水量，根据水资源在被取用或流出评价区时质量才能准确确定的思想，根据评价区出口的水质类别将不同时期的入境水量从总量中扣除。

6.4　松辽流域水资源管理业务

6.4.1　水文站网规划管理

水文站任务是收集实测资料，探索基本水文规律，以满足水资源评价、水文计算、水文情报、水文预报和科学研究的需要。

水文测站按性质分为基本站和专用站；按测验项目分为：水文站、水位站、雨量站、蒸发站、水质站、地下水观测井等。

水文站网的总的规划原则是：

1)整体布局，有机联系。根据它所提供的资料，用相关、内插和移用等方法，能解决站网覆盖区域中所有地点的水文数据问题。

2)合理密度。一般用最小损失法，把内插计算可能招致的经济损失和站网的经费支出叠加为目标函数，按其极小值求出最优布站密度。

　　3)适时调整。要根据客观情况的发展对原有水文站网规划和已布设的站网适时地分析、验证、调整和补充，使其更加完善和优化。目前松辽流域已经形成比较合理的水文站网，并根据管理需要适时地进行调整补充和后期的站网评价。

6.4.2　水资源调查评价

　　流域水文站网建设以后，就可以根据水文站的长系列资料，进行流域水资源调查评价。水资源评价与规划是水资源管理的基础工作，主要任务是对流域或行政区域内水资源按照客观、科学、系统、实用的要求，查明其水资源状况。例如，松辽流域在 2002 年开展了松辽流域水资源二次评价，以流域水文站网 1956～2000 年的系列资料为基础，经过分析和还原计算，分别按照流域、省以及各级水资源分区，估算了地表水资源量、地下水资源量和水资源总量，同时也对降水、蒸发、泥沙等特征值进行了统计分析，对地表水、地下水进行了评价，为松辽流域实施水资源数量与质量联合评价提供了科学依据。

6.4.3　水量分配与调度管理

　　在一个流域或区域的供水系统内，要按照上下游、左右岸、各地区、各部门兼顾和综合利用的原则，制定水量分配计划和调度运用方案，作为正常运用的依据。例如，松辽流域在 2009 年完成了《松辽流域水资源综合规划》，以 2006 年为基准年，对松花江区和辽河区两个一级区近期 2020 年和远期 2030 年进行了供水和需水预测，并根据供需平衡分析结果，提出跨流域供水和不同行业供水的配置方案，合理规划水资源配置工程，同时提出水资源和水生态保护措施。

6.4.4　水质控制与保护管理

　　水质控制与保护管理是为了防治水污染，改善水源，保护水的利用价值，主要是采取工程与非工程措施，对水质及水环境进行控制与保护。通过监督水源地水质状况、控制水功能区纳污容量以及对入河排污口进行设置审批等手段，保护水资源。

6.5　松辽流域水资源管理系统框架

6.5.1　系统层次结构

　　系统结构如图 6-1 所示。松辽流域水资源管理系统结构模型有 6 个核心服务层、3 个辅助服务层和 1 个外部服务层组成。

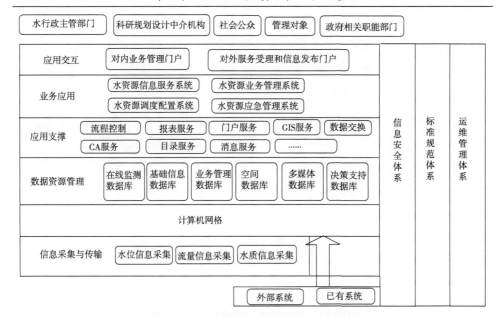

图 6-1 松辽流域水资源管理系统层次结构

6 个核心服务层包括：信息采集与传输层、计算机网络层、数据资源管理层、应用支撑层、业务应用层和应用交互层。

6.5.1.1 信息采集与传输层

信息采集与传输层是松辽流域水资源监控能力建设平台的数据源基础。将流域监测采集到的取用水户、水源地和水功能区等信息资源，依托网络，快捷实时地传输到数据库系统，为业务应用提供数据支持。

信息采集的方式主要包括：在线自动采集、外部接入、离线交换和人工采集等。在线监测数据通过无线或有线网络传至接收服务器，并由接收服务器进行数据的上报提交。对于无法实现自动采集的信息数据，采用人工录入的方式，定期录入相关数据信息。对于其他系统或是行业的数据采用外部接入或离线交换的方式。

6.5.1.2 计算机网络层

计算机网络层主要包括政务内、外网和互联网。松辽流域水资源监控能力建设平台主要部署在政务内网，与水利部和省级水行政主管部门实现信息的传输和共享。政务外网部分有数据集成支撑相关软件，互联网区有信息服务门户。政务内网与政务外网之间物理隔离，政务外网与互联网之间逻辑隔离。

6.5.1.3 数据资源管理层

数据资源管理层是对数据进行统一存储与管理的体系，具有数据管理、数据存储管理等功能，并能对综合数据库及元数据库等数据进行存储与管理。数据资源层的数据主要包括水资源基础数据、空间数据、监测数据、业务过程管理类的数据(水资源信息服务类、业务管理类、应急管理类和调配决策支持类 4 类业务数据)和元数据等数据信息。

6.5.1.4　应用支撑层

应用支撑层为业务应用系统提供统一的技术架构、运行环境、通用应用服务和集成服务,为资源整合和信息共享提供运行平台,主要由各类商用支撑软件和开发类通用支撑软件组成。

6.5.1.5　业务应用层

业务应用层是松辽流域水资源监控能力建设平台的核心,包含水资源信息服务、业务管理、应急管理和调配决策支持等应用系统,为松辽流域用水总量、用水效率、水功能区限制纳污三条红线的管理提供技术支撑。

6.5.1.6　应用交互层

应用交互层为平台内所有业务人员的日常办公和交流提供统一的窗口,用户通过单点登录,实现统一身份认证。该层还提供个性化的业务界面定制功能,实现多种信息资源、多种业务应用的集成与整合。

6.5.2　信息采集与传输系统

根据水资源管理、调度的业务需求,对国控省界断面、重要用水户、重要水功能区等的水位、水量、水质信息进行采集,并利用无线或有线的信息传输手段把所采集的信息及时、准确地报送到松辽委水资源监控中心,在原有基础上提高信息采集、传输和处理的自动化水平,扩大信息采集的范围,保证信息采集的精度和传输的时效性。鉴于松辽流域水资源监控能力建设平台建设涉及国际河流,信息采集传输要符合国家保密规定。信息采集传输系统由监测站点、松辽委水资源监控中心、松辽流域水环境监测中心,以及三者之间的信息传输信道构成(图 6-2)。

图 6-2　信息采集传输系统结构图

6.5.2.1　监测点

监测点主要功能是自动采集国控省界断面、重要用水户、重要水功能区、重要水源地等方面的水量、水质数据，可实现自动报送，在必要时可人工录入数据，并通过信道实现向松辽委水资源监控中心的数据报送。监测站点与松辽委水资源监控中心之间的信息传输，应遵循《国家水资源监控能力建设项目标准-水资源监测数据传输规约》（SZY206—2012）V1.1 版。

监测点平时工作状态为低功耗守候状态，当参数变化时，检测电路启动读入数据，经调制转换和信道编码，将数据变成调制信号后输出至传输设备，传输设备将数据发出后检测电路控制关闭，监测点重新进入低功耗守候状态。监测点可以在数据变化时发送实时信息，数据无变化时发送定时信息。

监测点由传感器（或监测仪）、数据采集终端、传输设备及电源系统组成。监测指标包括水量、水质等。

6.5.2.2　监测频次与时空基准

正常情况下自动监测站点监测频次按照国家及水利行业相关标准规定进行，同时对每个信息自动化采集站点设置，在异常情况下可根据需要设定自动触发式信息报送，避免在数据信息急剧变化的紧急情况时出现数据短缺的现象。正常工作状态下的采集频次为单纯以水资源管理应用需求布设的各类水量信息采集自动站点，支持旬周期用水调度业务按 6h 间隔报信；支持月周期用水调度业务按12h 间隔报信；支持季度周期用水调度业务按 24h 间隔报信，人工监测点均按 24h 间隔报信。多用途信息采集站点报信间隔超过水资源管理需要的，比照专用站点完成水量信息描述时段的归一化。报信间隔不能满足水资源管理需要的应比照专用站点调整信息报送间隔。

6.5.2.3　传输信道

现代通信有有线通信、移动通信、短波、超短波、微波、光纤、卫星通信等多种技术手段，分别有不同的使用范围，其中短波通信以往在水文测报系统中应用较多，现在一般作为远程的话路联系。

松辽流域水资源监控能力建设平台建设的信息采集站点分布于松辽流域内的广大区域，信息传输通道依据站点本身特点和周边通信条件，前期其他水利信息化系统建设状况以及传输流量大小进行合理选择。由于工程的监测点集中在重要取水户、水源地、重要水功能区、国控省界断面等，通信条件一般较好，且除视频信息外，传输的信息流量比较小，因此宜优先选择移动通信方式，以及有线通信方式。

6.5.2.4　传输路径与入网节点

为避免重复建设，松辽流域水资源监控能力建设平台的信息采集主要通过省界控制断面国控监测点、取用水户国控监测点、流域水环境监测中心和与省（区）共建共管的水环境监测分中心实现在线自动采集、外部接入、离线交换和人工采集等。信息采集与传输关系如图 6-3 所示。

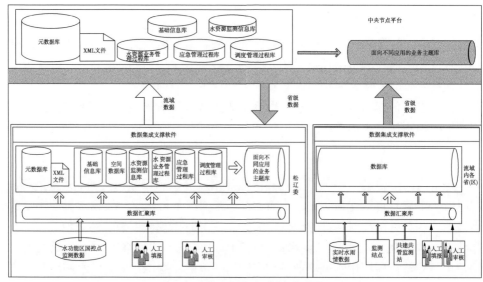

图 6-3　信息采集与传输关系图

在线监测数据通过无线或有线网络传至接收服务器，并由接收服务器进行数据的上报提交。

松辽委本级产生的采集数据包括 3 类，其中省界断面国控监测点的采集数据由流域内各省（区）上报到中央节点，中央节点通过布设在政务内外网的数据集成支撑软件传输到松辽委水资源监控中心；水功能区国控监测点的自动监测数据直接进入松辽委水资源监控中心；水功能区国控监测点的人工监测数据采用人工录入方式入库。对于其他系统或是行业的数据采用外部接入或离线交换的方式。

6.6　松辽流域水资源数据管理平台

松辽流域水资源数据管理信息平台作为业务数据的存储中心和数据管理中心，支持系统内的数据交换与共享，支持各业务部门应用系统的建设，支持水资源监控中心的宏观决策，支持与相关部门的业务协同。为已建的各类应用系统的整合和集成提供了行之有效的解决方案。

根据松辽流域水资源管理信息平台建设需求，数据管理信息平台的数据采用分布存放、统一管理、集中共享的策略。

6.6.1　数据架构

（1）按业务划分

松辽流域水资源管理信息平台的数据主要包括基础数据、空间数据、在线监测数据、多媒体数据以及业务处理过程中产生的过程数据等。如图 6-4 所示。

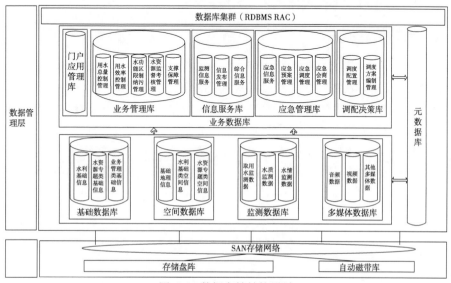

图 6-4　数据存储结构设计

1）基础数据：包括水资源评价数据库、业务管理基础数据库、基础水文数据库和社会经济数据库。其中，基础水文数据库由水文部门接入，本系统建设水资源评价和业务管理基础数据库。

2）空间数据：包括国家基础地理、水利基础地理和水资源专用地理信息数据库。其中国家基础地理信息数据库由外部接入，本系统建设水利基础地理信息数据库和水资源专用地理信息数据库，包括取用水单位、取水监测点等地理信息。内网的空间数据主要基于全国第一次水利普查的空间数据。

3）在线监测数据：包括取水口、地下水超采区、水功能区、水源地和省界断面在线监测数据。

4）多媒体数据：包括工程图形、影像、音频、视频及规章制度标准规范等内容，多媒体以数据文件形式存储，采用数据库管理文件路径、版本信息、内容概要等内容。

5）业务管理数据：包括取水许可、地下水、节水、饮用水源地、水功能区、水资源规划管理、水资源论证、综合统计、水生态保护和专题数据。

（2）按层次划分

数据资源管理层按层次划分，主要包括数据管理层和数据存储管理层两部分。

数据管理层主要包括以水资源业务应用为主的综合数据库和元数据库。综合数据库包括业务数据库、基础数据库、空间数据库、多媒体数据库、监测数据库。业务数据库包括业务管理库、信息服务库、应急管理库、调配决策库。

数据存储管理层主要是完成对存储和备份设备、数据库服务器及网络基础设施的管理，实现对数据的物理存储管理和安全管理。

6.6.2 数据信息流程

综合数据库的数据来源主要包括：在线监测数据、外部交换动态数据、基础信息数据以及业务系统中产生的过程数据（图 6-5）。各类来源的数据分别进入各自对应的数据库，流域内各省（区）的监测数据通过中央节点平台交换库和数据集成支撑软件传输到流域节点，流域本节点产生的交换数据通过数据集成支撑软件按需进行分类抽取，先接入本级平台汇聚库，再同步到平台数据库中。业务应用系统读取平台业务数据库中的数据，业务应用系统所产生的数据写入相应的业务数据库中。

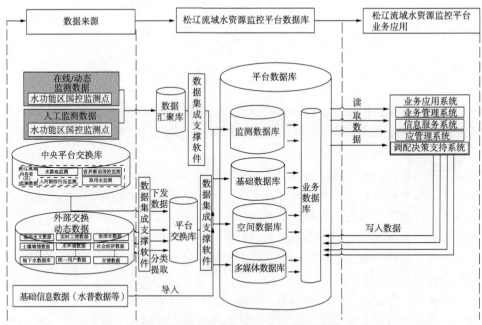

图 6-5 松辽流域水资源监控能力建设平台数据信息流程图

（1）在线监测数据流向

在线监测数据指通过采集和接入的数据，包括：取用水户、省界断面和水功能区等国控监测点。流域本级所产生的监测数据通过数据集成支撑软件、数据汇聚库交换到平台的监测数据库；其他取用水户、省界断面和水功能区等数据由省（区）平台上报到中央平台，再由中央平台下发到松辽流域，通过平台交换库和数据集成支撑软件进行数据交换，并交换到平台的监测数据库。

（2）外部交换动态数据流向

外部交换动态数据主要指由其他系统采集或管理，通过平台交换库和数据集成支撑软件接入到平台数据库。其中，与省（区）节点交换数据主要包括业务管理数据、工情数据、土壤墒情数据、地下水数据、水文数据和社会经济数据等。

（3）基础信息数据流向

基础信息数据包括基础业务数据、空间数据以及多媒体数据。

1）基础业务数据：包括取水户信息、水利工程和水功能区的基本数据等，整理后录入平台的基础数据库。

2）空间数据：包括国家的基础地理信息数据、松辽流域地理信息数据、水利专题要素数据以及各类遥感影像等数据，空间数据由统一的空间数据库进行管理。

3）多媒体数据：指水资源管理过程中涉及的图片、影像、声音、视频等多媒体数据。

4）业务过程数据流向

业务应用系统处理过程，会产生大量的中间数据，称为业务过程数据。例如，水资源论证过程数据、水资源调配业务处理过程数据、系统日志数据等。业务过程数据统一存储到相应的业务数据库中进行管理。

6.7　松辽流域水资源管理系统应用

6.7.1　监控体系建立

（1）监测点

1）供水量自动监测站。供水量自动监测站由流量计、遥测数传仪（RTU）、GPRS 通讯模块、电源系统和防雷设备等组成（图 6-6）。

2）灌区取水量自动监测站。灌区取水量自动监测站采用 GPRS 无线方式进行信息传输。其结构如图 6-7 所示。

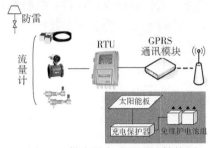
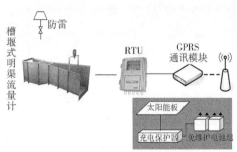

图 6-6　供水量自动监测站结构图　　　　图 6-7　灌区取水量自动监测站结构图

(2)数据采集与传输流向

松辽流域取用水户监测信息(非国际河流)从所在省(区)传输到中央节点,再由中央节点的内外网数据交换系统传输到松辽委水资源监控中心。流域机构获取取用水户监测信息的流程如下:

1)省(区)水资源监控中心直接接收监测点发来的数据。接收到数据后,进入省(区)水利政务外网的平台前置数据库。

2)进入省(区)平台前置数据库的数据通过水利信息网政务外网骨干网传输到中央节点的平台交换数据库。

3)中央节点通过内外网数据交换系统实现数据从中央节点到松辽委水资源监控中心的传输。

松辽流域取用水户监测信息(国际河流)从所在省(区)政务内网传输到中央节点,再由中央节点的内网数据交换系统传输到松辽委水资源监控中心。

6.7.2　水功能区监控体系

6.7.2.1　松辽流域水功能区管理存在的问题

目前,水功能区监测主要存在以下问题。

1)水功能区监测断面分布范围较广,而且相对分散,目前流域机构监测中心人员、车辆配置不足,常规监测采样难以全部覆盖。

2)地方监测的水功能区、入河排污口及饮用水源地等水质、水量数据除每年一次的资料整编外,不进行上报,流域水资源保护机构无法掌握详细情况,不能充分开展规划及协调省际用水矛盾工作。

3)目前,在省界河流上水质监测断面的布设还有待完善,国际河流及入国际河流支流上的水质监测断面布设还存在空白。

4)省(自治区)之间水质监测能力参差不齐,人员水平良莠不齐,导致不同地区间监测数据质量存在差异。

6.7.2.2　国控监测点布设

根据《松辽流域省界缓冲区水质监测断面布设方案》,松辽委在委管 59 个重要水功能区布设了 89 个水质监测断面。

上述监测数据中,由松辽委监测的,监测信息由人工录入系统数据库;委托省(区)监测,通过与省(区)监测体系的衔接来获取。

目前松辽委对省界缓冲区进行了水质监测,项目建设完成后,具备对 59 个重要水功能区的监测能力。结合流域内各省区水功能区监测能力建设情况,项目建成后,松辽流域能够实现对列入《全国重要江河湖泊水功能区划》考核名录的重要江河湖泊水功能区监测全覆盖。

6.7.2.3　监控体系建立

(1)水环境监测中心(分中心)建设

为加强省界和重要控制断面的水质监测,松辽流域改善流域中心及辽宁省水环境监测中心阜新、铁岭、营口、锦州、大连、抚顺 6 个分中心;吉林省水环境监测中心四平分中心;黑龙江省水环境监测中心齐齐哈尔、佳木斯、牡丹江 3 个分中心;内蒙古自治区水环境监测中心赤峰、呼伦贝尔 2 个分中心,共计 12 个省地(市)级分中心的实验室环境条件,提高实验室仪器设备配置水平,提高实验室分析的自动化水平和工作效率,提高水资源监测数据的实效性和精度,形成先进、合理的流域水资源质量监测网络,满足水环境监测规范要求。通过本系统建设,且根据国家每年的预算批复,逐步提高流域中心与委托各分中心对松辽流域 97 个重要水质监测断面监测率,满足流域水资源量、质信息的及时性、全面性、准确性,进行科学的水资源保护、管理和调度工作,进而为实施最严格的水资源管理制度提供技术支撑。

(2)数据采集与传输流向

松辽流域水环境监测中心直接监测信息,由人工录入水资源管理系统。分中心监测信息的采集和录入与取用水户监控体系相同,即水功能区监测信息从所在省(区)传输到中央节点,再由中央节点的内外网数据交换系统传输到松辽委水资源监控中心。

6.7.3　大江大河省界断面监控体系

6.7.3.1　大江大河省界断面管理现状

松辽流域面积大于 $50km^2$ 的省界河流有 177 条,其中松花江流域有 96 条,辽河流域有 81 条。面积大于 $1000km^2$ 的省界河流有 53 条,其中松花江流域有 31 条,辽河流域有 22 条。

松辽流域省界河流分布广、跨度大、监测站点分散。目前松辽委除了在黑龙江干流、额尔古纳河以及乌苏里江等国际界河上设有水文站以外，在流域内的省界河流上几乎没有设置监测站点，流域范围内的现有监测站点由流域内的各省(区)管理和监测。在《全国省界断面水资源监测站网规划》中，松辽流域现有省界断面水文测站有49处，其中，吉林省有15处，黑龙江省有14处，辽宁省有5处，内蒙古自治区有15处。

从目前对大江大河省界断面的管理现状来看，松辽委现行管理模式及水文监测手段与水平还不能很好地满足流域水资源管理需要，存在的主要问题如下。

1)流域机构在跨省河流上没有直属水文站，不利于解决流域内省际间水事矛盾与纠纷。随着松辽流域经济社会的快速发展，处于同一河流上、下游的不同省区在防洪、工程建设、水资源开发利用及保护等方面的水事矛盾时有发生，并且有愈演愈烈的趋势。而松辽水利委员会在跨省的大江大河及主要支流上尚未设置直属水文站，因受到水文管理体制的制约，不能及时掌握跨省河流省际间出、入境水量、水质等相关的信息，从而不利于客观、公平、公正地解决和协调水事矛盾。松辽委作为流域河流代言人的作用得不到充分发挥。

2)在现行的水文管理模式下，流域机构难以对省界水文站的建设和管理进行直接、有效的监督和指导，而这些水文站对全流域水资源的管理又起着重要作用，因此流域机构的水资源管理效果大打折扣。

3)在省界河流上还存在着水资源监测的空白区，无法及时有效地获取省界水资源管理急需的监测信息，使得在解决省际间用水矛盾时没有有效的监测信息作为依据。

4)省界两侧水文站设施、设备配置水平与监测能力参差不齐，不利于实现全流域的水文现代化目标。松辽流域内各省(区)经济发展的不平衡，以及多年来对水文行业投入的不一致，造成了省界两侧水文站在基础设施、设备配置水平、监测能力和信息传输水平等方面存在较大差距，这种状况不利于对省界断面的监控管理。

6.7.3.2　国控监测点布设

国控省界断面监控能力建设目标为：在考虑委托省(区)监测的前提下，继续调整、优化省界监测网络；加强现有基础设施改造和仪器设备配置；实现省界断面监测零突破。国控省界断面以满足以下条件之一进行选取。

1)大江大河干流的省界；

2)流域内一级支流或水系集水面积大于$1000km^2$的河流所涉及的省界；

3)重要调水(供水)沿线跨省界、跨流域的断面。

根据上述原则，松辽委对松辽流域省界断面的建设范围进行了核定，确定了49处省界水量监测断面，并选取其中具备自动监测条件的监测点进行在线监测投资建设。16 处水文站的基本情况见表 6-1。

表 6-1　在线监测省界断面基本情况表

序号	国控点	所在河流	是否驻测	通讯条件	管理单位	是否有观测井
1	音河水库	音河	驻测	无线公网	黑龙江省水文局	有
2	碾子山	雅鲁河	驻测	无线公网	黑龙江省水文局	有
3	同盟	嫩江	驻测	无线公网	黑龙江省水文局	有
4	江桥	嫩江	驻测	无线公网	黑龙江省水文局	有
5	哈尔滨	松花江	驻测	无线公网	黑龙江省水文局	有
6	松岭	多布库尔河	驻测	无线公网	黑龙江省水文局	有
7	加格达奇	甘河	驻测	无线公网	黑龙江省水文局	有
8	镇西(二)	洮儿河	驻测	卫星小站	吉林省水文水资源局	有
9	大赉(二)	嫩江	驻测	无线公网	吉林省水文水资源局	有
10	下岱吉	松花江	驻测	无线公网	吉林省水文水资源局	有
11	业主沟(国际河流)	富尔河	驻测	有线及无线公网	辽宁省水文水资源勘测局	有
12	那吉	阿伦河	驻测	有线	内蒙古自治区水文总局	有
13	白云胡硕	霍林河	驻测	无线	内蒙古自治区水文总局	有
14	柳家屯(二)	甘河	驻测	有线	内蒙古自治区水文总局	有
15	杜尔基(二)(河道)	蛟流河	驻测	无线	内蒙古自治区水文总局	有
16	大石寨	归流河	驻测	无线公网	内蒙古自治区水文总局	有

6.7.3.3　监控体系建立

（1）监测点

大江大河省界断面监测体系分在线监测和常规监测两种。表 6-1 中的 16 处水文站采用在线监测方式。在线监测体系由水量（水位）计量设施、遥测数传仪（RTU）、GPRS 通讯模块、电源系统和防雷设备等组成，采用 GPRS 无线方式进行信息传输。常规监测信息通过省区水资源监控能力建设平台打包报送。

通过对省界断面国控监测点的建设，实现对各省界的地表水水量的全面监测，以满足水权分配、水资源优化配置的需求。监测点水量监测系统结构如图 6-8 所示。

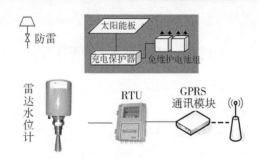

图 6-8　大江大河省界断面水量自动监测站结构图

（2）数据采集与传输流向

数据采集与传输流向与取用水户及水功能区监控体系相同，即监测信息从监测点所在省（区）传输到中央节点，再由中央节点的内外网数据交换系统传输到松辽委水资源监控中心。

第7章 松辽流域水生态文明建设与应用

为深入贯彻落实党的十八大精神，水利部印发了《关于加快推进水生态文明建设工作的意见》，从保障水生态安全的战略高度规划水生态文明建设。本章在诠释水生态文明建设的意义及内容的基础上，以向海湿地生态应急补水、引嫩入扎工程的实例，提出松辽流域水生态文明建设的策略及建议；通过黑龙江省主要典型湖库的水生态调查，为黑龙江省主要典型湖库提供水生生物基础数据，同时也为黑龙江省水资源可持续利用提供重要参考价值；结合松辽流域水环境监测中心主编的《水质 叶绿素的测定 分光光度法》(SL88—2012)水利行业标准，探讨叶绿素 a 的监测方法研究，为流域水生态监测提供技术支持。

7.1 水生态文明解析

7.1.1 水生态文明的概念和内涵

水生态是人与水相融相依的一种状态。水生态文明的实质是通过水实现保障生态永续生存发展的一种社会和自然的文明。水生态文明的内涵包括：①水生态文明是通过水利工程设施和手段防治水旱灾害的一种水安全文明；②水生态文明是使水满足人类需求实现水资源永续利用的一种水资源文明；③水生态文明是提高人们的生产、生活、生存环境的一种水环境文明；④水生态文明是使人亲水、近水、爱水、惜水、保护水的一种水文化文明。

7.1.2 水生态文明建设的目的

水生态文明建设是水行政主管部门的重要职责。多年来，水利部高度重视水生态保护工作，开展了大量卓有成效的实践探索：①以城市为重点，开展了水生态系统保护与修复试点工作。通过采取河湖连通、城市河网湖泊治理、湿地恢复、生态水配置和地下水保护、海水入侵防治等措施，积极探索不同生态保护与修复模式，遏制局部水生态系统失衡的趋势，促进城市发展与水生态系统良性循环。②以流域为单元，积极实施生态调水，加快修复生态脆弱河湖系统。对黄河、塔里木河、黑河进行综合治理，开展水资源统一调配；连续多年实施引江济太、引黄济淀，对扎龙湿地、南四湖、衡水湖等河湖湿地进行生态补水，提高生态脆弱地区的水资源承载能力，保障了下游地区的水生态安全。③以江河为基础，开展全国重要河湖的健康评估工作，对中国江河湖库健康定期体检，科学评估河湖治理与保护策略，为河湖有效保护与合理开发提供了决策支持。

7.1.3 流域水生态文明建设的对策

流域水生态治理是建设生态文明重要组成部分，流域水生态治理将极大提升流域人民生活水平，流域水生态治理过程中还在于改变传统生活习惯和生活方式，关键则是思维方式的变革。面对大自然的报复，人们开始反思该如何协调经济社会和生态环境的关系。我们需要重新审视人类中心主义的理论内容、文化意识、生产实践及三者之间的关系。而生态文明的提出正是人类对旧的自然哲学进行深刻反思后取得的成果。人类只有从变革传统的自然哲学入手，深刻领会生态文明建设的内涵，同时采用一些具体的操作手段才是解决目前各种生态危机的有效办法。可持续发展理论的提出和实施标志着人类社会正在从传统的工业文明进入到以可持续发展观为范式的生态文明时代。

7.2 松辽流域水生态文明建设研究

7.2.1 松辽流域城市水生态文明建设思考

7.2.1.1 水资源

松花江流域水资源开发利用程度不高，尤其是国际河流，可以利用综合水利工程，对国际河流丰富的水资源进行调引，用于流域城市发展。另外，对于泡沼丰富的地区，可以试点开展河湖连通工程，变洪水为资源，提高对洪水的调控能力的同时提高区域可用水资源总量。

辽河流域水资源短缺、水质污染严重，随着东北老工业基地的振兴，辽河流域产业结构不断调整，而对辽河流域污染较严重的局势，所有沿河城市均有足够处理能力和处理深度的污水处理厂建设，尤其是位于辽河上游的傍河城镇，生活污水应全部经处理后达标排放，并提高污水回用率。通过水资源合理和优化配置，促进水资源的可持续利用，为振兴东北地区老工业基地和全面建成小康社会提供水资源支撑。

7.2.1.2 水环境

将松辽流域大城市作为水环境污染治理重点，对城市排污口进行整治，减少废水污染物排放量，改善河流水质，适当实施重点河段疏浚清淤工程，治理内源污染；经济发达的大中城市密集地区，人口众多、工矿企业繁多，是松辽流域用排水大户，未来该区仍占据着流域内经济龙头地位。重点对区内工业行业、城市排污口进行整治，并建设中水回用工程，减少废水排放量；对大型灌区进行治理，控制面源污染，减少污染物入河量，确保实现水功能区水质目标。对沿河城市，根据地理区位及其水环境现状，重点进行河道生态工程建设，包括河流湿地建设及河岸保护工程等。

7.2.2　松辽流域水生态文明的建议

（1）依托循环经济发展理念，拓展绿色经济产业链，推进水生态文明建设

水生态文明建设要取得良性发展，不仅要靠"事前管理"和"事后严惩"等行政手段，更需要与优势产业经济互补结合，利用经济的手段提升推进水生态文明建设的吸引力和亲和力，大力探索积极发展绿色经济、循环经济，走"高技术、高效益、低耗水、低排水"的产业化发展道路。

（2）加快推进水生态文明建设顶层设计，注重城乡统筹发展和水文化传承

立足于国家治水思路和城乡公共服务均等化需求，充分考虑我国长期以来的水文化传承需求，研究提出现阶段大力推进水生态文明建设的总体方案、基本原则、目标任务，并根据不同区域特点提出分区发展战略，设计分阶段实施方案，制订我国水生态文明建设发展规划。

（3）加快推进水生态文明建设的法制化进程，完善政策与制度体系

开展水生态文明建设立法研究；分析我国推进水生态文明建设的政策需求，研究制订大力推进水生态文明建设的优惠扶持政策；研究制订最严格水资源管理三条红线控制目标下的水生态文明建设考核制度和责任机制；研究水生态文明建设保障机制和措施。

（4）加快制定水生态文明建设试点示范区（或城市）的工作推进方案

在开展水生态文明城市建设试点工作的基础上，总结经验，制定建设试点效用评价与考核体系、考核办法等；研究制定水生态文明建设试点的工作推进方案与策略。河流生态系统难以在短时间内恢复。河流湖泊水质的维护仍然需要持续不断的投入，使松辽流域今后的水生态文明建设更加科学、合理、高效。

7.3　松辽流域水利生物多样性保护调研

7.3.1　湿地资源

松辽流域水系发育，湿地资源十分丰富。湖泊沼泽湿地众多，这些湖泊大部分在第二松花江下游、嫩江下游，以及嫩江支流乌裕尔河、双阳河、洮儿河和霍

林河下游以及松花江下游地区。松嫩平原腹地有我国独特的内陆盐沼湿地(向海、莫莫格、查干湖、大苏布湖等)和淡水沼泽湿地(扎龙湿地)。其中,扎龙和向海湿地成为我国第一批进入《具有重要国际意义湿地名录》的湿地。莫莫格、南翁河、乌伊岭、科尔沁、查干湖、雁鸣湖、龙湾、大布苏湿地被列入国家级自然保护区。松花湖、月亮泡、长吉岗湿地、汤旺河流域湿地、龙江哈拉海湿地、五大连池湿地、长白山熔岩台地沼泽区、镜泊湖湿地被列入《中国重要湿地名录》。

松辽流域的沼泽湿地资源十分丰富,主要分布在嫩江中下游和三江平原地区。三江平原地处中温带北部,是我国重要的湿地分布区,湿地面积之大,居全国之首,其生态功能极为重要,其中4个国家级湿地自然保护区中有3个(三江湿地、兴凯湖湿地和洪河湿地)被列入《具有重要国际意义湿地名录》。松辽流域国际重要湿地详见表7-1。

表 7-1 松辽流域国际重要湿地

省区	名称	面积(hm²)	位置
黑龙江	黑龙江扎龙国家级自然保护区	210 000	黑龙江省齐齐哈尔市东南
黑龙江	黑龙江洪河国家级自然保护区	21 836	黑龙江省同江市
黑龙江	黑龙江兴凯湖国家级自然保护区	222 488	黑龙江省密山市
黑龙江	黑龙江三江国家级自然保护区	164 400	黑龙江省抚远县
黑龙江	黑龙江宝清七星河国家级自然保护区	20 000	黑龙江省双鸭山宝清县北部
黑龙江	黑龙江南瓮河国家级自然保护区	229 523	黑龙江省大兴安岭东部林区
黑龙江	黑龙江珍宝岛湿地国家级自然保护区	44 364	黑龙江省虎林市东部
吉林	吉林向海国家级自然保护区	105 467	吉林省通榆县
辽宁	辽宁大连斑海豹国家级自然保护区	11 700	辽宁省大连市西北20km的复州湾长兴岛附近
辽宁	辽宁双台河口湿地(国家级自然保护区;国家重要湿地)	128 000	辽宁省辽东湾北部
内蒙古	内蒙古达赉湖国家级自然保护区	740 000	内蒙古自治区东北部呼伦贝尔盟新巴尔虎右旗

7.3.2 水生生物

松花江流域鱼类资源较为丰富。据统计,流域内共有鱼类17科58属88种,其中鲤科54种、鳅科9种、鲑科4种、其余14科21种。有国家Ⅱ级保护鱼类细鳞鱼,濒危鱼类史氏鲟、达氏鳇、哲罗鱼、黑龙江茴鱼、乌苏里白鲑、雷氏七鳃鳗、日本七鳃鳗、溪七鳃鳗、东北七鳃鳗、大马哈鱼10种。

从鱼类"三场"及栖息地分布来看,嫩江分布有嫩江县冷水鱼分布密集区、齐齐哈尔市上游约 100km 的莽格吐鱼类越冬场、齐齐哈尔市至肇源县三岔河

400km 江段的鱼类越冬场、嫩江大安段乌苏里拟鲿国家级水产种质资源保护区。第二松花江分布有饮马河口天然鱼类产卵场、扶余县河咀子至江东楞 30km 江段鱼类产卵场。松花江干流分布有三岔河至肇源老北江 37km 江段鱼类产卵场、老头山至老巴彦港 30km 江段鱼类产卵场、从宾县摆渡至佳木斯南城子 220km 江段的鱼类产卵场、佳木斯市七家瓦房子至桦川县永发 35km 江段的鱼类产卵场、三江口渔业生态国家级保护区，以及三岔河松花江与嫩江、第二松花江之间鱼类重要的洄游通道。

根据采样分析，嫩江干流浮游植物 33 种，以硅藻门为主；浮游动物 66 种，以原生动物为主；底栖动物的种类较少(13 种)，以摇蚊科幼虫和寡毛类为主。第二松花江浮游植物 41 种、浮游动物 20 种、底栖动物 25 种，其种类组成与嫩江相似。松花江干流下游浮游植物 68 种，以硅藻门和绿藻门为主；浮游动物 67 种，以轮虫类为优势种；底栖动物 48 种，以纹石蚕和大纹石蚕为优势种。

7.3.3 国家级水产种质资源保护区

国家级水产种质资源保护区是指在国内国际有重大影响，具有重要经济价值、遗传育种价值或特殊生态保护和科研价值，保护对象为重要的、洄游性的共用水产种质资源或保护对象分布区域跨省(自治区、直辖市)际行政区划或海域管辖权限的，经国务院或农业部批准并公布的水产种质资源保护区，目前松辽流域共有 8 批 55 个国家级水产种质资源保护区(表 7-2)。

表 7-2 松辽流域国家水产种质资源保护区

省区	保护区名称
黑龙江省	黑龙江萝北段乌苏里白鲑国家级水产种质资源保护区
黑龙江省	盘古河细鳞鱼江鳕国家级水产种质资源保护区
黑龙江省	黑龙江嘉荫段黑斑狗鱼雅罗鱼国家级水产种质资源保护区
黑龙江省	松花江乌苏里拟鲿细鳞斜颌鲴国家级水产种质资源保护区
黑龙江省	黑龙江李家岛翘嘴鲌国家级水产种质资源保护区
黑龙江省	黑龙江呼玛湾特有鱼类国家级水产种质资源保护区
黑龙江省	海浪河特有鱼类国家级水产种质资源保护区
黑龙江省	松花江肇东段国家级水产种质资源保护区
黑龙江省	黑龙江同江段国家级水产种质资源保护区
黑龙江省	松花江木兰段国家级水产种质资源保护区

省区	保护区名称
黑龙江省	黑龙江逊克段国家级水产种质资源保护区
黑龙江省	黑龙江抚远段鲟鳇鱼国家级水产种质资源保护区
黑龙江省	绥芬河东宁段滩头鱼大马哈鱼国家级水产种质资源保护区
黑龙江省	牡牛河国家级水产种质资源保护区
黑龙江省	嫩江卧都河茴鱼哲罗鲑国家级水产种质资源保护区
黑龙江省	松花江肇源段花鱼骨国家级水产种质资源保护区
黑龙江省	松花江双城段鳜银鲴国家级水产种质资源保护区
黑龙江省	兴凯湖翘嘴鲌国家级水产种质资源保护区
黑龙江省	乌苏里江四排段哲罗鱼鲂国家级水产种质资源保护区
黑龙江省	绰尔河扎兰屯市段哲罗鲑细鳞鲑国家级水产种质资源保护区
黑龙江省	法别拉河鳜国家级水产种质资源保护区
黑龙江省	黑龙江同江段达氏鳇国家级水产种质资源保护区
黑龙江省	欧根河黑斑狗鱼国家级水产种质资源保护区
吉林省	密江河大马哈鱼国家级水产种质资源保护区
吉林省	鸭绿江集安段石川氏哲罗鱼国家级水产种质资源保护区
吉林省	嫩江大安段乌苏里拟鲿国家级水产种质资源保护区
吉林省	鸭绿江云峰段斑鳜茴鱼国家级水产种质资源保护区
吉林省	牡丹江上游黑斑狗鱼国家级水产种质资源保护区
吉林省	珲春河大马哈鱼国家级水产种质资源保护区
吉林省	松花江头道江特有鱼类国家级水产种质资源保护区
吉林省	松花江宁江段国家级水产种质资源保护区
吉林省	二龙湖国家级水产种质资源保护区
吉林省	西北岔河特有鱼类国家级水产种质资源保护区
吉林省	嫩江镇赉段国家级水产种质资源保护区
吉林省	小石河冷水鱼国家级水产种质资源保护区
吉林省	月亮湖国家级水产种质资源保护区
吉林省	大黄泥河唇鱼骨国家级水产种质资源保护区
吉林省	哈泥河东北七鳃鳗国家级水产种质资源保护区
吉林省	鸭绿江临江段马口鱼国家级水产种质资源保护区
吉林省	松原松花江银鲴国家级水产种质资源保护区

续表

省区	保护区名称
吉林省	和龙红旗河马苏大马哈鱼陆封型国家级水产种质资源保护区
吉林省	通化哈尼河国家级水产种质资源保护区
吉林省	嫩江前郭段国家级水产种质资源保护区
吉林省	辉南辉发河瓦氏雅罗鱼国家级水产种质资源保护区
辽宁省	双台子河口海蜇中华绒螯蟹国家级水产种质资源保护区
辽宁省	三山岛海域国家级水产种质资源保护区
辽宁省	海洋岛国家级水产种质资源保护区
辽宁省	大连圆岛海域国家级水产种质资源保护区
辽宁省	大连獐子岛海域国家级水产种质资源保护区
内蒙古自治区	额尔古纳河根河段哲罗鱼国家级水产种质资源保护区
内蒙古自治区	呼伦湖红鳍鲌国家级水产种质资源保护区
内蒙古自治区	古列也吐湖国家级水产种质资源保护区
内蒙古自治区	甘河哲罗鱼细鳞鱼国家级水产种质资源保护区
内蒙古自治区	霍林河黄颡鱼国家级水产种质资源保护区
内蒙古自治区	大雁河国家级水产种质资源保护区

7.3.4　"与水有关生态环境问题调查"积极开展

7.3.4.1　流域水生态保护与修复工作稳步推进

根据水利部统一安排，2010 年编制完成了《松辽流域主要河湖水生态保护与修复规划》，拟定了流域主要河湖水生态布局与规划措施，将对嫩江、第二松花江、松花江干流、西辽河、辽河干流、浑太河、查干湖、尼尔基水库等主要河湖开展水生态调查与评价。在已完成的松花江、辽河流域综合规划修编工作中，从栖息地、河流廊道、流域 3 个层次提出流域水生态保护与修复的规划理念，初步提出了河流生态健康评价的指标体系、评价方法。

目前，在松辽流域水资源保护规划编制过程中，以实现水质、水量、水生态统一保护为目标，对境内 71 条河流、22 座湖库开展水生态调查评价，规划拟定了生态需水保障、水源涵养、河岸带生态保护与修复、湿地保护与修复、重要生境保护与修复、河湖水系联通、水生态综合治理等各类水生态工程措施，明确了流域未来水生态保护与修复格局(王永洁，2010)。

7.3.4.2　水生态保护与修复相关科研工作取得成效

近几年来，流域机构先后开展了《霍林河流域生态环境需水量研究》《扎龙湿地生态需水研究》《嫩江廊道生态修复》《松辽流域与水有关生态补偿机制案例研究》《松辽流域重要河湖健康评估》等与水生态保护相关的科研工作，对流域内扎龙、向海等重要湿地需水情况、调水工程生态补偿情况、重要河湖健康状况开展了技术研究。

7.3.5　相关工程实践措施不断完善

流域很多水利工程建设时以鱼类生物多样性保护为重点，建设鱼类增殖放流站或过鱼设施。据不完全统计，目前流域已建鱼道设施一座，位于吉林省珲春市珲春河上的老龙口水利枢纽，其他在建鱼道 4 座(表 7-3)。流域内各省区在黑龙江、辽河、图们江、鸭绿江、乌苏里江等大江大河，设立了多个鱼类增殖放流站，每年定期开展鱼类增殖放流。

表 7-3　松辽流域过鱼设施统计表(不完全统计)

序号	鱼道名称	建造时间	鱼道类型	所在地	备注
1	老龙口水利枢纽工程鱼道	已建	垂直竖缝式	吉林省珲春市	我国第一座通过大马哈鱼的鱼道，也是我国水头差最大的鱼道和底坡最陡的鱼道
2	三湾水利枢纽工程鱼道	在建	竖缝式梯级	辽宁省	
3	北引渠首工程鱼道	在建	原生态式鱼道	黑龙江省讷河市	
4	丰满水电站重建工程鱼道	拟建		吉林省吉林市	
5	双台子河闸改造工程鱼道	拟建		辽宁省	

7.3.6　向海湿地生态应急补水

7.3.6.1　背景情况

向海国家级自然保护区位于吉林省西部通榆县境内，跨霍林河和洮儿河两个流域，总面积 $1054km^2$。其中，在霍林河流域内 $548km^2$，在洮儿河流域内 $506km^2$。保护区划分为 3 个功能区：核心区 $312km^2$，缓冲区 $111km^2$，实验区 $631km^2$。保护区内沙丘、草原、沼泽、湖泊星罗棋布、纵横交错，构成了典型的湿地多样性景观。保护区内动植物资源十分丰富，植物 595 种，特别是东北亚罕有的蒙古黄榆,在这里成片成林,形成独特的天然林景观;脊椎动物 300 多种,其中国家重点保护的野生动物 52 种,一级保护动物 10 种。向海自然保护区以其得天独厚的自然条件、种类繁多的野生动植物资源,1992 年被列入《国际重要湿地名录》和《具有国家意义的 A 级自然保护区》,在国际上具有很高的声誉。

7.3.6.2　补水实施情况

保护区自 1998 年嫩江流域大洪水过后,洮儿河与霍林河连续 5 年干旱,造成向海湿地严重萎缩。2004 年春季,吉林省西部出现 1961 年以来最严重干旱,湿地面积急剧缩小,湖泊泡沼多数干枯,大批候鸟无栖身之地,土地沙化和盐碱化日趋严重,湿地生态系统遭到严重破坏。2004 年 6 月,水利部决定,由松辽委组织有关省区实施向向海湿地应急补水。2011 年,由于湿地水源洮儿河、霍林河和额木太河来水进一步偏少,导致湿地缺水情况加剧。2011 年 5 月 30 日,吉林省人民政府以吉政文〔2011〕90 号向水利部提出为向海湿地应急调水的要求。为解决向海湿地缺水状况,应吉林省政府的请求和水利部的部署,松辽委组织实施了第二次引察济向生态应急补水,确定了以镇西水文站过流量 8000 万 m^3、向海水库入库水量 4000 万 m^3 的补水方案,将 2011 年计划供给吉林省洮儿河灌区 6000 万 m^3 左右的灌溉水量补入向海湿地。最终历时 43 天,为向海湿地补水 6219.6 万 m^3。

7.3.6.3　补水效益分析

1)通过两次生态应急补水,大大增加了向海湿地水面面积,鹤类、白鹳、大鸨、黄榆 4 个核心区湿地干枯状况得到了很大程度的缓解,保护区地下水位大幅提升,芦苇、水草恢复绿色,鸟类数量明显增加,鸟类觅食和筑巢范围进一步扩大。生态应急补水有效地遏制了向海湿地因严重缺水引起的生态危机,对维系保护区生态环境起到了重要作用。

2)应急补水后,一定程度上恢复了湿地调节局地自然小气候的功能,对周围生态环境起到湿润、压沙、抑碱、抑制虫害发生的作用,湿地周边地区生态环境明显改善。

3)湿地水面面积增加,为保护区在苇田、牧草、水产品养殖和旅游方面产生良好的经济效益提供了有利条件。

4)生态补水工作,维护了向海国际重要湿地声誉,践行了中国政府对国际湿地公约组织的承诺,获得了社会各界广泛关注,新华网、城市晚报等多家媒体通过网络、报纸等多种方式进行了宣传报道,扩大了影响,使补水工作获得了广泛的认可和赞扬,为水利工作营造了良好的社会舆论环境。

5)生态补水工作,扭转了湿地无水的艰难局面,为今后湿地的休养生息和发挥功能起到重要作用,对挽救和保护濒临灭绝的珍稀动植物,充分发挥水利工程资源配置功能,创建“人水和谐”的环境友好型社会起到了良好的示范和宣传作用。

7.3.7　引嫩入扎工程

7.3.7.1　背景情况

扎龙湿地位于黑龙江省西部松嫩平原乌裕尔河下游,是我国最大的以鹤类等大型水禽为主体的珍稀鸟类和湿地生态类型的国家级自然保护区,湿地总面积2100km^2,栖息着丹顶鹤、白鹤、白头鹤等 4 种世界濒危鸟类和 35 种重点保护鸟类,1992 年被列入《国际重要湿地名录》。在为鹤类等珍稀鸟类提供栖息地的同时,扎龙还在调节黑龙江西部地区干旱气候、平衡降雨、蓄水、分洪等方面发挥着重要作用。近年来黑龙江省西部地区连年干旱,加之湿地上游修建许多用于灌溉的拦蓄工程,进入湿地的水量比 20 世纪六七十年代平均少 70%左右,致使湿地萎缩、退化、水面缩小、水质下降、火灾频繁、鹤类等珍禽栖息地不断缩减,生态环境日益恶化。

7.3.7.2　补水实施情况

国家防汛抗旱总指挥部办公室、水利部高度重视扎龙湿地生态环境问题。为避免因湿地缺水带来的生态环境危机,2001 年国家投资建设了扎龙湿地应急调水工程,并于同年开始实施从嫩江向扎龙湿地补水。2009 年建立了我国第一个国际重要湿地长效补水机制——扎龙国家级自然保护区湿地补水长效机制,确定每年从嫩江引水 2.5 亿 m^3,为湿地提供了生存的保障。到 2013 年 6 月,中段引嫩工程累计向扎龙湿地补水 19.52 亿 m^3,最多年补水 3.43 亿 m^3。

7.3.7.3　补水效益分析

扎龙湿地补水后,水环境大大改善,湿地水面扩大,生物多样性得到恢复,丹顶鹤等珍禽栖息地状况明显改善,数量明显增加。湿地苇草和鱼类资源增产,不仅取得了较大生态效益,也带来了可观的经济效益。湿地水面不断扩大也在调节气候、降解污染等方面发挥了作用。

7.3.8　松辽流域水生态站点规划

结合松辽流域水环境监测站网分布特点,同时考虑入河排污口分布实际情况,现有水文站和省界水体水质监测断面的分布,水生态监测对环境的要求,省界及干支流关系等情况,逐步启动水生态监测工作,并计划在松辽流域布设 39个水生态站点(松花江区 22 个,辽河区 17 个),计划在 2020 年监测 6 个,2030年达到全部监测。松花江、辽河区水生态监测站点情况详见表 7-4 和表 7-5。

表 7-4　松花江区水生态站点信息表

序号	站名	所在功能区	监测时间	监测项目
1	尼尔基水库	嫩江尼尔基水库调水水源保护区	2020 年	浮游植物
2	88 号照	松花江黑吉缓冲区	2020 年	浮游植物
3	同江	松花江同江市缓冲区	2020 年	浮游植物
4	石灰窑	嫩江黑蒙缓冲区 1	2030 年	藻类、鱼类、底栖动物和沉积物
5	小兴凯湖		2030 年	藻类、鱼类、底栖动物和沉积物
6	柳家屯	甘河保留区	2030 年	藻类、鱼类、底栖动物和沉积物
7	萨马街	诺敏河蒙黑缓冲区	2030 年	藻类、鱼类、底栖动物和沉积物
8	江桥	嫩江黑蒙缓冲区 3	2030 年	藻类、鱼类、底栖动物和沉积物
9	兴鲜	阿伦河蒙黑缓冲区	2030 年	藻类、鱼类、底栖动物和沉积物
10	金蛇湾码头	雅鲁河蒙黑缓冲区	2030 年	藻类、鱼类、底栖动物和沉积物
11	讷谟尔河入嫩江河口	讷谟尔河讷河市农业用水区	2030 年	藻类、鱼类、底栖动物和沉积物
12	两家子水文站	绰尔河黑蒙缓冲区	2030 年	藻类、鱼类、底栖动物和沉积物
13	三岔河	嫩江黑蒙缓冲区	2030 年	藻类、鱼类、底栖动物和沉积物
14	林海	洮儿河蒙吉缓冲区	2030 年	藻类、鱼类、底栖动物和沉积物
15	月亮湖水库	洮儿河镇赉县、大安市渔业、农业用水区	2030 年	藻类、鱼类、底栖动物和沉积物
16	霍林河入嫩江河口	霍林河前郭县渔业用水区	2030 年	藻类、鱼类、底栖动物和沉积物
17	板子房	拉林河吉黑缓冲区 2	2030 年	藻类、鱼类、底栖动物和沉积物
18	肖家船口	细鳞河吉黑缓冲区	2030 年	藻类、鱼类、底栖动物和沉积物
19	牡丹江 1 号桥	牡丹江吉黑缓冲区	2030 年	藻类、鱼类、底栖动物和沉积物
20	松花湖上	第二松花江松花江三湖保护区	2030 年	藻类、鱼类、底栖动物和沉积物
21	松花湖中	第二松花江松花江三湖保护区	2030 年	藻类、鱼类、底栖动物和沉积物
22	松花湖下	第二松花江松花江三湖保护区	2030 年	藻类、鱼类、底栖动物和沉积物

表 7-5　辽河区水生态站点信息表

序号	站名	所在功能区	监测时间	监测项目
1	福德店	辽河福德店饮用、农业用水区	2020 年	浮游植物
2	双台子河闸	双台子河河口保护区	2020 年	浮游植物
3	东辽河河源	东辽河东辽县源头水保护区	2020 年	浮游植物
4	大北海	老哈河辽蒙缓冲区	2030 年	藻类、鱼类、底栖动物和沉积物
5	二道河子	西辽河蒙辽缓冲区	2030 年	藻类、鱼类、底栖动物和沉积物
6	两家子	招苏台河吉辽缓冲区	2030 年	藻类、鱼类、底栖动物和沉积物
7	朗家窝棚	牤牛河蒙辽缓冲区	2030 年	藻类、鱼类、底栖动物和沉积物
8	西八千	大凌河凌海缓冲区	2030 年	藻类、鱼类、底栖动物和沉积物
9	西树林	小凌河朝阳、锦州开发利用区	2030 年	藻类、鱼类、底栖动物和沉积物
10	绥中(王保)	六股河绥中缓冲区	2030 年	藻类、鱼类、底栖动物和沉积物
11	盖州(西海拦河闸)	大清河盖州缓冲区	2030 年	藻类、鱼类、底栖动物和沉积物
12	大刘家(洼子店)	大沙河普兰店缓冲区	2030 年	藻类、鱼类、底栖动物和沉积物
13	城子坦(吊桥河入河口)	碧流河普兰店缓冲区	2030 年	藻类、鱼类、底栖动物和沉积物
14	小孤山	英那河庄河缓冲区	2030 年	藻类、鱼类、底栖动物和沉积物
15	三半江	浑江吉辽江甸缓冲区	2030 年	藻类、鱼类、底栖动物和沉积物
16	东江沿	富尔江吉辽缓冲区	2030 年	藻类、鱼类、底栖动物和沉积物
17	浑江口大桥	浑江吉辽缓冲区	2030 年	藻类、鱼类、底栖动物和沉积物

7.4　黑龙江典型湖库水生态调查

7.4.1　五大连池水生态调查

7.4.1.1　浮游动物状况

在五大连池浮游动物调查中共发现轮虫、枝角类、桡足类 3 类浮游动物,共计 18 种,无节幼体 1 类,其中轮虫种类较多,共 13 种,其次为枝角类,3 种,桡足类,2 种。其中,上游断面共发现 14 种浮游动物,湖中和下游断面各发现 10 种。详细种类构成见表 7-6。

表 7-6　浮游动物种类及分布(2011 年)

种类	上游	湖中	下游
轮虫 Rotifera			
月形腔轮虫 *Lecane buna*	+	+	+++
针簇多肢轮虫 *Polyarthra trigla*	+	+	+
圆筒异尾轮虫 *Trichocerca cylindrical*	++	++	++
长刺异尾轮虫 *Trichocerca longiseta*	+		
裂足轮虫 *Schizocerca diversicornis*	+	+	+
前节晶囊轮虫 *Asplanchna priodonta*	+++	+	
长三肢轮虫 *Filina longiseta*	+++	+	
萼花臂尾轮虫 *Brachionus calyciflorus*	+		
角突臂尾轮虫 *Brachionus angularis*	+		
蒲达臂尾轮虫 *Brachionus budapestiensis*	++	+	++
剪形臂尾轮虫 *Brachionus forficula*	+	+	
镰状臂尾轮虫 *Brachionus falcatus*	+		
四角平甲轮虫 *Platyias quadricornis*			+
枝角类 Cladocera			
简弧象鼻蚤 *Bosminidae coregoni*	+		+
僧帽蚤 *Daphnia cucullata*		+	
短尾秀体蚤 *Diaphanosoma brachyurum*			+
桡足类 Copepoda			
锯缘真剑蚤 *Eucyclops serrulatus*	++	++	+
近邻剑水蚤 *Cyclops vicinus*			+
无节幼体 *Nauplius*	+++	+	+
种类数(除无节幼体外)	14	10	10

注：(加号数目表示多少和优势情况)；+++：数量大优势，++：个体较多，+：仅出现个体少

　　五大连池三断面浮游动物密度组成和分布见表 7-7，上游、湖中和下游的密度分别为 101 个/L、248 个/L 和 891 个/L，平均密度为 413.33 个/L，浮游动物密度从上游到下游密度逐渐升高，轮虫的密度变化趋势相一致，桡足类的密度湖中最高，其次为下游，上游密度最少。其中，密度最大的为轮虫，比例占总浮游动物平均密度的 87.02%，其次为桡足类及无节幼体，枝角类密度最小。

表 7-7　浮游动物密度组成和分布

种类	上游(个/L)	湖中(个/L)	下游(个/L)	平均(个/L)	比例(%)
轮虫	88	209	782	359.67	87.02
枝角类	0	0	0	0	0
桡足类	7	23	12	14	3.38
无节幼体	6	16	97	39.67	9.6
合计	101	248	891	413.33	100

五大连池三断面浮游动物生物量组成和分布见表 7-8，上游、湖中和下游的密度分别为 0.2692mg/L、0.8376mg/L 和 1.0608mg/L，平均生物量为 0.72mg/L，其中，占比例最大的为桡足类，平均生物量占总生物量的 58.33%，其次为无节幼体和轮虫。

表 7-8   浮游动物生物量组成和分布

种类	上游 (mg/L)	湖中 (mg/L)	下游 (mg/L)	平均 (mg/L)	比例 (%)
轮虫	0.035 2	0.083 6	0.312 8	0.14	19.91
枝角类	0	0	0	0	0
桡足类	0.21	0.69	0.36	0.42	58.13
无节幼体	0.024	0.064	0.388	0.16	21.96
合计	0.269 2	0.837 6	1.060 8	0.72	100

五大连池三断面浮游动物 Margalef 多样性指数 R 变动情况见表 7-9，上游、湖中和下游的多样性指数 R 分别为 3.03、1.81 和 1.47，平均为 2.11，自上游到下游多样性指数 R 有依次减小的趋势。

表 7-9   浮游动物 Margalef 多样性指数

指数	上游	湖中	下游	平均
Margalef 指数	3.03	1.81	1.47	2.11

7.4.1.2 底栖动物状况

五大连池 3 池及 4 池底栖动物的种类组成及生物量统计见表 7-10，因 3 池采样中采集到的底栖样品较少，故在 4 池湖中又加采 1 样品。4 断面共发现 5 种底栖动物，其中淡水单孔蚓在上游和下游断面中均有发现，密度最大的底栖动物也为淡水单孔蚓，生物量最大的为中华米虾，为 0.237g/m²。

表 7-10   底栖动物密度和生物量统计

站位	种类	密度 (个/m²)	生物量 (g/m²)
上游	淡水单孔蚓 Monopylephorus limosus	36	0.18
湖中	中华摇蚊 Chironomus sinicus	12	0.06
下游	淡水单孔蚓 Monopylephorus limosus	24	0.012
	幽蚊 Chaoborus sp.	12	0.036
湖中	小划蝽 Sigara substriata	1	0.025
	中华米虾 Caridina denticulata sinensis	7	0.237

7.4.1.3 其他生态组分

五大连池鱼类共 6 目 12 科 39 属 46 种，包括鳇科、鳢科、鳅科、鲤科、塘鳢科、狗鱼科、胡瓜鱼科、丝足鲈科、七鳃鳗科、鲑科、鲼科和鲇科。常见的种类有鲫鱼、鲤鱼、鳖条、鲢鱼、鳙鱼、草鱼等。鱼类中为数最多的是鲤科鱼类——鲤鱼、鲦鱼及相近鱼类，占物种总数的 63.04% 以上，鲤科鱼类分布广泛、数量庞大、种类繁多，还分布有一些具有良好冷水性的北方鱼种，如东北雅罗鱼和黑斑狗鱼，五大连池还分布有圆口纲鱼类——雷氏七鳃鳗。

树木主要有蒙古栎、白桦、黑桦、山杨、红松、兴安落叶松、红皮云杉、樟子松等，有少量紫椴、核桃楸、春榆、木槭、黄菠萝、鱼鳞云杉等。

挺水群落主要由芦苇、香蒲、泽泻、慈姑、水葱蔗草等组成，漂浮群落以槐叶萍、浮萍、紫萍等为多。浮叶群落以菱、荇菜、睡莲、两栖荇菜为主。沉水群落的代表有眼子菜、菹草、金鱼藻、狐尾藻、茨藻等。

大型野生动物主要有灰鹤、松鸡、白顶鹤、小耳枭、水獭、黑熊等，珍稀动物有麋鹿、丹顶鹤、中华秋沙鸭、鸹等，为国家一级保护动物。

7.4.2 磨盘山水库生态调查情况

7.4.2.1 浮游动物状况

磨盘山水库水体浮游动物调查中，共发现轮虫、枝角类、桡足类 3 类浮游动物，共计 14 种，无节幼体 1 类。其中，轮虫种类较多，共 10 种，其次为桡足类，共 2 种，还有枝角类，2 种。其中，库中共发现 11 种浮游动物，坝上断面共发现 9 种。库中断面针簇多肢轮虫、圆筒异尾轮虫、蒲达臂尾轮虫和剪形臂尾轮虫数量较多，其余种类数量较少；坝上断面剪形臂尾轮虫数量较多，其余种类数量较少。详细种类构成见表 7-11。

表 7-11 浮游动物种类及分布

种类	库中	坝上
轮虫 Rotifera		
月形腔轮虫 *Lecane buna*	+	+
针簇多肢轮虫 *Polyarthra trigla*	++	+
圆筒异尾轮虫 *Trichocerca cylindrical*	++	
冠饰异尾轮虫 *Trichocerca lophoessa*		+
前节晶囊轮虫 *Asplanchna priodonta*	+	+
长三肢轮虫 *Filina longiseta*		+
角突臂尾轮虫 *Brachionus angularis*	+	
壶状臂尾轮虫 *Brachionus urceus*	+	
蒲达臂尾轮虫 *Brachionus budapestiensis*	++	+
剪形臂尾轮虫 *Brachionus forficula*	++	+++
枝角类 Cladocera		
短尾秀体溞 *Diaphanosoma brachyurum*	+	

种类	库中	坝上
筒弧象鼻蚤 *Bosminidae coregoni*		+
桡足类 Copepoda		
锯缘真剑蚤 *Eucyclops serrulatus*	+	+
近邻剑水蚤 *Cyclops vicinus*	+	
无节幼体 *Nauplius*	+	+
种类数 (除无节幼体外)	11	9

注: (加号数目表示多少和优势情况); +++: 数量大优势, ++: 个体较多, +: 仅出现个体少

磨盘山水库两断面浮游动物密度组成和分布见表 7-12, 库中和坝上断面的密度分别为 46 个/L 和 8 个/L, 平均密度为 27 个/L, 浮游动物密度从库中到坝上密度逐渐下降, 各类群浮游动物密度变化趋势相一致。其中, 密度最大的为轮虫, 比例占浮游动物平均密度的 79.6%, 其次为桡足类及无节幼体, 分别占浮游动物平均密度的 11.1% 和 9.3%, 枝角类密度最小。

表 7-12　浮游动物密度组成和分布

种类	库中 (个/L)	坝上 (个/L)	平均 (个/L)	比例 (%)
轮虫	36	7	21.5	79.6
枝角类	0	0	0	0
桡足类	5	1	3	11.1
无节幼体	5	1	2.5	9.3
合计	46	8	27	100

磨盘山水库两断面浮游动物生物量组成和分布见表 7-13, 库中和坝上的生物量分别为 0.1844mg/L 和 0.0328mg/L, 平均生物量为 0.1086mg/L, 其中占比例最大的为桡足类, 平均生物量占总生物量的 82.9%, 其次为无节幼体和轮虫, 分别占浮游动物总生物量的 9.2% 和 7.9%, 枝角类生物量最小。

表 7-13　浮游动物生物量组成和分布

种类	库中 (mg/L)	坝上 (mg/L)	平均 (mg/L)	比例 (%)
轮虫	0.014 4	0.002 8	0.008 6	7.9
枝角类	0	0	0	0
桡足类	0.15	0.03	0.09	82.9
无节幼体	0.02	0	0.01	9.2
合计	0.184 4	0.032 8	0.108 6	100

磨盘山水库两断面浮游动物 Margalef 多样性指数 R 变动情况见表 7-14, 库中

和坝上的多样性指数 R 分别为 2.84 和 4.33，平均为 3.58，自库中和坝上多样性指数 R 有依次增大的趋势。

表 7-14 浮游动物 Margalef 多样性指数

指数	库中	坝上	平均
Margalef 指数	2.84	4.33	3.58

7.4.2.2 底栖动物状况

磨盘山水库底栖动物的种类组成及生物量统计见表 7-15，两断面共发现 3 种底栖动物，坝上断面未采获底栖动物。个体数最多的底栖动物为台湾长跗摇蚊，密度为 256 个/m²，其次为小云多足摇蚊，密度为 96 个/m²。生物量最大的为台湾长跗摇蚊，为 0.192g/m²。

表 7-15 底栖动物密度和生物量统计

站位	种类	密度(个/m²)	生物量(g/m²)
库中	小云多足摇蚊 *Polypedilum nubeculosum*	96	0.08
	德永雕翅摇蚊 *Glyptotendipes tokunagai*	16	0.09 6
	台湾长跗摇蚊 *Tanytarsus formosanus*	256	0.192

7.4.2.3 其他生态组分

磨盘山水库地区林区植被类型以三大硬阔的胡桃楸、水曲柳、黄菠萝和枫、榆、色树等硬阔树种为主，局部地区有红松、云冷杉、柞树和杨、桦林，丘陵区植被以乔木、灌木次生林为主，其次是草本植物，森林覆盖率为 13%，林型以杨、桦、椴为主，局部地区有三大硬阔混交林，山顶有柞林。

动物种类繁多，林中主要有狼、野猪、貉、猞猁、野兔、黄鼬、狐狸、鼠类等，此外还有百余种鸟类以及昆虫类、爬行类等在区域内广为分布。但库区动物资源以家禽家畜为主，如牛、马、猪、羊、兔等，野生动物则由于人类活动的干扰而日趋减少，输水管线所经地区动物资源以鼠类为主。

水生生物据以往库区河段调查，共有浮游植物 2 门 20 种，其中硅藻门类 16 种，浮游动物种类很少，水声维管束植物种类多数量少。河段中天然鱼类资源较贫乏，仅见有鲤、麦穗、泥鳅、狗鱼等，且没有形成生产力。

7.4.3 镜泊湖生态调查情况

7.4.3.1 浮游动物状况

镜泊湖浮游动物调查中，共发现轮虫、枝角类、桡足类 3 类浮游动物，共计

15 种，无节幼体 1 类，其中轮虫种类较多，共 11 种，其次为桡足类和枝角类，各 2 种。其中，湖口断面发现种类最多，共发现 12 种，其次为湖中和湖尾断面，分别发现 8 种和 5 种。详细种类构成见表 7-16。

表 7-16　浮游动物种类及分布

种类	湖口	湖中	湖尾
轮虫　Rotifera			
月形腔轮虫 *Lecane buna*	++	++	+
前节晶囊轮虫 *Asplanchna priodonta*	+	+	
针簇多肢轮虫 *Polyarthra trigla*		+	+
圆筒异尾轮虫 *Trichocerca cylindrical*		+	+
冠饰异尾轮虫 *Trichocerca lophoessa*	+	+	
裂足轮虫 *Schizocerca diversicornis*	+		
长三肢轮虫 *Filina longiseta*	+		
壶状臂尾轮虫 *Brachionus urceus*	+		
角突臂尾轮虫 *Brachionus angularis*	+	+	
蒲达臂尾轮虫 *Brachionus budapestiensis*	+++	+	
剪形臂尾轮虫 *Brachionus forficula*	+		
枝角类　Cladocera			
僧帽蚤 *Daphnia cucullata*	+		
短尾秀体蚤 *Diaphanosoma brachyurum*	+		
桡足类　Copepoda			
锯缘真剑蚤 *Eucyclops serrulatus*	+	+	+
近邻剑水蚤 *Cyclops vicinus*			+
无节幼体 *Nauplius*	+	+	+
种类数(除无节幼体外)	12	8	5

注：(加号数目表示多少和优势情况)；+++：数量大优势，++：个体较多，+：仅出现个体少

镜泊湖三断面浮游动物密度组成和分布见表 7-17，镜泊湖湖口、湖中和湖尾三断面浮游动物密度分别为 429 个/L、571 个/L 和 201 个/L，平均密度为 400.2 个/L。

轮虫类密度所占比例最高，平均密度占总浮游动物密度 47.8%，其中湖中断面密度最大，为 290 个/L，其次为无节幼体，湖口密度最大为 298 个/L，再次为桡足类，枝角类密度最小。

表 7-17　浮游动物密度组成和分布

种类	湖口(个/L)	湖中(个/L)	湖尾(个/L)	平均(个/L)	比例(%)
轮虫	95	290	189	191.3	47.8
枝角类	2	2	0	1.3	0.3
桡足类	34	142	11	62.3	15.6
无节幼体	298	137	1	145.3	36.3
合计	429	571	201	400.2	100

镜泊湖三断面浮游动物生物量组成和分布见表 7-18，湖口、湖中和湖尾的生物量分别为 2.316mg/L、4.99mg/L 和 0.4096mg/L，平均生物量为 0.72mg/L，其中占比例最大的为桡足类，平均生物量占总生物量的 58.33%，其次为无节幼体和轮虫，枝角类生物量最小。

表 7-18　浮游动物生物量组成和分布

种类	湖口 (mg/L)	湖中 (mg/L)	湖尾 (mg/L)	平均 (mg/L)	比例 (%)
轮虫	0.038	0.116	0.075 6	0.14	19.91
枝角类	0.066	0.066	0	0	0
桡足类	1.02	4.26	0.33	0.42	58.13
无节幼体	1.192	0.548	0.004	0.16	21.96
合计	2.316	4.99	0.409 6	0.72	100

镜泊湖三断面浮游动物 Margalef 多样性指数 R 变动情况见表 7-19，湖口、湖中和湖尾的多样性指数 R 分别为 1.81、1.10 和 1.89，平均为 1.60，其中湖尾和湖口多样性指数较大，稍高于湖中。

表 7-19　浮游动物 Margalef 多样性指数

指数	湖口	湖中	湖尾	平均
Margalef 指数	1.81	1.10	1.89	1.60

7.4.3.2　底栖动物状况

镜泊湖底栖动物的种类组成及生物量统计见表 7-20，三断面共发现 9 种底栖动物，其中密度最大的为湖口和湖中断面，均为 240 个/m²，湖尾为 112 个/m²，生物量最大的为湖尾断面，为 43.38g/m²，其次为湖口断面，为 4.42g/m²，湖中断面最小，为 3.14g/m²。

镜泊湖密度最大的底栖动物为花纹前突摇蚊，在湖中断面，密度为 144 个/m²，其次为淡水单孔蚓，在湖口断面，密度为 104 个/m²；生物量最大的为卵萝卜螺，在湖尾断面，为 42.896g/m²，其次为红裸须摇蚊和花纹前突摇蚊，分别为 3.44g/m² 和 3.08g/m²。湖中方格短沟蜷为空壳，未记录其生物量。

湖口及湖中断面分别发现 4 种底栖动物，且淡水单孔蚓和小云多足摇蚊在湖口和湖中断面均有发现，说明底栖动物在湖口和湖中断面具有较高的相似性，其余种类均出现在某一个断面。

表 7-20　底栖动物密度和生物量统计

位置	种类	密度(个/m²)	生物量(g/m²)
湖口	淡水单孔蚓 *Monopylephorus limosus*	104	0.776
	红裸须摇蚊 *Propsilocerus akamusi*	88	3.44
	小云多足摇蚊 *Polypedilum nubeculosum*	16	0.016
	微刺菱跗摇蚊 *Clinotanypus microtrichos*	32	0.192
湖中	方格短沟蜷 *Semisulospira cancellata*	16	—
	花纹前突摇蚊 *Procladius choreus*	144	3.08
	小云多足摇蚊 *Polypedilum nubeculosum*	16	0.016
	淡水单孔蚓 *Monopylephorus limosus*	64	0.048
湖尾	中华摇蚊 *Chironomus sinicus*	32	0.288
	花纹前突摇蚊 *Procladius choreus*	16	0.192
	卵萝卜螺 Radix ovate	64	42.896

7.4.3.3　其他生态组分

镜泊湖鱼类：主要经济鱼类有三花五罗，指鳊花(长春鳊)、鳌花(鳜鱼)、吉花(季花勾)、哲罗、法罗(三角鲂)、雅罗、胡罗、铜罗；红尾鱼也为镜泊湖的重要经济鱼类、产量一直较高，其产量已占镜泊湖总渔获量的50%左右，成为湖区主要经济鱼类；其他鱼类为鲤子、草鱼、蓟鱼、白鲢、花鲢、黑鱼、鲶鱼、虫虫、嘎呀子等。

镜泊湖植被：顶极植被是以红松为主的针阔叶混交林，主要组成树种有红松、鱼鳞云杉、红皮云杉、臭冷杉、枫桦、紫椴、色木、白桦、蒙古柞、水曲柳、黄檗、虎榛子、刺玫果等。国家一级保护植物有人参；三级保护植物有水曲柳、核桃楸、黄檗、刺五加。经济植物丰富，有五味子、黄芪等中药和猴头菌、黑木耳、蘑菇、蕨菜、榛子等山珍。

7.4.4　兴凯湖生态调查情况

7.4.4.1　浮游动物状况

兴凯湖浮游动物调查中，共发现轮虫、枝角类、桡足类 3 类浮游动物，共计 8 种，无节幼体 1 类，其中轮虫种类较多，共 4 种，其次为桡足类和枝角类，各 2 种。其中，当壁镇断面发现浮游动物种类最多，共发现 8 种，其次为湖中断面，发现 3 种。近邻剑水蚤在当壁镇断面分布较多，为本断面的优势种类。两断面种类组成及优势类群差异较大，详细种类构成见表 7-21。

表 7-21　浮游动物种类及分布

种类	当壁镇	湖中
轮虫 Rotifera		
花箧臂尾轮虫 *Brachionus caspsuliflorus*	+	
蒲达臂尾轮虫 *Brachionus budapestiensis*	+	+
裂足轮虫 *Schizocerca diversicornis*	+	
象形拟哈林轮虫 *Pseudoharringia brachyurum*	+	
枝角类 Cladocera		
短尾秀体蚤 *Diaphanosoma brachyurum*	+	+
筒弧象鼻蚤 *Bosminidae coregoni*	+	
桡足类 Copepoda		
锯缘真剑蚤 *Eucyclops serrulatus*	+	
近邻剑水蚤 *Cyclops vicinus*	+++	+
无节幼体 Nauplius	+	
种类数(除无节幼体外)	8	3

注：(加号数目表示多少和优势情况)；+++：数量大优势，++：个体较多，+：仅出现个体少

　　兴凯湖两断面浮游动物密度组成和分布见表 7-22，兴凯湖当壁镇和湖中两断面浮游动物密度分别为 349 个/L 和 26 个/L，平均密度为 187.5 个/L，浮游动物密度上游到下游密度逐渐减小，无节幼体在当壁镇密度较大，在湖中样点未发现。

　　无节幼体类密度所占比例最高，平均密度占总浮游动物密度的 58.9%，其中当壁镇断面密度达 221 个/L，其次为桡足类，平均密度占总浮游动物密度 25.1%，再次为枝角类和轮虫，平均密度分别占总浮游动物密度 9.6% 和 6.4%，桡足类、枝角类和轮虫在两断面比例变化趋势相一致，均为依次降低。

表 7-22　浮游动物密度组成和分布

种类	当壁镇(个/L)	湖中(个/L)	平均(个/L)	比例(%)
轮虫	18	6	12.0	6.4
枝角类	27	9	18.0	9.6
桡足类	83	11	47.0	25.1
无节幼体	221	0	110.5	58.9
合计	349	26	187.5	100

　　兴凯湖两断面浮游动物生物量组成和分布如表 7-23 所示，当壁镇和湖中的生物量分别为 4.2722mg/L 和 0.6294mg/L，平均生物量为 2.451mg/L，其中占比例最大的为桡足类，平均生物量占总生物量的 57.53%，其次为枝角类，平均生物量占总生物量的 24.24%，再次为无节幼体，平均生物量占总生物量的 18.03%，轮虫生物量最小。

表 7-23　　浮游动物生物量组成和分布

种类	当壁镇(mg/L)	湖中(mg/L)	平均(mg/L)	比例（%）
轮虫	0.007 2	0.002 4	0.005	0.20
枝角类	0.891	0.297	0.594	24.24
桡足类	2.49	0.33	1.410	57.53
无节幼体	0.884	0	0.442	18.03
合计	4.272 2	0.629 4	2.451	100

兴凯湖两断面浮游动物 Margalef 多样性指数 R 变动情况如表 7-24 所示，当壁镇和湖中的多样性指数 R 分别为 1.37 和 0.92，平均为 1.14，当壁镇断面多样性指数高于湖中断面。

表 7-24　　浮游动物 Margalef 多样性指数

指数	当壁镇	湖中	平均
Margalef 指数	1.37	0.92	1.14

7.4.4.2　底栖动物状况

兴凯湖底栖动物的种类组成及生物量统计如表 7-25 所示，共发现 1 种底栖动物，为秀丽白虾，其中湖中断面未发现底栖动物类群，原因为湖底为沙质，采样点又近岸边，风浪较大，样点布设位置不适宜底栖动物的生存，未能反映出兴凯湖实际的底栖动物状况。

表 7-25　　底栖动物密度和生物量统计

位置	种类	密度(个/m²)	生物量(g/m²)
当壁镇	秀丽白虾 *Palaemon modestus*	1	0.113

7.4.4.3　其他生态组分

兴凯湖鱼类：最为著名的是大白鱼，大白鱼是兴凯湖特产，被列为我国四大淡水名鱼之一；另有翘嘴鲌、三花五罗（鳊花、鳌花、吉花、哲罗、法罗、雅罗、胡罗、铜罗）、鲤鱼、鲶鱼、鳌花鱼、胖头鱼、边花鱼、鲫鱼、嘎呀子、泥鳅鱼、老头鱼、柳根鱼、白漂鱼、鳇鱼、草鱼、花鲢鱼、白鲢鱼、狗鱼、黑鱼等，兴凯湖是黑龙江省主要水产养殖基地之一。

兴凯湖植被：兴凯湖自然保护区内有高等植物 460 多种，其中木本植物 37种，藤本植物 22 种，草本植物 263 种，苔藓植物 1 种，药用植物 138 种，食用菌类 9 种，蜜源植物 61 种，浆果植物 13 种。兴凯湖自然保护区内有森林、草甸、沼泽、水生植物等多种植物群落，其中著名的有兴凯湖赤松、兴安桧柏等国家二级保护植物 9 种。兴凯湖松只限于保护区内有分布，为特有种类。

7.4.5　现状调查发现的问题

7.4.5.1　流域生态环境形势严峻

松辽流域水资源保护局开展了松辽流域与水有关的生态环境问题调查，调查结果表明，从 20 世纪 50 年代到 2000 年松辽流域沼泽湿地减少了 47%(湿地萎缩主要发生在三江平原和嫩江下游)，盐碱地扩大了 3.8 倍(土地次生盐碱化主要发生在西辽河和嫩江下游)，沙地扩大了 2.2 倍(主要发生在西辽河、额尔古纳河流域)。与松花江区相比辽河区生态环境问题更为严重。辽河区已有 16 条河流出现断流，并呈日益严重的趋势。辽河区有近一半的面积水土流失严重，其中西辽河和东北沿黄渤海诸河流域尤为突出。严重的水土流失，造成下游水库淤积，库容逐渐减少，河道逐年淤高展宽，如柳河河底已高出辽宁省新民县城地面 8m。辽河区土地沙化严重，西辽河沙地面积 50 年间已从 1540km^2 增加到 3619km^2。

7.4.5.2　人为因素影响严重

由于人类活动、河滨天然湿地围垦、气候干旱等因素影响，流域湿地资源萎缩严重、破碎化程度加重、湿地功能退化。湿地萎缩主要发生在河流出现断流的子流域，如霍林河、洮儿河下游的向海、莫莫格湿地和乌裕尔河、双阳河下游的扎龙湿地等。为保障湿地生态安全，水利部已先后组织当地对扎龙湿地、向海湿地等进行了应急补水。河流生态系统调控功能没有明显改善。

7.4.6　管理中发现的问题

1)政策法规不到位。职责不清，法律法规未明确规定流域机构在水利生物多样性保护政策中应发挥的作用。

2)认识不到位。水利工程建设导致鱼类资源洄游通道受阻。流域内过鱼设施建设数量较少，且有关过鱼设施有效性的数据资料很少，过鱼设施的数据主要来源于国外的经验，并不能作为最佳设计标准。

3)基础不到位。缺少水生态监测规范和标准。水生态领域中相关的技术标准比较缺乏，没有形成专门的监测标准，更没有系统的标准体系，技术方法也不够成熟，监测无标准可依。

4)人才不到位。缺乏水生态监测技术人员。在水生态监测方面刚刚起步，缺乏专门的水生态监测工作队伍，不能进行多学科的联动监测，影响了流域水生态监测的全面开展。

5)水生态监测站网分散。松辽流域水环境监测中心没有监测分中心，水环境监测采样任务艰巨，现有人员无法满足规划站点的水生态监测要求，亟须建设七个流域分中心，以满足日益加剧的监测任务。

7.5 松辽流域水生态监测技术初探(以叶绿素a检测方法为例)

7.5.1 叶绿素 a 的研究现状

水体中叶绿素a含量的测定对于预测有害藻类的暴发和间接测量水体富营养化程度具有重要意义。叶绿素 a 的含量与水体中的多种环境因子密切相关，如氮、磷、光照强度、周期、水温、pH、DO 等水质参数。

王崇等(2010)在研究光照与磷对铜绿微囊藻生长的交互作用中发现，铜绿微囊藻的饱和光强为 $40\sim100\mu mol/(m^2 \cdot s)$，随着光照增强，细胞叶绿素 a 含量呈下降趋势。荀尚培等(2011)在春季巢湖水温和水体叶绿素 a 浓度的变化关系的分析试验中，证明在水温对叶绿素 a 浓度逐时变化的关系中，当叶绿素 a 的浓度较低(<13μg/L)时，叶绿素 a 的浓度与水温无相关性；但是当叶绿素 a 的浓度大于20μg/L 时，水温处于 18～21℃，两者之间存在很好的相关系数。缪灿等(2011)通过对巢湖夏秋季的叶绿素 a 的影响因素分析研究，发现在夏秋季节温差不大的环境中，温度是影响藻类生物量的重要因素，且叶绿素 a 的含量与磷的浓度、DO和 pH 呈显著正相关。

7.5.2 分光光度法测定水体中的叶绿素方法研究

分光光度法测定水体中的叶绿素 a 是应用最广泛的方法，主要是根据叶绿素a 的脂溶性性质，利用有机溶剂提取，进行吸收光谱的测定并计算出结果。按照提取剂的不同可以分为丙酮法、乙醚法、二甲基亚砜法、二甲基甲酰胺法、乙醇法、丙酮乙醇混合液法。由水利部水文局主持，松辽流域水环境监测中心主编的《水质 叶绿素的测定 分光光度法》(SL88—2012)水利行业标准，该标准是对原水利行业标准《叶绿素的测定(分光光度法)》(SL88—1994)的修编和替代，主要修订内容如下。

(1)修改了水样的保存方式

原标准规定水样采回实验室后在 2～5℃的冰箱中避光保存。因水中叶绿素不稳定，易起变化，美国 EPA 方法规定水样应在现场进行过滤，冷冻滤膜。

新标准根据我国国情,规定水样在 24h 内过滤。不能立刻分析时,滤膜在-20℃以下的冰箱内保存。

(2) 修改了过滤藻类的滤膜

原标准使用醋酸纤维滤膜。叶绿素 a 测定时要求 750nm 处吸光度值低于 0.005，因醋酸纤维滤膜在丙酮溶液中溶解，用离心方法有时很难达到分析要求。在实际测试中，使用醋酸纤维滤膜，在 750nm 处的吸光度为 0.008～0.019，平均为 0.012。

新标准使用玻璃纤维滤膜。虽然价格稍高，但可以有效地避免滤膜的溶解对测定结果的影响。在实际测试中，750nm 处的吸光度值为 0～0.005，平均为 0.002，可以满足 750nm 处吸光度值低于 0.005 的要求。

(3) 修改了提取方法

原标准中使用研钵研磨滤膜。研钵是开放式的器皿，完全由实验人员手工操作，实验中使用的溶剂丙酮易挥发，对人体产生危害；另外研钵内壁不平整，极易黏附滤膜残渣，不易洗脱，易造成样品损失；由于实验人员的差异，对研磨的操作不尽相同，容易引起实验结果重现性差。

新标准中使用的反复冻融法，即使用超低温冰箱对滤膜上的藻类进行反复冰冻-融化操作，使藻类细胞壁破裂，再使用丙酮进行提取。反复冻融法不但具有易操作、叶绿素损耗少、溶剂挥发较少、操作平行性好、一次可处理大批样品、劳动强度少等优点，还可以有效提高实验结果的重现性。

由于所有藻类植物体内均含有叶绿素 a 且为主要部分，检测叶绿素 a 的含量具有代表性。编制组在其他测定条件不变的情况下，分别使用研钵研磨和反复冻融法对两组水样中叶绿素 a 进行了测定，可以看出，使用反复冻融法提取叶绿素 a 结果明显优于研钵的结果，实验结果列于表 7-26 中。

表 7-26　使用不同提取方法提取叶绿素的检测结果

序号及类别	水样一		水样二	
	使用研钵研磨后测定叶绿素 a 浓度 (μg/L)	使用反复冻融法测定叶绿素 a 浓度 (μg/L)	使用研钵研磨后测定叶绿素 a 浓度 (μg/L)	使用反复冻融法测定叶绿素 a 浓度 (μg/L)
1	15.65	17.98	5.25	7.44
2	14.65	17.89	6.78	7.88
3	15.12	18.65	7.38	7.02
4	18.29	18.43	5.33	7.25
5	18.22	17.46	6.56	7.88
6	15.25	18.04	7.25	6.89
平均值 (μg/L)	16.20	18.08	6.43	7.39
标准偏差 (μg/L)	1.63	0.42	0.93	0.36
相对标准偏差 (%)	10.04	2.32	14.46	5.70

7.5.3　叶绿素 a 的其他分析方法

7.5.3.1　荧光分析法

近年来荧光分析法受到越来越多的关注，不仅可应用于测定叶绿素 a 方面，还可以应用于其他的领域。荧光分析法按照其对藻类细胞的破坏性分为破坏性分析方法和非破坏性分析方法。

破坏性的分析方法在测定一些水样之前需要前处理，处理的方法与分光光度法的前处理方法相似，但是其精密度比分光光度法相对要高，采用热浴提取，减少提取的时间；通过氮吹浓缩的方法，降低其提取的损失。普通的荧光分析法需要确定其激发波长和发射波长，此法测定叶绿素 a 的检测限很低，但是对于荧光发射峰相距较近的色素，则会影响其测定。采用同步荧光法检测，能够消除其他色素的干扰，提高测定的灵敏度。有时采用两种波长的比率来测定叶绿素 a 的浓度，建立一种快速的测定方法。

7.5.3.2　高效液相色谱法

使用高效液相色谱法测定叶绿素 a 时，需要破坏测定物质的原样，由于使用仪器的要求比较高，在对水样进行前处理时，其方法步骤与分光光度法的前处理方法相似，但是进一步做了改进，结合不同的细胞破碎方式、提取方法。其采用的是色谱纯的试剂，操作步骤也需要更加精密，提高测定的灵敏度，减少叶绿素 a 的提取损失，降低对人体的伤害。

7.5.3.3　其他方法

遥感技术测定叶绿素 a 近年来已经被国内外的许多学者证实具有可行性，具有监测范围广、速度快、成本低和便于进行长期动态监测的优势，其中高光谱遥感在水质遥感领域有着重要的发展前景。通过对水体的反射光谱以及相关的水质参数，建立高光谱的反射模型，可以在一定程度上进行定量估算。目前在建立模型的过程中，能够采用不同的算法计算叶绿素 a 的浓度；也有研究采用多方面的数据，建立神经网络模型，获取整个检测范围内的水体中的叶绿素 a 浓度。

7.5.4　检测叶绿素 a 方法的应用

综上所述，由于分析化学技术的发展，特别是各种联用技术的发展，使叶绿素 a 的分析方法更加快速和精确。叶绿素的分离分析方法的发展使得各种叶绿素衍生物的分离成为可能，同时可以促进建立更加科学的叶绿素测定标准，使水体中的叶绿素及其衍生物的定量更加精确。在水体富营养化的研究中，通过叶绿素 a 与一些理化环境参数的相关性分析，发现水体中的磷元素和氮元素是水体富营养化的主要限制因子，关于其中产生主要影响的因子，研究者得出了不同的结论。

关于叶绿素 a 不同的测定方法特点及适用范围，参见表 7-27。

表 7-27　叶绿素 a 测定方法比较表

类型	分光光度法	荧光分析法	高效液相色谱法	遥感方法	Mg^{2+} 间接方法
优点	准确、经济、应用广泛、技术成熟	低毒安全、快捷、对水体中的藻类进行分类、应急监测	精确、灵敏、高效、样品少	大尺度、全方位、动态监测、成本低	省去标准品、简单、操作简便
缺点	费时、提取不完全、结果重复性差	基于其他方法进行校正	昂贵、试剂纯度要求高、配制标准品溶液	干扰较大、地域性和季节差异较大	去除无机离子干扰、结果转换
适用条件	实验室广泛应用	现场测定、应急监测	精确要求、色素的分离、微量分析	空间全面监测、动态评价	简便、快速测定

　　分光光度法测定叶绿素 a 的方法，技术已经成熟，仍然是目前应用最普遍的实验室测定方法，此方法耗时长，操作复杂，对于实验人员的健康安全有很大影响。与分光光度法相比，荧光分析法在准确度上高一个级别，且监测快捷，可现场监测，数据无延迟性，可应用于应急监测，能够将水体中的藻类类别准确测定出来。但是使用前需要对仪器进行校正，校正的方法需要以别的测定方法为基础，来设定存储一种准确的光谱特征图。在测定结果的精确度方面，利用高效液相色谱法是最合适的方法，此方法能够精确地测定叶绿素 a 和其他色素以及它们的衍生物的含量，但是此方法采用的设备昂贵，且所需要的试剂要求高，测定时需要配置所测样品的标准液，测定的代价较大。利用遥感的方法测定，能够动态监测某一湖泊水库的整体水体状况，能够全方面地动态评价水质状况，但是此方法应用在一定的水质模型的基础上，应用中受到的干扰较大，且它也是需要通过其他的方法测定水样作为基础。对于采用间接方法测定叶绿素 a，克服了在直接测定叶绿素 a 方法中因见光分解产生误差的缺点，简化测定步骤，但是在采用此方法时需要采用一定的措施去除水体中其他无机离子的干扰。

　　随着水体富营养化程度的加剧，水体水质遭到严重的污染，水生态平衡也受到破坏。富营养化水体中藻类监测主要是测定叶绿素 a 的浓度，叶绿素 a 是衡量水体富营养化程度的重要指标，作为水生态系统中主要初级生产者的生物量和生产力的指标被广泛使用，对于预测有害海藻的暴发和间接测量水体富营养化程度具有重要意义。因此，准确灵敏地测定叶绿素 a 的含量，有利于水资源保护和水生态环境的保护。今后叶绿素 a 标准的建立可能会将理化参数和生物学活性结合，能够建立更加快速、便捷、准确的叶绿素 a 的测定方法。

第8章 松辽流域水资源保护技术与管理策略

基于水资源管理有关技术特点，结合松辽流域水资源保护工作研究的最新成果，本章从松辽流域水资源保护技术体系与管理策略入手，以遥感技术在松辽流域饮用水水源地水质达标评估中的应用为例，分析"3S"技术在松辽流域水资源保护中的应用，进而开展系统动力学、贝叶斯技术、松花江干流水质模型开发与验证等新技术在松辽流域水资源保护工作中的可行性研究。

8.1 水资源管理的"3S"技术

8.1.1 "3S"技术基础

"3S"技术是指RS（遥感技术）、GIS（地理信息系统技术）和GPS（全球定位系统技术）及其集成技术。"3S"及其集成技术能够实现包括信息收集、定位和加工等内容的全方位的水资源信息处理，是水资源管理的重要内容和组成部分。

8.1.1.1 遥感技术

遥感是一种远距离、非接触的目标探测技术和方法，遥感根据不同物体的电磁波特性及其不同的原理来探测地表物体对电磁波的反射和其发射的电磁波，从而提取这些物体的信息，完成非接触远距离识别物体。遥感器一般借助于飞机或卫星获取目标物反射或辐射的电磁波信息来判断目标物的性质。遥感数据的处理方式主要是纠正处理后的影像，根据影像解译编制专题图件和数字数据。遥感技术系统由遥感平台、传感器、遥感介质、数据处理和应用5部分组成。

8.1.1.2 地理信息系统

GIS是通过计算机技术，对各种与地理位置有关的信息进行采集、存储、检索、显示和分析。GIS是一个有组织的硬件、软件、地理数据和人才的集合，一般认为由4部分组成：①描述地球表面空间分布事物的地理数据，包括空间数据和属性数据。空间数据的表达一般可以通过三维坐标或地理坐标（经纬度及高程）以及数据间的拓扑关系等方式完成；②硬件，指收集、分析、处理数据所需的硬件，如工作站、微机、数字化仪、扫描仪以及自动绘图仪等；③软件，对空间数据进行管理和分析；④管理和使用地理信息系统的人，负责地理信息系统从设计、构建、管理、运行到分析决策。

8.1.1.3　全球定位系统

GPS 最初是由美国国防部研制的以空中卫星为基础的无线电导航定位系统。具有全天候、全球覆盖、高精度、快速高效的无线定位功能。在海空导航、精确定位、地质探测、工程测量、环境动态监测、气候监测以及速度测量等方面应用十分广泛。GPS 能够准确地确定某一实体的空间位置，从而为该实体获得信息源的定位提供强有力的技术手段。在利用 GIS 系统建立矢量地图时，必须使用 GPS 定位技术进行现场定位。

8.1.1.4　"3S"集成技术

"3S"集成技术不是 RS、GIS、GPS 的简单结合，而是将三者通过标准化数据接口严格地、紧密地、系统地集成起来成为一个大系统，集信息获取、处理、应用于一体。遥感可以快速、准确地提供资源环境信息；地理信息系统能够为遥感数据的加工、处理和应用创造理想的开发环境；全球定位系统为空间测量、定位、导航及遥感数据校正、处理提供空间定位信息。在实际工作中，RS、GIS、GPS 单独使用都存在着明显缺陷，GPS 可以快速精确定位目标，但不能描述目标属性；RS 可以获得区域面状信息，但受到光谱波段限制，并且还存在许多不能处理的地物特征；GIS 具有较强的数据编辑、处理和分析功能，但其数据的获取却必须依赖于其他手段。"3S"集成综合应用正好可以克服彼此之间的缺陷，发挥更大的功能（余建军和张仁贡，2013）。

8.1.2　"3S"技术与水资源信息处理

8.1.2.1　基本原理

利用 RS 对地面水资源信息及生态环境信息的动态监测及数据进行实时动态采集，为水资源数字化管理提供快捷、实时、准确的信息，保证水资源管理的实时性。利用 GIS 的强大空间信息处理、管理及存储功能，为水资源数字化管理提供数字化集成平台。水资源数字化管理需要的数据和信息包括基础数据、专题图形和遥感图像等空间数据，其数据容量巨大，必须利用数据库技术，以 GIS 技术为载体，构建囊括水文观测成果，水资源监测数据、生态环境监测数据，遥感数据、数字摄影测量数据、社会经济数据处理为一体的数字化操作平台。

8.1.2.2　RS 与水资源信息处理

RS 技术在水环境、水旱灾害及水资源实施监视以及防洪工程监测、河道清障等水资源信息处理方面均有广泛应用。RS 根据红外波段的水体辐射明显低于其他物体的特点，选用一个合适的红外波段，定出其水体的阈值，高于该阈值，即为非水体。RS 技术利用此原理，可测量出河道、湖泊的水位值，还可以利用遥感图像测定水体面积。

8.1.2.3　GPS 和水资源信息处理

GPS 能够准确地确定某一实体位置，从而为该实体的其他各种信息分析提供强有力的空间定位支持。在 GIS 中建立矢量地图时，必须明确各种目标实体的地理坐标，其坐标的确定就需要依靠 GPS。目前，GPS 已在江河、湖泊、水库的水资源监测、大堤安全监测、预警等多方面得到应用。

8.1.3　遥感技术在松辽流域饮用水水源地水质达标评估中的应用

根据全国重要饮用水水源地名录中松辽流域水库型水源地的分布及供水人口等实际情况，选择松辽流域内省会城市具有典型意义的重要饮用水水源地为评估对象，即吉林省长春市石头口门水库水源地、黑龙江省哈尔滨市磨盘山水库水源地、辽宁省城市群桓仁水库、大伙房水库水源地，涉及 4 个水库：石头口门水库、磨盘山水库、桓仁水库、大伙房水库，形成以下 4 点结论。

1）利用高分辨率遥感技术进行重要饮用水水源地评估调查，将现代先进信息技术与传统方法有力结合，将解译技术与现场调查有机结合，有效弥补了传统水源地调查方法的不足。项目研究首次利用高分一号卫星数据，充分发挥其空间分辨率高、覆盖范围广、成本低等优势。研究立意好、创意新，紧紧抓住了水源地管理与保护的关键点，为开展重要饮用水水源地安全保障达标建设评估及相关工作提供了案例范本和指导，同时可为流域水源地保护和管理提供科学依据。

2）建立了利用遥感技术进行重要饮用水水源地调查的完整、科学、高效的技术框架；从项目管理到技术路线，从室内分析到野外作业，从定性描述到定量分析，形成了一套既符合研究区实际情况，又体现饮用水水源地管理专题特色的研究方法。

3）调查的饮用水水源地保护区均存在不同程度的污染源，以面状污染为主，面源污染源主要包括农田种植污染、居民生活污染、交通运输污染、旅游污染、工业污染、采矿采砂污染、养殖污染。总的来说，石头口门水库人类农业活动强度最大，面源污染影响面积最大，斑块数量最多；桓仁水库、大伙房水库的人类活动强度较大，污染形式复杂多样，其中桓仁水库存在多处网箱养殖，分布在一级保护区的库区支流汇入口及水库末端；磨盘山水库人类活动较少，水源地环境相对较好。

4）通过传统评估手段与通过遥感技术评估手段评估的结果对比分析表明，传统评估手段得到的评估结果仅能根据水源地管理单位现场调查获得的资料定性地评估水源地区域综合整治情况，无法精确获取整个区域内地表信息，而利用高分一号卫星遥感影像的遥感评估能大范围、高精度、动态监测区域内综合整治情况，准确给出相关项目性质及具体面积，既能定性描述又能定量调查，评估结果更为准确、客观，可作为传统调查方法的有效补充。

8.2　系统动力学

8.2.1　系统动力学的内涵及特点

系统动力学(system dynamics)是研究信息反馈的科学，以反馈控制理论为基础，用数字计算仿真技术定量研究复杂的大系统，是认识与解决系统问题相互交叉的综合性科学。系统动力学强调系统的、整体的观点，是研究半定量、趋势性问题的有效工具，解决系统中存在的反馈、时滞与非线性问题。系统动力学把计算机模拟技术作为主要手段，是通过功能分析，对复杂动态反馈性系统问题进行研究与解决的一种仿真方法，是一种适合进行动态预测与政策影响分析的方法，将系统内的各个因素有效地组织起来，并全面地分析它们之间的关系，为科学决策提供依据(钟永光等，2013；刘永等，2012)。

8.2.1.1　反馈结构的表示：因果关系

系统动力学着眼于系统的反馈过程，反馈因果关系是构成系统动力学研究系统结构的基础，是社会系统内部关系的真实写照。当考虑建立某个社会系统模型时，分析与研究因果关系是建立正确模型的思路。

8.2.1.2　反馈回路

在社会系统中，原因和结果总是相互作用的，原因的变化引起结果的变化，而结果的变化又会引起其他要素的变化，通过系统结构的传递，最终又影响到原因的变化。复杂系统往往由多个反馈回路按照一定的信息反馈关系联结起来，组成多重反馈回路。这些反馈回路中存在相互作用，有时这个回路起主导作用，有时另一个回路起主导作用，从而显示系统的不同特性。分析系统结构的层次性可以确定系统的主导回路和主导结构，有助于加深认识系统的结构本质和动态行为特性。

8.2.1.3　系统动力学建模软件

20 世纪 90 年代，系统动力学专用软件包 Vensim 软件推出，采用了可视化的建模工具，非常方便建模的构思、模拟、分析和优化，并加强了输出功能。Vensim 有着非常强大的功能，可以对多种不同方案进行实时对比，方便分析不同决策对系统的影响。使用 Vensim 建立动态模型，只要用图形化的各式箭头记号连接各式变量记号，并将各变量之间的关系以适当方式写入模型，各变量间因果关系随之记录完成。而各变量、参数间的数量关系以方程式的形式写入模型。透过建立模型的过程，可以了解变量间的因果关系与回路，并可透过程序中的特殊功能，了解模型架构及修改模型的内容。

8.2.1.4　系统动力学建模步骤

系统动力学建模可分为以下 4 个步骤。

1)系统分析。对所需研究的系统作深入的调查研究，通过与用户及有关专家的共同讨论，确定系统目标，明确系统问题，收集定性与定量两方面的有关资料和数据，然后大致划定系统的边界。

2)结构分析。结构分析是在系统分析的基础上，划分系统的层次与子块，确定总体与局部的反馈机制。

3)模型的建立与模拟。模型的建立与模拟是在系统分析和结构分析的基础上，对系统建立规范的数学模型。

4)模型检验与修正。模型检验是指通过历史数据回代，对模型的结构以及层次进行分析，以确定模型结构存在的问题，并对不恰当的参数进行率定，从而对整个模型进行修正，使模型更能准确地反映系统的变化规律。

8.2.2　系统动力学对水资源管理规划的适用性分析

系统动力学适用于分析复杂系统，水资源系统的复杂性符合系统动力学的分析特征。

1)水资源系统符合因果规律，是一系列因素相互作用的结果。

2)水资源系统结构以反馈环为基础，系统内部存在多种反馈环，因此其结构是复杂的，其行为往往具有反直观性。

3)构成水资源系统的各元素之间具有复杂的相互依存关系，其中许多关系具有明显的非线性。

4)水资源系统的原因与结果在时间上往往存在较长的延迟，在空间上往往是分离的。

5)水资源系统不适宜在实际系统上做试验，且它的许多现象是一次性的，不具有可重复性。

8.2.3　系统动力学在嫩江水资源保护监管中的应用

8.2.3.1　研究方法

一般而言，GIS 平台的开发主要有以下 3 种模式。

1)独立开发:是指不依赖 GIS 平台或工具，直接采用编程语言，如 VB, Delphi

等编写 GIS 平台程序，从而实现 GIS 平台的相关功能。其优势在于不需考虑 GIS 工具软件的成本以及开发平台的通用性，但是由于 GIS 平台所具有的特殊性及文件数据、属性的特殊性，往往需要开发者具有深厚的程序开发能力及对 GIS 平台构建的整体考虑能力。

2) 宿主式开发：是指在 GIS 平台软件上通过专门的脚本语言对 GIS 平台进行二次开发，如 Mapbasic、Avenu 等，是以原 GIS 软件为开发平台，开发针对不同应用对象的程序。一般而言，这种方法具有省时省力的优点，以原有 GIS 软件为开发环境能够很快上手入门，但是同时也具有开发出的应用程序功能性较弱，只能限制在原有 GIS 软件的功能范围内，并且所开发的系统是无法脱离 GIS 平台软件的，使用中存在效率不高的缺陷。

3) GIS 组件二次开发：几乎所有的 GIS 软件生产商都提供了将以上二者结合的解决方案，即通过 Active COM 组件在编程语言环境下进行二次开发，可以像使用普通控件一样，使用功能封装好的 GIS 控件，从而完成 GIS 应用平台的开发。例如，ESRI 的 ArcObjects，MapInfo 的 Map X 等，都可以在 Delphi、Visual Studio 平台之间调用，实现地理信息系统的各种功能。

针对以上所述，从项目成本、准备实现的功能出发，我们选择 Visual C#为开发平台，Map X 为 GIS 控件，开发本项目中的水生态风险预警管理平台。水生态预警管理平台以项目前期调研的水生态水环境水资源数据为基础，生态风险评价指标体系、生态风险评价准则及评价方法为主要工具，应对生态风险的专家建议为平台出口，就水生态预警管理平台而言，可分为数据库、专家库与主程序 3 个部分，其中主程序包括人机界面(UI)与 GIS 系统两个部分，主要实现对数据库数据的查询、输入、管理功能，以及对数据分析、评价功能，并能够针对评价结果给出相应的专家意见。

8.2.3.2　水生态预警管理平台

Visual Studio：Microsoft Visual Studio(简称 VS)是美国微软公司的开发工具包系列产品。VS 是一个基本完整的开发工具集，它包括了整个软件生命周期中所需要的大部分工具，如 UML 工具、代码管控工具、集成开发环境(IDE)等。所写的目标代码适用于微软支持的所有平台，包括 Microsoft Windows、Windows Mobile、Windows CE、NET Framework、NET Compact Framework 和 Microsoft Silverlight 及 Windows Phone。

MapX：MapX 是 MapInfo 提供的二次开发包(SDK)，基于面向对象，提供 COM 加载，可在 VB、Delphi、C++、net、java 等开发语言和环境中进行开发，能够对 MapInfo 中主要功能以控件的方式在 GIS 开发应用中调用。

8.2.3.3　平台功能介绍

水环境生态风险管理预警平台，一方面方便水环境生态风险管理预警平台的使用；另一方面，可以通过类型选择器，控制不同登录类型的使用功能，可以通过对不同用户类型的权限进行规定而实现以上功能。目前由于平台还处于开发阶段，因此用户类型仅仅以管理员为登录类型。点击登录即可以登入水环境生态风险管理系统的界面，点击取消按钮，即退出水环境生态风险管理预警平台，由于平台处于开发阶段，目前的版本号为 beta1，当所有开发工作完成，测试成功后，将进行版本号确定与打包安装的工作。

目前已经搭建的平台由几个主要部分组成，分别是标题栏、菜单栏、工具栏、地图窗口、图层控制窗口以及数据窗口。其中，菜单栏包括了文件、编辑、图层、图像、数据库、专题图、评价、预警、管理与帮助菜单；工具栏则提供了文件打开、图层删除、打印设置、调用专家库等功能的快捷按钮，并预设了活动图层显示器与比例尺显示器，为下一步深入建设平台预留空间；图层控制窗口主要用于显示目前已被加载的图层，可以方便实现图层的删除、激活与编辑；数据窗口主要用于显示被激活图层的属性、数据等信息，使数据处理的结果更为直观。

8.3　贝叶斯信度网络技术

8.3.1　贝叶斯信度网络的发展历程

贝叶斯网络，又称贝叶斯信度网络，是一种基于概率知识的图解模型，可以有效地表示变量之间的相互不确定性关系。杰弗莱的著作《概率论》的问世，标志着贝叶斯学派的形成。后来在 20 世纪 50 年代以罗宾斯为代表提出将经验贝叶斯方法和经典方法相结合，又一次引起了统计界的广泛重视。其后，林德莱用贝叶斯方法推导并解释了一些经典学派的结果，进一步巩固了贝叶斯学派的基础。

8.3.2　贝叶斯网络的组成、分类及特点

贝叶斯网络主要组成部分有：①有向无环图，系统中的每个研究变量用一个节点来表示，其中节点表示随机变量，节点之间有向边是节点间的直接因果关系。例如，变量 A 与 B 之间有直接的因果关系，则由一条由 A 到 B 的有向边来表示。②条件概率表，表示变量之间具体的依赖程度，即在其父节点发生的情况下，子节点发生的概率。现有的贝叶斯网络推理算法可分为精确推理算法和近似推理算法。

贝叶斯网络同其他回归模型一样，是由数据驱动的黑箱模型。但贝叶斯网络又不同于通常的统计回归模型，它是一个"概率推理图模型"，是为了量化系统

不确定性而被提出的统计模型。由节点和有向线段构成的网络结构，是贝叶斯网络的"硬件"，也是外观；由各节点边缘概率分布和子节点对父节点的条件概率构成参数。贝叶斯公式是贝叶斯网络的基础。贝叶斯网络的算法包括 3 部分：结构学习、参数学习和概率推理。根据贝叶斯网络是否考虑时间参数，可以分为静态贝叶斯网络和动态贝叶斯网络。静态贝叶斯网络就是把不确定的元素看成一个个结点，并用概率表示其因果关系，从而形成一个信度网络。

8.3.3　贝叶斯信度网络技术在水资源管理中的应用

随着计算机运行速度的大幅提高，贝叶斯网络可方便地表征多变量之间的相互影响关系，均衡考虑各个目标之间的矛盾，在水质评价、模型预测、水资源管理和风险决策过程中应用前景广泛。此外，将贝叶斯网络用于水质风险评估，为风险预防管理措施提供了决策依据。在国内，近几年也开始有人研究贝叶斯网络在环境领域的应用，2009 年，清华大学的孙鹏程通过贝叶斯网络直观地表示事故风险源和河流水质之间的相关性，并用时序蒙特卡罗算法将风险源状态模拟、水质模拟和贝叶斯网络推理过程结合，对多个风险源共同影响下的河流突发性水质污染事故的超标风险进行量化评估。研究表明，应用贝叶斯网络的诊断推理功能，可识别各个风险源对系统风险的贡献大小，为风险源管理提供依据。卢文喜等（2010）应用贝叶斯网络解决地下水环境管理中具有不确定性的多目标决策问题，通过对决策变量氮肥施用量以及灌溉模式的调控，减少水中的硝酸盐含量，达到既能有效改善水环境又不使农民经济利益受到损害的目标。

8.3.4　基于贝叶斯网络的生态风险评估设计思路

8.3.4.1　目标

贝叶斯网络是一种基于概率关系构建的网络拓扑结构，通过对该网络的构建、训练和计算，可以完成对数据建模、知识挖掘、状态估计和决策。因而贝叶斯网络作为人工智能的重要工具被广泛应用在各个领域。采用贝叶斯网络可以实现嫩江流域示范区的水生态环境建模、信息挖掘和生态风险评估等目标。

8.3.4.2　贝叶斯网络构建

根据生态环境所涉及的领域和各项指标，为了能够简化分析并给予一个明确的物理关系，我们将功能与作用相近的贝叶斯网络节点作为同一个集合，称为子图。根据生态网络的粗略划分，将贝叶斯网络分为 6 个子图，分别为决策子图、现实子图、观测子图、表示子图、评判子图和辅助子图（图 8-1）。为了方便理解，将对每一个子图进行简要的解释。

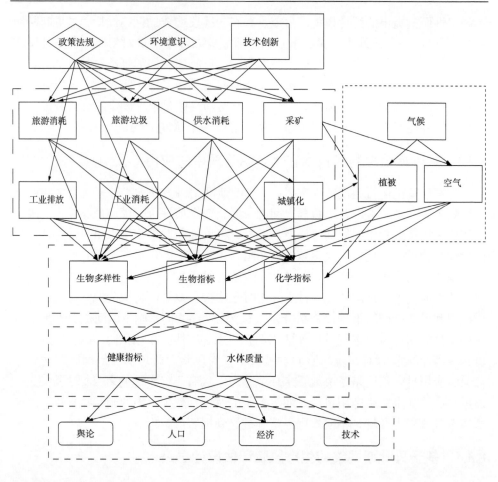

图例：

： 决策子图

： 现实子图

： 观测子图

： 表示子图

： 评判子图

： 辅助子图

图 8-1　贝叶斯网络拓扑图

1)决策子图：表示某些人为决策的因素对环境的影响。例如，政策法规的实施、公众的环境意识、环保技术创新所带来的好处等。

2)现实子图：指的是不同的社会功能单元对环境的影响。例如，旅游业、农业、工业、供水部门、采矿和城镇化等带来的水源消耗以及污水的排放。

3)观测子图：环境是否污染，不能够直接通过前两个子图来判断，因而需要有一些观测指标。所有的观测指标在拓扑逻辑上构成观测子图。例如，生物多样性指标、化学元素指标和生物生存指标等。观测子图是关键，直接决定着网络模型的建立和风险决策评估。它是数据的源头。

4)表示子图：当获得观测值后，可通过贝叶斯网络进行推理，获取所需要的环境指标，如人体的健康和水体质量。

5)评判子图：是一个可扩展的功能，即基于当前的状态，检测环境对其他领域的影响。它是环境领域与其他科研领域相通的接口，为未来的发展和研究提供一个参考。

6)辅助子图：在设计贝叶斯网络时，除了考虑到数据的建模，还扩展出一个功能子图，成为辅助子图，用于分析直接关系外的可能影响我们观测值以及最终决策的其他因素。目前考虑的因素包括气候变化、植被覆盖以及空气质量等。

再次需要强调的是，这些子图的划分并不是将贝叶斯网络进行分割，而是一种逻辑功能的划分，便于设计和理解。其实每一个子图内的节点都会与外部其他子图的节点紧密联系，如果基于拓扑学的角度对贝叶斯网络进行划分，其划分结果肯定与这 6 个功能子图的划分方法截然相反。

把生态环境评估时所有考虑的因素作为独立的网络节点，并按照子图的划分方法，添加到各个子图后，再根据条件概率关系，画出节点之间的链路。

8.3.4.3　功能实现

采用贝叶斯网络，基于历史数据和研究成果，导入贝叶斯网络，让其自动学习，进而实现以下 5 个功能。

1)基于地方特色的模型构建：在现实子图和观测子图的构建当中引入 GIS 系统，构建基于当地地理信息的独特的贝叶斯网络，突出数据自身的地方特色，构建嫩江水生态数据模型。

2)生态风险评估：获得当前数据后，实现对生态环境的实时风险评估，在表示子图中呈现评估结果。

3)环境污染源追踪：对于目前的观测结果，采用基于后验概率的假设检验方式，计算现实子图中可能的污染源。

4)相关性评估：分析各个子图及其各节点的相关性，找到影响生态风险评估的最相关的因素，优化贝叶斯网络的结构，并能够直观地看到影响环境的各个要素。

5)生态环境模拟：调节各节点参数，模拟对环境的影响。尤其对于决策子图来说，决策结果是长期的，采用贝叶斯网络对于决策结果进行模拟，可以提供在数学模型上的参考依据。

8.3.4.4　模型构建

图 8-2 是基于上述概念构建的一个简单的网络概念模型，其架构是基于一些外国研究的数据模型。需要与实际数据、模型相结合，进而构建出更准确的模型。

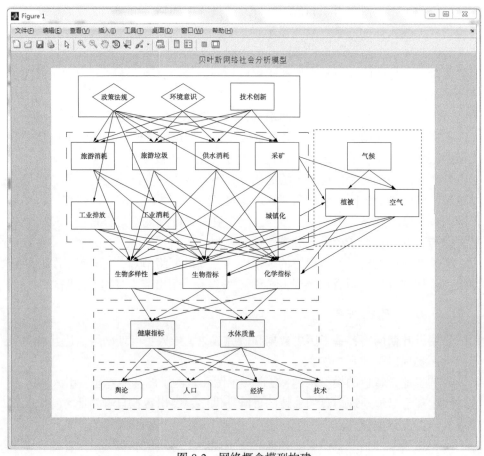

图 8-2　网络概念模型构建

8.4　松花江干流水质模型开发与验证

针对松花江流域水资源保护工作亟须提升管理手段而开发的松花江干流水质模型。模型根据流域实测气象水文、径流、水质监测、污染负荷等长系列数据进行率定及验证。由模型模拟结果来看，模型计算浓度值总体上与实测值一致，能较好地反映松花江流域内河流水质浓度随时间和空间的变化趋势，可作为流域水污染应急管理、日常水质管理和水资源保护规划的重要工具。本书是在该项目成果基础上搭建流域水质模型,用于污染事故应急模拟及日常水质模拟,以实现长距离河流污染物快速、实时监视与追踪,为流域水资源管理与保护以及突发性水污染事故应急响应与辅助决策提供技术支撑。

8.4.1　水质模型开发的研究方法

松花江干流水文及水动力学模型中基于地形变化及水文和水动力学模型计算峰现时间要求,并充分考虑流域内控制水文站及雨量站空间位置,将流域划分了 52 个子流域。根据水质模型率定需要,研究中将子流域细化为 22 个源头子流域和 30 个区间子流域,分别统计各子流域内入河排污口、农田化肥使用、农村人口以及养殖业产生的污染量。源头子流域污染量用于率定污染物流出系数和距离衰减系数;区间子流域污染量被定义为面源边界条件直接输入模型,作为水质参数率定的依据。子流域划分如图 8-3 所示。

图 8-3　松花江流域子流域划分

8.4.2　基于对流扩散传输机理的水污染应急模型

根据河流水动力学模型提供的水动力条件，应用对流扩散方程模拟水体中可溶性物质和悬浮性物质的传输过程，通过设定一个恒定的衰减常数模拟非保守物质，构成水污染事故预警预报模拟的核心模型。采用一维河流水质模型的基本方程为

$$\frac{\partial C}{\partial t} + u\frac{\partial C}{\partial x} = \frac{\partial}{\partial x}\left(E_x\frac{\partial C}{\partial x}\right) - KC \tag{8-1}$$

式中，C 为模拟物质的浓度；u 为河流平均流速；E_x 为对流扩散系数；K 为模拟物质的一级衰减系数；x 为空间坐标；t 为时间坐标。

对流扩散系数是一个综合参数项，包含了分子扩散、湍流扩散以及剪切扩散效应。而在数值模型中，扩散系数除了和物理背景相关之外，还和计算空间大小、时间步长等相关。

8.4.3　基于水生态过程数字模拟的日常水质模型

8.4.3.1　模拟机理

水体中物质在不同环境条件下能够发生复杂的物理、化学和生物反应，从而发生物质迁移和转化。这种迁移与转化受水体本身运动(如流速与流量、河岸性质等)影响，也受环境因素(如温度、风等)制约。研究中确立了松花江干流水质模型边界条件，采用一套常微分方程描述水生态系统中多种物质的相互作用和形态的转化过程，实现了对水生态过程的数字模拟。该模型与流域水动力学模型和传输扩散模型进行耦合，将对流扩散传输机理与生物化学反应整合进行水生态模拟，选择性反映流域水环境特征指标的五项水质参数，包括溶解氧(DO)、五日生化需氧量(BOD_5)、化学需氧量(COD)、高锰酸盐指数、氨氮(NH_3-N)。模型中考虑了各种转化过程和相互作用，如有机物质的降解、光合作用产氧、动植物呼吸、大气与水的氧交换、悬浮 BOD_5 与河床底质中 BOD_5 的交换、底泥需氧量、硝化与反硝化过程。

8.4.3.2　模型边界确立

(1)开边界

模型开边界选取嫩江、二松、松干主要支流入流处水质监测站，共计 20 个。为了合理确定河道内水质反应参数，所有开边界处水质条件均采用实测水质数据一年或多年平均实测值。开边界所对应的水质监测站如图 8-4 所示。

图 8-4　模型开边界处对应的水质监测站

(2)点源边界

模型点源边界选取流域内入河排污口，根据距离概化河网的远近将排污口划分为分散点源和沿河点源。距概化河网 10km 以内的排污口定义为沿河点源，作为点源边界，不考虑降解与衰减全年平均排放直接入河。模型共产生 258 个点源边界，点源边界包括污水排放量及污染物浓度信息。

(3)面源边界

模型面源边界选取区间子流域及远离河道 10km 以上的分散点源。将模型范围内各区县产生的污染负荷按照面积权重分配到各子流域中，根据降雨径流连接以及各类污染物的流出系数和距离衰减系数，确定污染负荷入河段和负荷量。模型中设定 28 个降雨径流连接，将 30 个区间子流域与模型河道相连，各区间子流域上产生的面源污染通过这些连接进入相应河道。分散点源也通过这些连接进入相应河段，但需要计算迁移过程中的衰减量。面源边界包括污水排放量和污染物排放浓度信息。

8.4.4　研究数据及参数化过程

水文模型输入的数据包括气象数据和流量数据，1985～1998 年及 2000～2004 年 178 个雨量站日降雨量、蒸发和气温数据；水动力模型输入的基础资料包括松花江流域河道地形数据、流域水文站位置、1985～1998 年及 2000～2004 年实测水位、流量数据，丰满、白山、尼尔基水库的基本设计参数及调度规则；水质模型需要流域入河排污口位置及实测入河量、流域社会经济数据、流域水质监测站位置及其 2000～2004 年序列监测数据，流域内 20 个水质站逐月实测水质数据作为开边界直接输入模型，42 个水质站实测数据作为模型率定及验证的依据。

8.4.5　结果分析

8.4.5.1　参数率定

河流水质模型参数一般都具有明确的物理概念，理论上可以由观测和计算获得，但是由于流域尺度较大，实际测量无法反映参数时空分布的变异性，模型计算时一般采用计算单元内有效参数；另外，现有数据远远达不到模型要求的完备性，必然会出现部分参数不确定性问题。因此，部分对水质反应敏感的参数需要通过模型率定获得。松花江干流水质模型中涉及水文、水动力学、水质等众多参数，其中水文、水动力学模型参数已在松花江洪水管理项目中获得，研究中需要率定污染物流出系数、距离衰减系数及与五项污染指标相关的水质参数。

8.4.5.2　流出系数和距离衰减系数

源头子流域上产生的污染物经过截留和沿程降解，最后从流域出口（即河网边界处）汇入模型河网中。此部分污染物未参与河道中的水质反应，因此可根据源头子流域出口处的实测污染物通量来率定流出系数和距离衰减系数。模型范围内有 13 个水质监测站位于源头子流域出口。经过对源头子流域负荷入河量的率定，各污染物的流出系数和距离衰减系数见表 8-1 和表 8-2，表中数据为全流域平均值。

表 8-1　各污染物指标的流出系数　　　　　　单位：mg/L

污染源	BOD$_5$	COD	高锰酸盐指数	NH$_3$-N
农业	—	—	—	0.1
畜禽	0.2	0.2	0.2	0.15
农村人口	0.2	0.2	0.2	0.2

表 8-2　各污染物指标的距离衰减系数　　　　　　单位：km^{-1}

污染源	BOD$_5$	COD	高锰酸盐指数	NH$_3$-N
农业/养殖业	0.003	0.001 5	0.001 5	0.003 5
农村人口	0.002 5	0.001 2	0.001 2	0.002
分散点源	0.000 25	0.000 12	0.000 12	0.000 2

8.4.5.3　水质模型参数

水质模型参数是水体中各种水质反应常数值，模型率定的方法是不断改变参数取值，使计算的河流水质浓度尽可能与实测值吻合，但参数取值必须在理论和经验的合理范围之内。研究中充分考虑了松花江流域冰封期间大气复氧、光合作用以及物质反应、转化率等水质反应过程的特殊性，水体中 COD 降解速率、BOD$_5$ 反应速率等通过温度修正公式来调整，对于复氧系数和光合作用最大产氧量，在冰封河道上的取值需小于非冰封期时的取值，才能使模拟结果与实测值比较吻合。另外，率定过程中对污染严重的饮马河、伊通河、拉林河等河段的参数值进行了调整，加大其有机物降解系数、细菌和植物对 NH$_3$-N 的吸收量等值，以反映出生物活动较为强烈的特征。针对水库水体内反应复杂、水体量大和水体停留时间长等特殊情况，调整白山水库、丰满水库所在河段的参数，如大大降低其有机物反应速率，减小复氧系数、光合作用最大产氧量等值。在所有水质模型参数中，最重要的参数为有机物降减速率、硝化反应速率和反硝化反应速率，其取值大小对 BOD$_5$、COD、NH$_3$-N 的模拟结果影响很大。松花江干流水质模型参数取值见表 8-3。

表 8-3　水质模型参数取值

参数	取值	单位
复氧系数	0.03	d^{-1}
光合作用最大产氧量	1	d^{-1}
动植物的呼吸作用	0.1	d^{-1}
20℃COD 一级降解速率	0.03	d^{-1}
20℃高锰酸盐指数一级降解速率	0.02	d^{-1}
20℃ BOD$_5$ 一级反应速率	0.04	d^{-1}
20℃ 硝化一级反应速率	0.1	d^{-1}
20℃ 反硝化一级反应速率	0.13	d^{-1}
BOD 降解释放 NH$_3$-N 率	0.35	g NH$_3$-N/ g BOD
硝化反应耗氧量	4.47	g O$_2$/ g NH$_3$-N
细菌吸收 NH$_3$-N 比率	0.109	
植物吸收 NH$_3$-N 比率	0.01	
半饱和含氧量	0.5	mg/L

8.4.6 模拟结果

（1）污染负荷入河量模拟

各源头子流域模拟负荷入河量与实测值大致吻合，基本落在各年实测污染负荷入河量范围内。图 8-5 为子流域 15407 的率定例子。

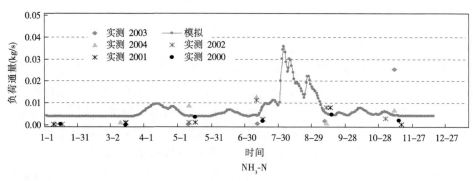

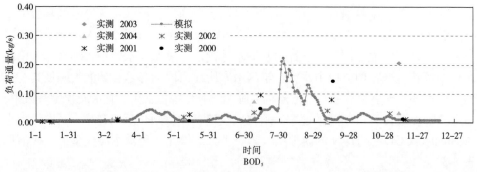

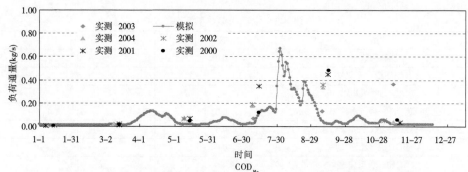

图 8-5　源头子流域 15407 各污染物指标入河通量模拟值与实测值比较

（2）水质模拟

对应于水文模拟，2002 年作为水质模型的率定年，各站污染指标全年模拟结果均在实测范围内（2000～2004 年），模拟值与实测值吻合较好，水质整体变化趋势一致。图 8-6 给出了嫩江白沙滩站的率定例子。

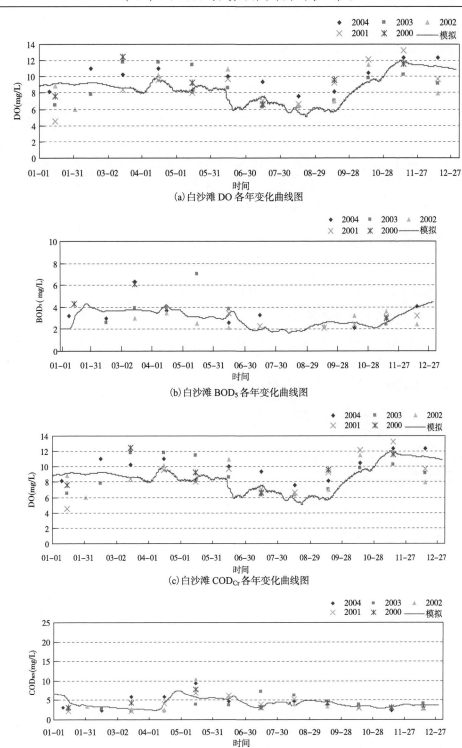

(a) 白沙滩 DO 各年变化曲线图

(b) 白沙滩 BOD₅ 各年变化曲线图

(c) 白沙滩 CODCr 各年变化曲线图

(d) 白沙滩 CODMn 各年变化曲线图

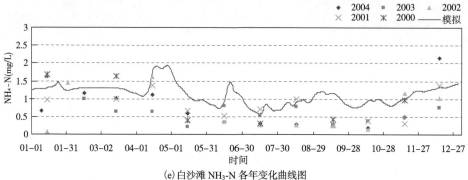

(e)白沙滩 NH$_3$-N 各年变化曲线图

图 8-6　各污染物指标全年模拟值与实测值比较图(白沙滩,2002 年)

8.4.7　水质模拟验证

保持率定过程中确定的所有模型参数值不变,基于 2003 年实测水文资料及水质开边界实测数据,对所建立的水质模型进行验证。

(1)应急水污染模拟验证

针对模型的应急水污染动态模拟功能,以 2005 年松花江水污染事件为例进行验证,并与实际情况进行分析比较,模型基本上很准确地模拟了硝基苯传输过程,与各站实测最高浓度到达时间仅差几小时,参见表 8-4。

表 8-4　模拟各站硝基苯最高浓度到达时间与实测比较

时间	石桥	下岱吉	哈尔滨	通河	依兰	佳木斯
实测时间	19 日 21:00	21 日 21:00	24 日 23:00	2 日 6:00	7 日 2:00	10 日 10:00
模拟时间	19 日 12:00	21 日 19:29	24 日 18:29	2 日 13:00	6 日 21:59	10 日 2:00
相差时间	9 小时	1.5 小时	4.5 小时	7 小时	4 小时	8 小时

(2)日常水质模拟验证

对应于水文模拟,2003 年作为水质模型的验证年,模拟值与实测值在整体趋势上基本是一致的,相对误差总体在 30%左右,见表 8-5。但是个别测站误差较大,尤其是二松源头监测站,主要原因是受丰满水库放流的影响。

表 8-5　主要监测站验证模拟值与实测全年平均值相对误差　　单位:%

水质指标	嫩江			二松		松干		
	库漠屯	富拉尔基	江桥	吉林	松原	下岱吉	哈尔滨	佳木斯
DO	0.4	−0.7	−8.2	−4.3	−14.7	−11.2	−9.5	−36.7
NH$_3$-N	−19.0	−29.7	30.4	−85.8	−38.3	−57.1	−16.6	−18.2
BOD$_5$	−24.4	1.2	10.3	−19.9	−38.9	−39.2	−4.2	−27.6

续表

水质指标	嫩江			二松		松干		
	库漠屯	富拉尔基	江桥	吉林	松原	下岱吉	哈尔滨	佳木斯
高锰酸盐指数	-11.9	4.8	-2.0	-12.4	17.2	1.7	23.6	18.3
COD	-31.4	-3.5	-21.4	-5.1	-23.0	-10.8	116.1	-31.1

研究中开发的松花江干流水质模型根据该流域地处寒区的水文特性，综合了流域水文模型、水动力学模型、传输扩散模型的研究成果，适合应用于大尺度流域污染事故的应急模拟及日常水质模拟上。在模型设置中充分考虑松花江流域气候特点，增加与温度相关的辅助变量，并将水温作为模型的输入条件。水质模型参数取值中，对污染严重河段、水库等特殊水体的参数进行了调整。模拟结果显示，模型计算浓度值总体上与实测值一致，能较好地反映松花江流域内河流水质浓度随时间和空间的变化趋势，表明所建立的水质模型能基本反映流域的水文、水质和污染负荷特征，可作为流域应急管理、日常水质管理和水资源保护规划的重要工具(联合国教科文组织，2013)。

8.5　虚拟水战略对水资源可持续发展影响

8.5.1　虚拟水的内涵及特征

为了缓解水资源危机，人们普遍采用工程等措施实施调水、节水、雨水资源化、中水回用等，然而人们在消费有形水的同时，还需消费很多"虚拟"的水。在资源配置全球化和水资源商品化的背景下，要寻求适当的概念或者工具来反映水资源的这种经济特性，以虚拟形式看不见水的描述开始出现，如"嵌入水"、"外生水"以及"水、粮食和贸易的结合体"等。英国学者托尼·阿兰在 20 世纪 90 年代初首次提出虚拟水的概念。虚拟水的主要特征为：①非真实性。虚拟水不是真实的水，而是以虚拟的形式在产品中的"看不见"的水；②社会交易性。虚拟水是通过商品交易即贸易来实现的，没有商品交易或服务就不存在虚拟水。③便捷性。由于实体的水贸易即跨流域调水距离较长、成本高昂，在具体操作上具有较大困难，而虚拟水以"无形"的形式附在产品中，相对于跨流域调水而言，便于运输的特点成为提高全球或区域水资源效率，保障缺水地区水安全的有效工具(Hoekstra，2012)。

8.5.2　虚拟水的国内外研究进展

Chapagain 将虚拟水分为绿虚拟水、蓝虚拟水和稀释虚拟水。绿虚拟水和蓝虚拟水分别指农产品生产过程中所消耗的绿水和蓝水。稀释虚拟水是指将农产品的生产过程中所产生的污水稀释到达标的用水量,用于评价水污染状况。农作物的种植过程主要产生的是绿虚拟水和蓝虚拟水,农作物的加工过程产生的是稀释虚拟水。有些国家进行原材料的出口贸易,产生绿虚拟水和蓝虚拟水,会影响这些国家的可利用水资源总量。一些国家进口原材料后,通过国内加工再出口到国外,主要产生稀释虚拟水,对水质会产生影响,但对水资源总量的影响相对较小。与棉花产品有关的国际贸易中,蓝虚拟水占 43%、绿虚拟水占 40%、稀释虚拟水占 17%。随着工业产品生产对水资源消耗量的增加,将虚拟水的概念从农产品范围扩展到所有商品,并且将虚拟水分为淡水虚拟水和污水虚拟水。淡水虚拟水是在生产过程中所消耗的淡水资源,进口的商品在生产过程产生一定量的污水,因此污水虚拟水是指国家进口商品所避免产生的污水量。

目前虚拟水的研究集中在分地区、分产品虚拟水含量的测算以及虚拟水流量的估计和虚拟水贸易战略研究。刘宝勤认为虚拟水的理论基础包括资源流动理论、资源替代理论和比较优势理论,以往对于水资源短缺和食品安全的研究仅是从农业角度出发,研究农业生产中所消耗的水资源数量,而虚拟水则是从经济学的角度出发,研究生产用水所具有的多种机会成本。邹君为量度区域虚拟水战略实施的适宜性以及虚拟水战略背景对区域经济社会生态等的影响程度,定义了区域虚拟水战略优势度概念,并分析了其影响因素,从水资源需求、水资源管理和农业发展现状等方面构建综合评价体系,对我国内陆省级行政区虚拟水战略优势度进行定量评价。

8.5.3　虚拟水战略对水资源管理发展的影响

虚拟水可以有效减少社会经济发展对水资源的局部需求,对于缓解区域性水资源危机具有重要的经济意义。虚拟水战略可使缺水国家或地区通过贸易方式从富水国家或地区购买水密集型产品来获得水和粮食。在气候条件适宜的地区,生产 1kg 粮食需要 1000~2000kg 的水,而在气候条件较差的地区则需要 3000~5000kg 的水,因此,如果一个国家以虚拟水出口水密集型产品给其他国家,实际上就是以虚拟的形式出口了水资源。通过这种方式,一些国家向另外一些国家提供用水需求。对于水资源稀缺的国家可以通过进口水密集型产品来减少对水量的需求,而水资源丰富的国家可以通过生产出口水密集型产品来获得经济利益。

对于水资源紧缺的地区,虚拟水战略提供了水资源的一种替代供应途径,能较好地减轻局部水资源紧缺的压力。对参与虚拟水战略的地区来说,还能增强这些地区之间粮食安全的相互依赖性,减轻地区之间因为水或粮食问题所引起的冲突。应用虚拟水战略,可从系统分析的角度来研究缓解区域水资源的措施,研究虚拟水战略与粮食安全、生态环境建设与安全等之间的关系,提出相应的战略对策和政策建议，为我国水资源可持续发展提供了全新的思路。水和粮食是人类生存与发展的基本需要，当前全球水资源危机日趋严重，而农业是世界上最大的用水主体，农业灌溉占了总用水量的 73%以上。解决水问题新途径：水资源匮乏的国家进口虚拟水以减轻对水资源的压力。这种区域外隐形水源可以成为保障区域内水资源安全的新途径，而且还可以避免生产粮食、动植物等形成的水污染，减轻大规模调水给生态环境带来的破坏，减少对区域水系统平衡和循环带来的影响。

世界上 20 个最缺水的国家有 11 个在中东地区，这些国家的年人均水资源占有量远低于人均 1000m³ 的水资源危机临界水平，该区域内的水资源不仅难以满足基本的生活用水，还面临着人口增长、经济发展等对水资源更多需求的压力。而粮食生产是最大的用水项，通过粮食贸易可以同时缓解水资源与粮食安全的双重压力。全球通过粮食贸易产生的虚拟水转移节水量高达 3850 亿 m³，由此调节的水资源量，可以分配给不断增长的工业发展和生活需求。在干旱和半干旱地区，大量生产粮食，不仅会加大水资源需求量方面的压力，而且因为粮食生产过程中需施用大量的化肥和农药，且这些地区由于降雨量、地表径流、土壤含水量等都相对较少，降解和自净能力低，更易造成农业面源污染和土壤污染。因此综合考虑液态、气态、虚拟等类型的水资源配置，可以系统地缓解水资源短缺、面源污染、地下水污染、土壤污染等相关问题。

综上所述，虚拟水战略给予松辽流域水资源管理者的重要启示如下。

1)需要充分认识松辽流域水资源的不同存在形式，如"绿"水(气体)、"蓝"水(液体)、"虚拟水"(隐形水)等，根据水资源利用的一些直接或间接的不同模式，系统思维，科学配置，更有效地开发与利用各类水资源。

2)为了克服水资源短缺，传统上是采用修建人工水利设施来调节水资源分布不均的矛盾；而调配虚拟水相对调配实体水而言，无论在经济效益或环境效益方面都具有明显的优越性。虚拟水贸易不仅增加了水资源配置的种类和数量，还拓展了松辽流域水资源配置的途径和空间，优化了松辽流域水资源利用效率。

第9章 松辽流域水资源保护监督与管理

我国对水资源实行流域管理与行政区域管理相结合的管理体制。《中华人民共和国水法》规定"国家对水资源实行流域管理与行政区域管理相结合的管理体制",即实行水利部、流域机构和地方水利厅三级管理的管理体制。流域机构作为第二级管理部门,其大部分职能侧重于宏观的监督与管理。流域水资源保护监督与管理是国家水资源管理的一部分。本章从分析松辽流域水资源保护监督与管理亟待解决的问题入手,对松辽流域参与国家考核的重要江河湖泊水功能区、松辽流域入河排污口等监管实例进行分析,为水行政主管部门开展水功能区水质达标评价工作提供了科学可行的技术支撑。

9.1 松辽流域水资源保护监督与管理

9.1.1 流域水资源保护监管情况

流域水资源保护主要是以《中华人民共和国水法》、《中华人民共和国水污染防治法》、《中华人民共和国水土保持法》为主要内容的法律体系。水资源保护管理职责分工主要涉及水利部、环境保护部、财政部和建设部门。水利部和环境保护部是两个最主要的水环境管理职能部门。在现行法律框架下,水利部负责对水资源实行统一管理和监督。在水环境管理方面,包括:按照国家资源与环境保护的有关法律法规和标准,拟定水资源保护规划;组织水功能区的划分和向饮水区等水域排污的控制;监测江河湖库的水量、水质;审定水域纳污能力等。环境保护部是国务院负责环境保护的行政部门,负责指导和协调解决各地方、各部门以及跨地区、跨流域的重大环境问题;调查处理重大环境污染事故和生态破坏事件;协调省际环境污染纠纷;组织和协调国家重点流域水污染防治工作;负责环境监察和环境保护行政稽查;组织开展全国环境保护执法检查活动;制定国家环境质量标准和污染物排放标准并按国家规定的程序发布;负责地方环境保护标准备案工作;定期发布重点城市和流域环境质量状况等。针对我国水资源保护监管工作仍然存在不少问题(傅德黔,2013):

1)制度因素是促成水资源危机的源头。由于观念落后,涉水行为失当,管理效率低下,导致水资源严重浪费,水生态严重破坏。

2）运作机制不畅，各执法、管理部门及用水户之间涉及复杂的目标冲突、理念冲突及利益矛盾冲突等。

9.1.2　流域水资源保护监管体制的改进方向

目前的流域管理机构是水利部的派出机构，本身属于事业单位性质，其行政权力十分有限，对所在地方政府的协调能力有限，在实际工作中很难发挥其相应职能。同时，由于部门之间的协调不畅，跨区域执法难度比较大。水资源保护监管以行政区域管理为主，由于流域机构层级较低，也缺乏水污染防治监管的法定职权，导致流域水环境管理十分薄弱，流域机构决策和协调能力明显不足。

完善水资源保护监管体制的改进方向如下所述。

（1）加强水污染监管的立法

进一步完善法律法规，提高水污染防治的法治水平。对水权、水污染、水资源利用等法律中较为模糊的部分尽快做出相关的法律解释，从法律上进一步明确水污染防治相关部门的权责。通过立法强化环境保护主管部门在水环境监管问题上的统管以及协调作用。

（2）优化水污染监管的组织体系

理顺水环境监管体制，从组织体系建设上而言，其核心问题并等同于简单扩大职权范围的"大部制"，或是纵向上"环保体系"的"垂直管理"。在横向上，科学划分相关部门的职能，通过修订相关法律法规进一步明晰各部门之间的边界，在此基础上，构建"无缝隙"的监管体系。在纵向上，进一步明确中央政府和地方政府在环境监管上的事权和支出责任。在属地管理的格局下，进一步强化国家层面环境保护主管部门及其派出机构对地方环境监管的督查。

（3）夯实水环境监管的问责机制

使涉及水污染监管的各领域、环节实现可问责。一方面，强化环境监管的内部问责，通过调整财税制度、干部考核机制，完善环境监管督察制度，增强各级地方政府强化环境监管的动力。在地方政府领导的制度框架下，增强环境监管机构的独立性。另一方面，完善公众参与，建立并完善环境公益诉讼制度。新修订的《环境保护法》已开启了环境公益诉讼制度，应尽快制定并完善配套法律法规。应建立以水环境质量为核心的考核制度，逐步将是否达到水环境质量标准作为考核水资源保护工作的核心指标，并鼓励各地制定分阶段的达标计划，有关法规应当规定实现水体水质达标的时限，以及相应的问责措施。

（4）强化水污染防治跨界协调机制

建立并完善管理层面的水行政协商机制，解决跨界水污染问题。建立水环境信息统一发布制度。为了完善水环境质量监测网络，规范水环境质量监测活动，建立统一的水污染环境状况信息发布制度。

在广泛征求流域各省(区)水利主管部门意见的基础上，编制完成《松辽流域水功能区分级管理实施意见》，报水利部审批，为下一步落实水功能区分级管理制度，进一步规范水功能区管理特别是入河排污口监督管理和省界缓冲区管理创造条件。

(5)探索省界水体污染物浓度、总量双控制

强化排污口监督管理。①汇编排污口调查资料，为排污口监督管理奠定基础。②规范和严格入河排污口审批与核验。③开展入河排污口执法检查。检查组当场对涉及违规违法或不规范行为下达了整改要求，对检查中发现的违法违规行为整改情况继续予以追踪，直至整改、处理到位。

9.1.3　松辽流域监督管理体系的构架

松辽流域水资源保护监督管理体系的整体构架应包括：管理制度框架(流域与区域分级管理制度)、管理机制框架(水利与环保之间、流域机构与地方水行政主管部门之间的协调、协商、协作、互动机制)、管理内容构成(具体的管理业务)。现阶段，松辽流域水资源保护监督管理职能实施的客体是水功能区，而目前开展水功能区监督管理的主要切入点有：以松辽流域参与国家考核的重要江河湖泊水功能区、松辽流域入河排污口监督管理等。

9.2　松辽流域重要江河湖泊水功能区及其监测评价状况

9.2.1　松辽流域水污染防治状况

根据《重点流域水污染防治"十二五"规划》中的流域分区，松辽流域分为松花江、辽河 2 个区域，2013 年松花江、辽河区的废水排放量分别为 22.8 亿 t、18.5 亿 t，分别占重点流域排放总量的 4.9%、4.0%。化学需氧量排放量分别为 194.9万 t、122.2 万 t，分别占重点流域排放总量的 11.8%、7.4%；氨氮排放量分别为12.3 万 t、9.4 万 t，分别占重点流域排放总量的 7.2%、5.5%。具体废水及废水中污染物的排放情况详见表 9-1。

表 9-1　松花江区、辽河区废水及废水中污染物总体排放情况

区域	废水(亿 t)	化学需氧量(万 t)	氨氮(万 t)	工业石油类(t)	工业挥发酚(t)	工业氰化物(t)	工业重金属(t)
松花江区	22.8	194.9	12.3	491.5	13.4	1.8	0.4
辽河区	18.5	122.2	9.4	501.6	3.7	2.8	3.1

9.2.2　松花江区水污染防治状况

（1）废水及污染物排放情况

《重点流域水污染防治"十二五"规划》中松花江区含吉林、黑龙江和内蒙古自治区 3 个省份的 26 个地市和 173 个区县。2013 年，重点调查了工业企业 2752家，规模化畜禽养殖场 4815 家，规模化畜禽养殖小区 624 家。

2013 年，松花江区共排放废水 22.76 亿 t，其中，工业废水 6.8 亿 t，城镇生活污水 15.95 亿 t。化学需氧量排放量 194.85 万 t，其中，工业化学需氧量为 13.19 万 t，农业化学需氧量为 136.86 万 t，城镇生活化学需氧量为 43.68 万。氨氮排放量为12.31 万 t，其中，工业氨氮为 0.96 万 t，农业氨氮为 4.25 万 t，城镇生活氨氮为6.98 万 t。

松花江区废水及主要污染物排放情况详见表 9-2。

表 9-2　松花江区废水及主要污染物排放情况

年份及变化率	废水（亿 t）			化学需氧量（万 t）				氨氮（万 t）			
	工业源	生活源	集中式	工业源	农业源	生活源	集中式	工业源	农业源	生活源	集中式
2011	6.56	15.88	0.01	14.31	143.93	49.41	1.17	0.98	4.48	7.68	0.13
2012	8.03	15.84	0.01	13.95	138.94	47.4	1.13	0.96	4.28	7.4	0.12
2013	6.8	15.95	0.01	13.19	136.86	43.68	1.12	0.96	4.25	6.98	0.12
变化率(%)	−15.4	0.7	—	−5.4	−1.5	−7.8	−0.9	—	−0.8	−5.8	—

注：变化率是指 2013 年相对 2012 年的变化率。

（2）废水及主要污染物在各地区的分布

2013 年，松花江区废水、化学需氧量和氨氮排放量最大的均是黑龙江省，分别占该流域各类污染物排放量的 58.8%、62.3% 和 60.1%。其中，工业废水、化学需氧量和氨氮排放量最大的均是黑龙江省，分别占该流域工业排放总量的 58.6%、58.9% 和 56.7%。农业化学需氧量和氨氮排放量最大的均是黑龙江省，分别占该流域农业排放总量的 63.3% 和 60.8%。城镇生活废水、化学需氧量和氨氮排放量最大的均是黑龙江省，分别占该流域城镇生活排放总量的 58.9%、61.6% 和 60.8%。

（3）废水及主要污染物在行业中的分布

2013 年，在调查统计的 41 个工业行业中，松花江区废水排放量位于前 4 位的行业依次为农副食品加工业，煤炭开采和洗选业，化学原料及化学制品制造业，石油加工、炼焦和核燃料加工业，4 个行业的废水排放量共为 3.5 亿 t，占重点调查工业企业废水排放总量的 54.4%。

2013 年，在调查统计的 41 个工业行业中，松花江区化学需氧量排放量位于前 4 位的行业依次为农副食品加工业，造纸和纸制品业，酒、饮料和精制茶制造业，煤炭开采和洗选业，4 个行业的化学需氧量排放量共为 8.0 万 t，占重点调查工业企业化学需氧量排放总量的 68.6%。

2013 年，在调查统计的 41 个工业行业中，松花江区氨氮排放量位于前 4 位的行业依次为农副食品加工业，石油加工、炼焦和核燃料加工业，化学原料和化学制品制造业，食品制造业，4 个行业的氨氮排放量为 0.54 万 t，占重点调查工业企业氨氮排放总量的 64.7%。

(4)废水及污染物治理情况

2013 年，松花江区纳入统计的污水处理厂 128 座，形成了 581 万 t/日的处理能力，年运行费用达 12.3 亿元，共处理污水 13.1 亿 t，其中生活污水 12.0 亿 t。去除化学需氧量 32.4 万 t、氨氮 3.0 万 t、油类 0.2 万 t、总氮 2.5 万 t、总磷 0.3 万 t。

松花江区重点调查工业企业共有废水治理设施 1513 套，形成了 809 万 t/日的废水处理能力，年运行费用达 33.6 亿元，共处理了 12.6 亿 t 工业废水。去除工业化学需氧量 125.2 万 t、氨氮 8.1 万 t、石油类 4.4 万 t、挥发酚 5190.9t、氰化物 56.6t。

9.2.3　辽河区水污染防治状况

(1)废水及污染物排放情况

《重点流域水污染防治"十二五"规划》中辽河区含辽宁、吉林和内蒙古自治区 3 个省份的 16 个地市和 106 个区县。2013 年，重点调查了工业企业 5211 家，规模化畜禽养殖场 3785 家，规模化畜禽养殖小区 1193 家。

辽河区共排放废水 18.51 亿 t，其中，工业废水 5.34 亿 t，城镇生活污水 13.16 亿 t。化学需氧量排放量为 122.18 万 t，其中，工业化学需氧量为 7.68 万 t，农业化学需氧量 89.77 万 t，城镇生活化学需氧量 24.07 万 t。氨氮排放量为 9.44 万 t，其中，工业氨氮为 0.54 万 t，农业氨氮 3.24 万 t，城镇生活氨氮 5.57 万 t。

辽河区废水及主要污染物排放情况见表 9-3。

表 9-3　辽河区废水及主要污染物排放情况

年份及变化率	废水（亿 t）			化学需氧量（万 t）				氨氮（万 t）			
	工业源	生活源	集中式	工业源	农业源	生活源	集中式	工业源	农业源	生活源	集中式
2011	5.57	11.72	0.01	9.53	94.85	27.51	0.80	0.66	3.49	5.88	0.11
2012	5.35	12.76	0.01	8.79	90.27	26.23	0.66	0.60	3.36	5.76	0.09
2013	5.34	13.16	0.01	7.68	89.77	24.07	0.66	0.54	3.24	5.57	0.09
变化率(%)	−0.2	3.10	—	−12.6	−0.6	−8.2	—	−10.0	−3.6	−3.3	—

注：变化率是指 2013 年相对 2012 年的变化率。

(2)废水及主要污染物在各地区的分布

2013 年，辽河区废水、化学需氧量和氨氮排放量最大的均是辽宁省，分别占该流域各类污染物排放量的 80.5%、76.7% 和 79.3%。

其中，工业废水、化学需氧量和氨氮排放量最大的均是辽宁省，分别占该流域工业排放总量的 76.3%、60.2%和 48.2%。农业化学需氧量和氨氮排放量最大的均是辽宁省，分别占该流域农业排放总量的 76.1%和 80.8%。城镇生活废水、化学需氧量和氨氮排放量最大的均是辽宁省，分别占该流域生活排放总量的 82.2%、84.5%和 81.3%。

（3）废水及主要污染物在行业中的分布

2013 年，在调查统计的 41 个工业行业中，辽河区废水排放量位于前 4 位的行业依次为化学原料和化学制品制造业，农副食品加工业，煤炭开采和洗选业，黑色金属矿采选业，4 个行业的废水排放量共为 2.0 亿 t，占重点调查工业企业废水排放总量的 39.5%。

2013 年，在调查统计的 41 个工业行业中，辽河区化学需氧量位于前 4 位的行业依次为农副食品加工业，化学原料和化学制品制造业，酒、饮料和精制茶制造业，造纸和纸制品业，4 个行业的化学需氧量排放量共为 4.1 万 t，占重点调查工业企业化学需氧量排放总量的 59.5%。

2013 年，在调查统计的 41 个工业行业中，辽河区氨氮排放量位于前 4 位的行业依次为农副食品加工业，化学原料和化学制品制造业，食品制造业，酒、饮料和精制茶制造业，4 个行业的氨氮排放量共为 0.32 万 t，占重点调查工业企业氨氮排放总量的 64.9%。

（4）废水及污染物治理情况

2013 年，辽河区纳入统计的污水处理厂 139 座，形成了 674 万 t/日的处理能力，年运行费用达 10.9 亿元，共处理污水 14.7 亿 t，其中生活污水 12.9 亿 t。去除化学需氧量 37.2 万 t、氨氮 2.6 万 t、油类 0.2 万 t、总氮 1.5 万 t、总磷 0.2 万 t。

辽河区重点调查工业企业共有废水治理设施 1640 套，形成了 1122 万 t/日的废水处理能力，年运行费用达 19.8 亿元，处理了 20.5 亿 t 工业废水。去除工业化学需氧量 31.3 万 t、氨氮 1.4 万 t、石油类 1.4 万 t、挥发酚 1374.1t、氰化物 159.5t。

9.3　水功能区水质现状

9.3.1　水功能区全因子水质评价

松辽流域列入《考核名录》的水功能区 473 个，参与评价的水功能区 459 个。年度水质评价中，优于Ⅲ类标准（含Ⅲ类）的水功能区 304 个，占参与评价水功能区总数的 66.2%；劣于Ⅲ类的水功能区 155 个，占 33.8%，其中劣Ⅴ类水功能区 50 个。汛期水质评价中，优于Ⅲ类标准（含Ⅲ类）的水功能区 326 个，占参与评价水功能区总数的 71.0%；劣于Ⅲ类的水功能区 133 个，占 29.0%，其中劣Ⅴ类水功能区 28 个。非汛期水质评价中，优于Ⅲ类标准(含Ⅲ类)的水功能区 307 个，占参与评价水功能区总数的 66.9%；劣于Ⅲ类的水功能区 152 个，占 33.1%，其中劣Ⅴ类水功能区 58 个。

9.3.2 松花江区水资源一级区水质评价

(1)黑龙江省

列入《考核名录》并参与年度评价的水功能区 116 个。

年度水质评价，优于Ⅲ类标准(含Ⅲ类)的水功能区 75 个，占参与评价水功能区总数的 64.7%，其中Ⅱ类水质的水功能区 15 个，Ⅲ类水质的水功能区 60 个；劣于Ⅲ类的水功能区 41 个，占参与评价水功能区总数的 35.3%，其中Ⅳ类水质的水功能区 33 个，Ⅴ类水质的水功能区 5 个，劣Ⅴ类水质的水功能区 3 个。劣Ⅴ类水质的水功能区分别是安邦河集贤县农业用水区、穆棱河鸡西市过渡区、倭肯河依兰县农业用水区。主要超标项目是氨氮、化学需氧量。

汛期水质评价，优于Ⅲ类标准(含Ⅲ类)的水功能区 70 个，占参与评价水功能区总数的 60.3%，其中Ⅱ类水质的水功能区 5 个，Ⅲ类水质的水功能区 65 个；劣于Ⅲ类的水功能区 46 个，占参与评价水功能区总数的 39.7%，其中Ⅳ类水质的水功能区 37 个，Ⅴ类水质的水功能区 9 个。

非汛期水质评价，优于Ⅲ类标准(含Ⅲ类)的水功能区 76 个，占参与评价水功能区总数的 65.5%，其中Ⅰ类水质的水功能区 1 个，Ⅱ类水质的水功能区 17 个，Ⅲ类水质的水功能区 58 个；劣于Ⅲ类的水功能区 40 个，占参与评价水功能区总数的 34.5%，其中Ⅳ类水质的水功能区 30 个，Ⅴ类水质的水功能区 5 个，劣Ⅴ类水质的水功能区 5 个。劣Ⅴ类水质的水功能区分别是阿什河哈尔滨市过渡区、安邦河集贤县农业用水区、穆棱河虎林市缓冲区、穆棱河鸡西市过渡区、倭肯河依兰县农业用水区。主要超标项目是氨氮、化学需氧量。

(2)吉林省

列入《考核名录》并参与年度评价的水功能区 79 个。

年度水质评价，优于Ⅲ类标准(含Ⅲ类)的水功能区 63 个，占参与评价水功能区总数的 79.7%，其中Ⅰ类水质的水功能区 1 个，Ⅱ类水质的水功能区 31 个，Ⅲ类水质的水功能区 31 个；水质劣于Ⅲ类的水功能区 16 个，占参与评价水功能区总数的 20.3%，其中Ⅳ类水质的水功能区 6 个，Ⅴ类水质的水功能区 2 个，劣Ⅴ类水质的水功能区 8 个。劣Ⅴ类水质的水功能区分别是霍林河前郭县渔业用水区，莲河东丰县饮用水源区，饮马河九台市、德惠市农业用水区，饮马河德惠市农业用水区，饮马河农安县、德惠市缓冲区，伊通河长春市景观娱乐用水区，牡丹江敦化市农业用水区，嘎呀河图们市缓冲区。主要超标项目是化学需氧量、氨氮、高锰酸盐指数。

汛期水质评价，优于Ⅲ类标准(含Ⅲ类)的水功能区 63 个，占参与评价水功能区总数的 79.7%，其中Ⅰ类水质的水功能区 2 个，Ⅱ类水质的水功能区 32 个，Ⅲ类水质的水功能区 29 个；水质劣于Ⅲ类的水功能区 16 个，占参与评价水功能区总数的 20.3%，其中Ⅳ类水质的水功能区 5 个，Ⅴ类水质的水功能区 6 个，劣Ⅴ类水质的水功能区 5 个。劣Ⅴ类水质的水功能区分别是霍林河前郭县渔业用水区，莲河东丰县饮用水源区，饮马河九台市、德惠市农业用水区，伊通河长春市景观娱乐用水区，牡丹江敦化市农业用水区。主要超标项目是高锰酸盐指数、氨氮、化学需氧量。

非汛期水质评价，优于Ⅲ类标准(含Ⅲ类)的水功能区 62 个，占参与评价水功能区总数的 78.5%，其中Ⅰ类水质的水功能区 1 个，Ⅱ类水质的水功能区 30 个，Ⅲ类水质的水功能区 31 个；水质劣于Ⅲ类的水功能区 17 个，占参与评价水功能区总数的 21.5%，其中Ⅳ类水质的水功能区 8 个，劣Ⅴ类水质的水功能区 9 个。劣Ⅴ类水质的水功能区分别是霍林河前郭县渔业用水区，饮马河九台市、德惠市农业用水区，饮马河德惠市农业用水区，饮马河农安县、德惠市缓冲区，伊通河长春市景观娱乐用水区，牡丹江敦化市农业用水区，嘎呀河图们市过渡区，嘎呀河图们市缓冲区，布尔哈通河图们市过渡区。主要超标项目是氨氮、化学需氧量、高锰酸盐指数。

(3)辽宁省

列入《考核名录》并参与评价的水功能区 2 个。辉发河辽宁省源头水保护区年度、汛期、非汛期水质均为Ⅱ类；辉发河辽吉缓冲区年度、汛期、非汛期水质均为Ⅱ类。

(4)内蒙古自治区

列入《考核名录》并参加评价的水功能区 59 个。

年度水质评价，优于Ⅲ类标准(含Ⅲ类)的水功能区 34 个，占参与评价水功能区总数的 57.6%，其中Ⅱ类水质的水功能区 16 个，Ⅲ类水质的水功能区 18 个；劣于Ⅲ类的水功能区 25 个，占参与评价水功能区总数的 42.4%，其中Ⅳ类水质的水功能区 16 个，Ⅴ类水质的水功能区 5 个，劣Ⅴ类水质的水功能区 4 个。劣Ⅴ类水质的水功能区分别是呼伦湖保护区、阿伦河蒙黑缓冲区、洮儿河乌兰浩特市过渡区、归流河科尔沁右翼前旗农业用水区。主要超标项目是化学需氧量、总磷、挥发酚。

汛期水质评价，优于Ⅲ类标准(含Ⅲ类)的水功能区 44 个，占参与评价水功能区总数的 74.6%，其中Ⅰ类水质的水功能区 5 个，Ⅱ类水质的水功能区 22 个，

Ⅲ类水质的水功能区 17 个；劣于Ⅲ类的水功能区 15 个，占参与评价水功能区总数的 25.4%，其中Ⅳ类水质的水功能区 13 个，Ⅴ类水质的水功能区 2 个。主要超标项目是高锰酸盐指数、化学需氧量、五日生化需氧量。

非汛期水质评价，优于Ⅲ类标准（含Ⅲ类）的水功能区 37 个，占参与评价水功能区总数的 62.7%，其中Ⅱ类水质的水功能区 11 个，Ⅲ类水质的水功能区 26 个；劣于Ⅲ类的水功能区 22 个，占参与评价水功能区总数的 37.3%，其中Ⅳ类水质的水功能区 16 个，Ⅴ类水质的水功能区 2 个，劣Ⅴ类水质的水功能区 4 个。劣Ⅴ类水质的水功能区分别是呼伦湖保护区、得尔布干河额尔古纳市工业用水区、阿伦河蒙黑缓冲区、洮儿河乌兰浩特市过渡区。主要超标项目是高锰酸盐指数、化学需氧量、五日生化需氧量。

9.3.3　辽河区水资源一级区水质评价

（1）吉林省

列入《考核名录》并参与年度评价的水功能区 24 个。

年度水质评价，优于Ⅲ类标准（含Ⅲ类）的水功能区 14 个，占参与评价水功能区总数的 58.3%，其中Ⅱ类水质的水功能区 7 个，Ⅲ类水质的水功能区 7 个；水质劣于Ⅲ类的水功能区 10 个，占参与评价水功能区总数的 41.7%，其中Ⅳ类水质的水功能区 5 个，劣Ⅴ类水质的水功能区 5 个。劣Ⅴ类水质的水功能区分别是东辽河辽源市景观娱乐用水区、东辽河东辽县农业用水区、东辽河东辽县过渡区、招苏台河吉辽缓冲区、条子河吉辽缓冲区。主要超标项目是氨氮、化学需氧量、五日生化需氧量。

汛期水质评价，优于Ⅲ类标准（含Ⅲ类）的水功能区 15 个，占参与评价水功能区总数的 62.5%，其中Ⅱ类水质的水功能区 8 个，Ⅲ类水质的水功能区 7 个；水质劣于Ⅲ类的水功能区 9 个，占参与评价水功能区总数的 37.5%，其中Ⅳ类水质的水功能区 2 个，Ⅴ类水质的水功能区 1 个，劣Ⅴ类水质的水功能区 6 个。劣Ⅴ类水质的水功能区分别是西辽河双辽市农业用水区、东辽河辽源市景观娱乐用水区、东辽河东辽县农业用水区、东辽河东辽县过渡区、招苏台河吉辽缓冲区、条子河吉辽缓冲区。主要超标项目是氨氮、高锰酸盐指数、化学需氧量。

非汛期水质评价，优于Ⅲ类标准（含Ⅲ类）的水功能区 16 个，占参与评价水功能区总数的 66.7%，其中Ⅱ类水质的水功能区 8 个，Ⅲ类水质的水功能区 8 个；水质劣于Ⅲ类的水功能区 8 个，占参与评价水功能区总数的 33.3%，其中Ⅳ类水质的水功能区 3 个，劣Ⅴ类水质的水功能区 5 个。劣Ⅴ类水质的水功能区分别是东辽河辽源市景观娱乐用水区、东辽河东辽县农业用水区、东辽河东辽县过渡区、招苏台河吉辽缓冲区、条子河吉辽缓冲区。主要超标项目是氨氮、化学需氧量、五日生化需氧量。

(2)辽宁省

列入《考核名录》的水功能区 150 个，参与年度评价的水功能区 149 个，蹦河辽蒙缓冲区常年断流未参加评价。

年度水质评价，优于Ⅲ类标准(含Ⅲ类)的水功能区 100 个，占参与评价水功能区总数的 67.1%，其中Ⅰ类水质的水功能区 7 个，Ⅱ类水质的水功能区 65 个，Ⅲ类水质的水功能区 28 个；劣于Ⅲ类的水功能区 49 个，占参与评价水功能区总数的 32.9%，其中Ⅳ类水质的水功能区 17 个，Ⅴ类水质的水功能区 7 个，劣Ⅴ类水质的水功能区 25 个。劣Ⅴ类水质的水功能区分别是老哈河辽蒙缓冲区，辽河小徐家房子农业用水区，浑河上沙过渡区，浑河金沙农业用水区，浑河黄南过渡区，浑河七台子农业用水区，浑河上顶子农业用水区，蒲河法哈牛农业用水区，蒲河辽中农业用水区，太子河北沙河河口农业用水区，太子河柳壕河口农业用水区，太子河二台子农业用水区，北沙河本溪农业用水区，柳壕河柳壕大闸农业用水区，杨柳河腾鳌镇农业用水区，大辽河三岔河口农业用水区，英那河庄河缓冲区，碧流河普兰店缓冲区，大清河盖州缓冲区，大凌河梨树沟过渡区，大凌河王家窝棚农业用水区，女儿河乌金塘水库饮用、农业用水区，女儿河乌金塘水库农业用水区，女儿河金星镇农业用水区，五里河稻池过渡区。主要超标项目是氨氮、总磷、五日生化需氧量。

汛期水质评价 146 个水功能区，优于Ⅲ类标准(含Ⅲ类)的水功能区 109 个，占参与评价水功能区总数的 74.7%，其中Ⅰ类水质的水功能区 5 个，Ⅱ类水质的水功能区 65 个，Ⅲ类水质的水功能区 39 个；劣于Ⅲ类的水功能区 37 个，占参与评价水功能区总数的 25.3%，其中Ⅳ类水质的水功能区 14 个，Ⅴ类水质的水功能区 8 个，劣Ⅴ类水质的水功能区 15 个。劣Ⅴ类水质的水功能区分别是秀水河河口农业、饮用水源区，浑河黄南过渡区，浑河七台子农业用水区，浑河上顶子农业用水区，蒲河法哈牛农业用水区，汤河水库饮用、农业用水区，北沙河本溪农业用水区，杨柳河腾鳌镇农业用水区，大辽河三岔河口农业用水区，英那河庄河缓冲区，大清河盖州缓冲区，大凌河梨树沟过渡区，大凌河王家窝棚农业用水区，女儿河乌金塘水库农业用水区，五里河稻池过渡区。主要超标项目是氨氮、总磷、五日生化需氧量。

非汛期水质评价，优于Ⅲ类标准(含Ⅲ类)的水功能区 97 个，占参与评价水功能区总数的 65.1%，其中Ⅰ类水质的水功能区 13 个，Ⅱ类水质的水功能区 58 个，Ⅲ类水质的水功能区 26 个；劣于Ⅲ类的水功能区 52 个，占参与评价水功能区总数的 34.9%，其中Ⅳ类水质的水功能区 16 个，Ⅴ类水质的水功能区 9 个，劣Ⅴ类水质的水功能区 27 个。劣Ⅴ类水质的水功能区分别是老哈河辽蒙缓冲区，辽河小徐家房子农业用水区，浑河上沙过渡区，浑河金沙农业用水区，浑河黄南过渡区，浑河七台子农业用水区，浑河上顶子农业用水区，蒲河法哈牛农业用水区，蒲河辽中农业用水区，太子河北沙河河口农业用水区，太子河柳壕河口农业用水区，太子河二台子农业用水区，北沙河本溪农业用水区，柳壕河柳壕大闸农业用水区，杨柳河腾鳌镇农业用水区，大辽河三岔河口农业用水区，大辽河上口子工业、农业用水区，碧流河普兰店缓冲区，大清河盖州缓冲区，大凌河梨树沟过渡区，大凌河王家窝棚农业用水区，大凌河顾洞河河口农业、饮用水源区，女儿河汉沟农业、饮用水源区，女儿河乌金塘水库饮用、农业用水区，女儿河乌金塘水库农业用水区，女儿河金星镇农业用水区，五里河稻池过渡区。主要超标项目是氨氮、总磷、五日生化需氧量。

(3) 内蒙古自治区

列入《考核名录》的水功能区 37 个，参与年度评价的水功能区 24 个。未参评的水功能区 13 个，其中老哈河翁牛特旗保留区、西辽河通辽市过渡区、西辽河蒙吉缓冲区、新开河科尔沁左翼中旗过渡区、教来河奈曼旗工业用水区共 5 个水功能区因河干未参评；西拉木伦河翁牛特旗农业用水区，西拉木伦河翁牛特旗、开鲁县工业用水区，少冷河翁牛特旗过渡区，西辽河开鲁县农业用水区，乌力吉木仁河阿鲁科尔沁旗农业用水区，乌力吉木仁河扎鲁特旗工业用水区，黑木伦河阿鲁科尔沁旗工业用水区，新开河开鲁县农业用水区共 8 水功能区因连续断流 6 个月未参评。

年度水质评价，优于Ⅲ类标准(含Ⅲ类)的水功能区 12 个，占参与评价水功能区总数的 50.0%，其中Ⅱ类水质的水功能区 8 个，Ⅲ类水质的水功能区 4 个；劣于Ⅲ类的水功能区 12 个，占参与评价水功能区总数的 50.0%，其中Ⅳ类水质的水功能区 4 个，Ⅴ类水质的水功能区 5 个，劣Ⅴ类水质的水功能区 3 个。劣Ⅴ类水质的水功能区分别是老哈河辽蒙缓冲区、英金河赤峰市过渡区、乌力吉木仁河巴林左旗过渡区。主要超标项目是高锰酸盐指数、化学需氧量、氨氮。

汛期水质评价，优于Ⅲ类标准(含Ⅲ类)的水功能区 16 个，占参与评价水功能区总数的 66.7%，其中Ⅱ类水质的水功能区 9 个，Ⅲ类水质的水功能区 7 个；劣于Ⅲ类的水功能区 8 个，占参与评价水功能区总数的 33.3%，其中Ⅳ类水质的水功能区 2 个，Ⅴ类水质的水功能区 4 个，劣Ⅴ类水质的水功能区 2 个。劣Ⅴ类水质的水功能区分别是英金河赤峰市过渡区、西辽河蒙辽缓冲区。主要超标项目是化学需氧量、五日生化需氧量、氨氮。

非汛期水质评价，优于Ⅲ类标准(含Ⅲ类)的水功能区 13 个，占参与评价水功能区总数的 54.2%，其中Ⅰ类水质的水功能区 1 个，Ⅱ类水质的水功能区 1 个，Ⅲ类水质的水功能区 11 个；劣于Ⅲ类的水功能区 11 个，占参与评价水功能区总数的 45.8%，其中Ⅳ类水质的水功能区 4 个，Ⅴ类水质的水功能区 1 个，劣Ⅴ类水质的水功能区 6 个。劣Ⅴ类水质的水功能区分别是老哈河辽蒙缓冲区、英金河赤峰市过渡区、西拉木伦河克什克腾旗源头水保护区、查干木伦河巴林右旗饮用水源区、萨岭河克什克腾旗源头保护区、乌力吉木仁河巴林左旗过渡区。主要超标项目是高锰酸盐指数、化学需氧量、氨氮。

(4)河北省

列入《考核名录》并参加年度评价的水功能区 6 个。

年度水质评价，优于Ⅲ类标准(含Ⅲ类)的水功能区 4 个，占参与评价水功能区总数的 66.7%，其中Ⅱ类水质的水功能区 3 个，Ⅲ类水质的水功能区 1 个；劣Ⅴ类水质的水功能区 2 个，占参与评价水功能区总数的 33.3%。劣Ⅴ类水质的水功能区分别是阴河冀蒙缓冲区、阴河围场县源头水保护区。主要超标项目是氟化物、高锰酸盐指数、氨氮。

汛期水质评价，优于Ⅲ类标准(含Ⅲ类)的水功能区 4 个，占参与评价水功能区总数的 66.7%，其中Ⅱ类水质的水功能区 2 个，Ⅲ类水质的水功能区 2 个；Ⅳ类水质的水功能区 2 个，占参与评价水功能区总数的 33.3%。

非汛期水质评价，Ⅱ类水质的水功能区 4 个，劣Ⅴ类水质的水功能区 2 个，占参与评价水功能区总数的 33.3%。劣Ⅴ类水质的水功能区分别是阴河冀蒙缓冲区、阴河围场县源头水保护区。主要超标项目是氟化物、高锰酸盐指数、氨氮。

9.4　松辽流域入河排污口管理

水利部松辽水利委员会在 2009 年根据《中华人民共和国水法》和《中华人民共和国水污染防治法》以及《入河排污口监督管理办法》等相关法律及规定，印发了《松辽水利委员会实施<入河排污口监督管理办法>细则》(试行)，明确了由松辽委负责审批入河排污口的设置情形、不同意设置入河排污口的情形、排污口设置的审批程序以及对排污口报告编制的相关要求。

9.4.1　入河排污口设置方案概况

(1)入河排污口基本情况

应说明入河排污口的位置、类型、排放方式、入河方式、排入水体基本情况等。对于扩大和改建的入河排污口，应说明入河排污口设置单位原有入河排污口的基本情况。入河排污口的位置要求确定经、纬度(准确到″)。入河排污口的类型主要是指企业、市政、生活等；排放方式主要是指连续、间歇，入河方式主要是指明渠、暗管、泵站、涵闸、潜没等。

(2)废污水来源及构成

应区分企事业单一入河排污口、多家企业共用入河排污口和市政入河排污口等不同类型入河排污口，调查分析入河排污口所排废污水来源、组成。

(3)污水所含主要污染物种类及其排放浓度、总量

　　详细说明入河排污口拟排的废污水总量,主要污染物排放浓度和对应的排放总量,进行特性分析,确定主要污染物及其排放浓度和排放总量。温排水应有温水排放量和温升数据。对于排放有毒有机物(包括"三致"物质)的应详细论证调查数据(中华人民共和国水利部,2011)。

9.4.2　松辽流域入河排污口实例分析

　　本次论证共选取 3 个水质监测断面进行水功能区水质现状评价,分别为石灰窑水文站断面、尼尔基水库库末断面和尼尔基水库坝址断面。石灰窑水文站断面代表嫩江干流的上游水质,为嫩江黑蒙缓冲区 1 功能区的起始断面。尼尔基库末断面为嫩江黑蒙缓冲区 1 水质的控制断面,代表本功能区水质状况,该断面位于尼尔基库末,为省界控制断面,位于排污口下游 15km 处。此外,尼尔基水库下游的尼尔基水库坝址断面为尼尔基水库出水水质控制断面。根据《地表水环境质量标准》(GB3838—2002)对上述 3 个断面 2013 年水质监测数据进行水质评价,其中石灰窑水文站采用《地表水环境质量标准》(GB3838—2002)中的基本项目进行评价,尼尔基水库库末和尼尔基水库坝址采用《地表水环境质量标准》(GB3838—2002)基本项目和集中式生活饮用水地表水源地补充项目进行评价。

　　石灰窑水文站水质断面枯水期水质达标,为Ⅲ类水体,平水期高锰酸盐指数不达标,为Ⅳ类水体,丰水期高锰酸盐指数与 COD 均不达标,为Ⅳ类水体。

　　尼尔基水库库末断面枯水期 TN、Fe 和 Mn 3 项参数超标,为Ⅴ类水体,平水期超标参数为高锰酸盐指数、COD、TP、TN、Fe、Mn 6 项指标,为Ⅳ类水体,丰水期为Ⅳ类水体,超标参数为高锰酸盐指数、COD、TP、TN、Fe 5 项指标。

　　尼尔基水库坝址断面枯水期高锰酸盐指数、COD、TP、TN 和 Fe 不达标,为Ⅴ类水体,平水期高锰酸盐指数、COD、TN 和 Fe 不达标,为Ⅳ类水体,丰水期高锰酸盐指数、COD、NH_3-N、TP、TN 和 Fe 不达标,为Ⅳ类水体。

9.4.3　入河排污口对水功能区水质影响预测分析

9.4.3.1　预测范围

　　考虑排污口的具体位置和论证范围,预测范围为从入河排污口到尼尔基水库坝址断面,主要分析省界控制断面尼尔基库末断面的影响。

9.4.3.2　规划水质目标的确定

　　根据《松花江流域(片)水资源保护规划初步报告》中确定的规划河段各规划水平年水质目标和水污染物总量控制中的主要控制污染物,确定预测江段的 2020 年规划的 COD 和 NH_4-N 水质目标情况见表 9-4。

表 9-4　水质规划目标表

水功能区名称	功能区范围		COD	氨氮
	起始断面名称	终止断面名称	2020 年	2020 年
嫩江黑蒙缓冲区 1	石灰窑水文站	尼尔基水库库末	Ⅲ	Ⅲ

COD Ⅲ类水质标准为≤20mg/L；Ⅱ类水质标准为≤15mg/L；氨氮Ⅲ类水质标准为≤1.0mg/L；Ⅱ类水质标准为≤0.5mg/L。

9.4.3.3　预测模型的选取及参数的确定

(1)预测模型

由于项目排污口设在嫩江左岸，江面较宽，废水汇入江中后不能与江水充分混合，要达到充分混合需流经很长一段江段。混合过程段由式(9-1)计算。

$$L = \frac{(0.4B - 0.6\alpha)Bu}{(0.058H + 0.0065B)(gHI)^{1/2}} \tag{9-1}$$

式中，B 为河流宽，m；α 为排放口到岸边距离，m；u 为流速，m/s；H 为平均水深，m；I 为河流底坡或地面坡度，m/m；g 为重力加速度，m/s²。

混合过程段为污染物的扩散衰减过程。采用二维稳态混合衰减模式计算河流中混合过程段各种污染物的浓度增加值，模型如下：

$$C(xy) = \exp\left(-k_1 \frac{x}{86400u}\right)\left\{\frac{C_p Q_p}{H(\pi M_y x u)^{1/2}} \exp\left[-\frac{uy^2}{4M_y x} + \exp(-\frac{u(2B-y)^2}{4M_y x}\right]\right\} \tag{9-2}$$

式中，y 为横向扩散距离，m；x 为纵向扩散距离，m；C_p 为污染物削减浓度，g/L；Q_p 为废水排放量，m³/s；M_y 为横向扩散参数，m²/s；B 为河流宽度，m；k_1 为自净系数，1/d。

(2)模型中参数的确定

a. 设计流量

规划功能区黑蒙缓冲区 1 江段设计流量枯水期采用 75%保证率最枯月平均流量，并考虑城市污水排放量的汇入。

丰、平水期黑蒙缓冲区 1 采用各水期 90%保证率最小月平均流量作为设计流量。水期划分：丰水期 6～9 月，平水期 4 月、5 月、10 月、11 月，枯水期 12 月至次年。

控制断面无水文资料时，如距上下游水文站较近，且区间无较大支流汇入和大的取水口，可直接借用上下游水文站资料内插确定断面设计流量。

b. 设计流速的确定

采用连续 10 年的系列水文资料，按公式计算设计流速。河段平均流速采用流量与流速之间的关系，可以看作以流量为自变量的线性函数形式，用下列通式表示：

$$U=a+bQ \tag{9-3}$$

式中，U 为断面的河水流速，m/s；Q 为流经该断面的河水设计流量，m³/s；a，b 为一元线性回归的参数。

在计算时采用水文站实测的丰、平、枯水期流量和流速的对应 10 组数据，从一元线性回归法进行 a、b 值的估算，经检验合格后，建立起 $U=a+bQ$ 的计算模型。

c. 设计平均水深的确定

采用河段内 10 年的系列水文资料按公式 $H=a+bQ$ 进行线性回归计算出模型中参数 a、b 值后，确定计算模型。式中，H 为河段平均水深，m；Q 为河段江水设计流量，m³/s。

d. 河流宽度的确定

采用河段内 10 年的系列水文资料，按公式 $B=a+bQ$ 进行线性回归计算，计算出模型中 a、b 值后，确定计算模型。式中，B 为河流宽度，m；Q 为河段江水设计流量，m³/s。

e. 综合衰减系数的确定

污染物综合衰减系数 k 值是反映污染物沿程变化的综合系数，它是计算水体纳污能力的一项重要参数，对于不同的污染物、不同的环境条件，其值是不同的，综合衰减系数根据实测数据估算。

嫩江黑蒙缓冲区 1 污染综合衰减系数枯水期 K_{COD} 在 0.058～0.071/d 选取，K_{NH_3-N} 在 0.072～0.084/d 选取；平水期 K_{COD} 在 0.088～0.107/d 选取，K_{NH_3-N} 在 0.106～0.128/d 选取；丰水期 K_{COD} 在 0.121～0.146/d 选取，K_{NH_3-N} 在 0.146～0.176/d 选取。综合衰减系数计算公式如下：

$$K=\frac{u}{L}ln\frac{C_A}{C_B} \tag{9-4}$$

式中，C_A、C_B 为 A、B 断面的污染物浓度，mg/L；u 为干流流速，m/s；L 为 A、B 断面之间的距离，m。

(3) 预测结果

采用本章中的预测模型及参数对排污口下游河流进行水质预测，预测结果如下：

a. 混合带长度

混合带长度预测采用模型 (9-1) 进行预测。经计算混合段长度枯水期为 41.5km，平水期为 58.3km，丰水期为 75km。从预测结果可知，黑蒙缓冲区 1 在嫩江镇至尼尔基库末之间只有 15km 长，在此段污染物不能完全混合，未完全混合的江水进入尼尔基水库后，由于库区水流缓慢，再流经 137.7km 至库区坝址时江水中的污染物已完全混合。从偏安全考虑，江水进入库区后不考虑污染物的自净作用，只考虑污染物的稀释混合扩散过程。

b. 模型中横向扩散参数的估值

模型中横向扩散参数 M_y 估值采用泰勒法进行计算，计算模型如下：

$$M_y = (0.058H + 0.0065B)(gHI)1/2 \tag{9-5}$$

式中，H 为平均水深，m；B 为河流宽度，m；g 为重力加速度，m/s^2；I 为河流底坡或地面坡度，m/m。

采用上述模型及参数，经计算枯水期 M_y 值为 0.31m^2/s，平水期为 0.58m^2/s，丰水期为 1.22m^2/s。

c. 排污口排放的污染物在黑蒙缓冲区 1 江段的预测结果

排污口排放的污染物排入嫩江后，污染物在黑蒙缓冲区的 15km 混合过程段内的混合衰减过程采用本章中的二维稳态混合衰减模型进行预测。预测 COD 和 NH$_4$-N 在 15km 混合过程段内不同距离范围内各水期污染物的浓度削减情况，预测结果见表 9-5～表 9-10。

表 9-5　丰水期 COD 正常排放时地面水环境削减值预测表　　单位：mg/L

x(m)	y(m)							备注
	20	100	200	300	500	600	700	
100	0.904 5	0.001						
400	0.560 5	0.104	0.000 5					
800	0.397	0.172 5	0.012 5	0.002 5				
1 200	0.323	0.185	0.033	0.002	0.001			
4 000	0.161 5	0.137	0.081	0.034	0.002 5	0.000 5		
8 000	0.098 5	0.090 5	0.07	0.045 5	0.011 5	0.004 5	0.001	
15 000	0.069	0.064 5	0.052 5	0.036	0.014 5	0.008	0.009	

表 9-6　丰水期 NH$_4$-N 正常排放时地面水环境削减值预测表　　单位：mg/L

x(m)	y(m)							备注
	20	100	200	300	500	600	700	
100	0.066	0.000 082 5						
400	0.040 15	0.007 7	0.000 027 5					
800	0.028 875	0.012 65	0.000 825	0.000 275				
1 200	0.022	0.013 475	0.002 475	0.000 275	0.000 275			
4 000	0.010 725	0.009 9	0.006 05	0.002 2	0.000 275			
8 000	0.007 15	0.006 6	0.005 225	0.003 3	0.000 825	0.000 275		
15 000	0.004 95	0.004 675	0.003 85	0.002 475	0.001 1	0.000 55	0.000 275	

表 9-7　平水期 COD 正常排放时地面水环境削减值预测表　　　单位：mg/L

x(m)	y(m)						备注
	20	100	200	300	500	600	
100	1.675						
400	1.260 5	0.047 5					
800	0.953 5	0.185	0.001				
1 200	0.828 5	0.266	0.009	0.000 05			
4 000	0.446	0.321 5	0.115 5	0.021	0.000 05		
8 000	0.314	0.267	0.16	0.068	0.004 5	0.000 5	
15 000	0.254	0.221	0.152	0.085	0.020 5	0.012	

表 9-8　平水期 NH₄-N 正常排放时地面水环境削减值预测表　　　单位：mg/L

x(m)	y(m)						备注
	20	100	200	300	500	600	
100	0.122 65						
400	0.092 4	0.003 575					
800	0.069 85	0.013 475	0.000 275				
1 200	0.060 775	0.019 525	0.000 825	0.000 275			
4 000	0.032 45	0.023 375	0.008 525	0.001 65	0.000 275		
8 000	0.023 1	0.019 525	0.011 825	0.004 95	0.000 55	0.000 275	
15 000	0.018 975	0.016 5	0.011 275	0.004 125	0.001 375	0.001 925	

表 9-9　枯水期 COD 正常排放时地面水环境削减值预测表　　　单位：mg/L

x(m)	y(m)					备注
	20	100	200	300	400	
100	3.296 5					
400	3.085	0.006 5				
800	2.921 5	0.124 5	0.001			
1 200	2.548	0.303 5	0.000 5			
4 000	1.442 5	0.767 5	0.107	0.004		
8 000	1.025	0.747 5	0.279	0.054	0.007	
15 000	0.862 5	0.632 5	0.328	0.098	0.124	

表 9-10　枯水期 NH₄-N 正常排放时地面水环境削减值预测表　　　单位：mg/L

x(m)	y(m)					备注
	20	100	200	300	400	
100	0.240 9					
400	0.225 775	0.004 675				
800	0.213 675	0.009 075	0.000 275			
1 200	0.182 05	0.022 275	0.000 275			
4 000	0.105 6	0.056 375	0.007 975	0.000 275		
8 000	0.066 825	0.054 725	0.020 625	0.003 85	0.000 55	
15 000	0.060 225	0.047 575	0.023 65	0.009 625	0.006 6	

以排污口下游 15km 断面作为重点分析对象，丰水期嫩江县污水处理厂二期工程的建设将削减尼尔基水库库末断面 COD 削减浓度 0.036mg/L，NH₃-N 削减浓度 0.0026mg/L，平水期 COD 削减浓度 0.124mg/L，NH₃-N 削减浓度 0.009mg/L，枯水期 COD 削减浓度 0.409mg/L，NH₃-N 削减浓度 0.0295mg/L。削减尼尔基水库库末断面浓度见表 9-11

表 9-11　尼尔基水库库末断面削减浓度　　　　　　　　单位：mg/L

时期	COD 削减浓度	NH₃-N 削减浓度
丰水期	0.036	0.002 6
平水期	0.124	0.009
枯水期	0.409	0.029 5

嫩江县污水处理厂二期工程可以起到改善嫩江水质，保护尼尔基水源地供水安全的作用。削减效果主要受到上游流量的影响，枯水期效果最好。

d. 排污口排放的污染物对尼尔基水库调水水源地水质的影响预测

考虑江水在进入尼尔基水库后流速变缓，再流经 137.7km 库区后，污染物已达到完全混合，不考虑污染物在水库的自净过程，只考虑污染物在水库水中的扩散、稀释和混合过程，预测枯水期水库坝址的浓度削减值，经计算 COD 在坝址前浓度削减 0.381mg/L，氨氮浓度削减 0.02145mg/L。嫩江县污水处理厂二期工程的建设降低了尼尔基水库的污染物浓度，可以起到改善尼尔基水库的水质，保护尼尔基水源地供水安全的作用。

9.4.4　入河排污口设置的合理性及可行性分析

9.4.4.1　对水质影响分析

由水质预测结果可知，嫩江县污水处理厂入河排污口运行后与现状相比能够改善嫩江下游河段的水质，排污口不会影响嫩江下游河段水质达到水功能区的水质标准，对嫩江和下游尼尔基水库的水质及水功能区的影响较小，并且与现状排污相比有所改善。

9.4.4.2　对总量影响分析

嫩江县排污口所在的一级水功能区为嫩江黑蒙缓冲区 1，水功能区范围从嫩江石灰窑水文站至尼尔基库末，嫩江污水排放口至尼尔基水库库末水功能区长度为 15km，水功能区水质管理目标为Ⅲ类。

嫩江县污水处理厂二期工程建成后将减少 COD 排放 1642.5t/a，减少 NH₃-N 排放 120.45t/a，减少 SS 排放 1259.25t/a，减少 BOD₅ 排放 985.5t/a，减少 TP 排放

21.9t/a, 减少 TN 排放 109.5t/a。主要污染物入河总量减少明显, 本工程排污口利用原有排污口, 污水处理厂二期工程建成后入河污染物量比原有排污口排污量大量减少, 排污口的设置是合理的。

9.4.4.3　对生态影响分析

工程运行后, 不会改变嫩江河流流量, 可以满足排污口下游地区的生态流量, 水体中 COD、NH_3-N 浓度与现状相比有较大的降低, 有毒有害物质也被净化, 同时 TN、TP 浓度的降低缓解了尼尔基水库的富营养化压力, 对附近水域水生生物的栖息起到有利的作用, 对水生生态环境也有一定的改善效果。

9.4.4.4　对地下水影响分析

丰水期, 河流补给地下水, 枯水期, 地下水补给河流, 丰水期污水入河量为 $0.174m^3/s$, 与嫩江河流流量相比很小, 同时二期工程的建设对嫩江水质有一定的改善作用, 由于河流底泥可以吸附微量重金属等污染物, 所以排污口的设置对地下水基本没有影响。

9.4.4.5　对第三者影响分析

嫩江黑蒙缓冲区 1 仅有 1 户取水户, 且位于排污口上游, 排污口所在江段, 并不存在回水现场, 所以排污口对其无影响。其下游影响范围内的主要取用水户有尼尔基水库库区 2 户农灌取水, 经预测, 污水随江水进入水库后在坝址处已完全混合, 嫩江县污水处理厂二期工程的建设将改善尼尔基库区水质, 对库区水体功能区取水户无影响。根据用水户对水质的要求, 入河排污口对第三者用水户基本没有影响, 不会影响下游河段水质达到水功能区的水质标准。

9.4.4.6　选址合理性分析

污水处理厂入河排污口位于城区的最低处, 排污口高程为 218.01m, 嫩江县污水处理厂高程为 219.02m, 利用地形排污, 不必兴建泵站, 便于污水的收集, 同时排污口有良好的排水条件, 其选址是合理的。

9.4.4.7　洪水对排污口的安全影响分析

根据《松花江流域防洪规划报告》, 在考虑嫩江镇防洪作用的前提下, 堤防防洪标准为 50 年一遇, 嫩江镇只有当嫩江遇到 50 年一遇以上洪水时, 存在决堤风险, 此时洪水对排污口才构成威胁。2013 年嫩江发生超 50 年一遇洪水, 洪水淹没排污口, 排污口的设置并没有影响行洪, 在发生洪水时, 嫩江县将污水存储于事故应急池中, 洪水过后, 排入嫩江, 洪水过后, 排污口完好无损, 正常运行。

综上所述, 该入河排污口设置合理, 可以改善嫩江黑蒙缓冲区 1 下游 15km 以及嫩江尼尔基调水水源保护区的水质, 水生态、入河总量、周边地下水、第三者权益基本没有影响，并无制约因素，满足入河排污口设置要求。

9.5　松辽流域水功能区达标率分解方法研究

9.5.1　松辽流域水功能区达标率

9.5.1.1　松辽流域内各省区水功能区达标率

水功能区水质达标率：流域（区域）水功能达标比例是对水功能区水质达标情况的总体评价，它表达的是一定流域（区域）范围内水质能够达到使用功能的程度。根据《国务院办公厅关于印发实行最严格水资源管理制度考核办法的通知》中的要求，2020 年河北省、黑龙江省、吉林省、辽宁省、内蒙古自治区重要江河湖泊水功能区水质达标率控制目标分别为 75%、74%、78%、69%、70%；2030 年各省区重要江河湖泊水功能区水质达标率控制目标均为 95%。

9.5.1.2　指标选取的原则

（1）目的性原则

指标体系应是对水功能区水质达标率分解的本质特征、结构及其构成要素的客观描述，应为目的服务，针对水功能区水质达标率分解的需求，指标体系应能够支撑更高层次的准则，为结果的判定提供依据。

（2）科学性原则

科学性原则主要体现在指标体系的选取在理论上既能反映客观实际情况，又要站得住脚。设计指标体系时，首先要有科学的理论做指导，使评价指标体系能够在基本概念和逻辑结构上严谨、合理。

（3）适用性原则

指标体系的设计应考虑现实的可能性，具有实用性、可行性和可操作性。

9.5.1.3　指标体系的建立

实践中，水功能区水质达标率受经济社会发展、技术水平、管理水平等因素的影响，基于此，本方法参照地区经济社会发展相关规划，从经济发展、社会发展、环境状况、技术水平及管理与保障 5 个方面来构建影响年度水功能区水质达标率分解的指标体系。结合指标的代表性、直观性、重要性、数据的可取得性，构建年度水功能区水质达标率分解的指标体系，共提出 12 个指标，其中：

经济发展指标包括 GDP 增长率、人均 GDP、第二产业占比；

社会发展指标包括人口、城市化率；

环境状况指标包括 COD 年排放量、氨氮年排放量；

技术水平指标包括 COD 污染排放强度、氨氮污染排放强度；

管理与保障指标主要包括资金投入比例、项目完成率、城市污水处理率。

结合水平年各指标实际值运用熵权法确定指标权重，核算年度水功能区水质达标率分解系数，从而确定年度水功能区水质达标率。

9.5.2　指标体系的构建及其层次结构

以水功能区水质达标的总目标作为目标层，以水功能区水质达标的影响和评判因素作为准则层，以各具体评价指标作为指标层，通过对水功能区水质考核的功能层次、逻辑层次和结构层次建立水功能区水质考核评价指标层次结构。

（1）目标层 A

水功能区水质达标评价的一级指标：水功能区水质达标评价。

（2）准则层 B

水功能区水质达标评价的二级指标：水功能区水质达标评价的各组成部分，包括水质指标、管理指标和保障指标 3 个分项。

（3）指标层 C

水功能区水质达标评价的三级指标：水功能区水质达标评价指标体系的最底层，是对准则层的细化，是对水功能区水质考核影响因素更明确的表达，因而指标层 C 是整个评价指标体系的基本元素。

9.5.3　水功能区水质考核原则

1）流域管理部门对水功能区考核点位(功能区水质监测断面)确定规则，省级行政区根据规则上报考核点位，经流域管理部门确定后，对其开展考核。考核点位已经由流域管理部门确认，在本套指标实施期间原则上不作调整。

2）考核中涉及的有关监测内容，如果国家标准及相关监测技术规范和年度监测计划中已有明确规定的，以国家标准、规范和年度监测计划为准，未规定的按本实施细则执行。

3）涉及水利部、环境保护部等管理部门有关文件的，以最新要求为准。

4）流域管理部门对流域内得分排名第一的省级行政区和排名变动较大的省级行政区进行现场审核。如果在流域管理部门开展的监督、审核工作中，发现水功能区水质达标定量考核数据出现虚报、瞒报、漏报或未按要求进行计算、报送等情况，该项指标扣除上报分值的 60%；工作定性考核出现虚报、瞒报、漏报或与实际情况不符等情况，该工作考核项目计为 0 分。

9.5.4　松辽流域水功能区达标率分解方法的实证分析

以 2005~2010 年吉林省经济社会发展水平及水污染防治情况的数据为例。2005~2010 年其水功能区水质的实际达标率分别为 37%、35%、33%、42%、47%、46%；在研究分解水功能区达标率的方法中，所采用的数据来自国家统计局网站提供的 2006~2011 年《中国统计年鉴》，经济发展、社会发展、环境状况、技术水平和管理保障面板数据如表 9-12 所示。

表 9-12　2006~2010 年吉林省水功能区达标率年度分解指标值(原始数据)

指标		年份					
		2005	2006	2007	2008	2009	2010
经济发展	GDP 增长率(%)	—	15	16.1	16	13.6	13.8
	人均 GDP(元)	13 348	15 720	19 383	23 514	26 595	31 599
	第二产业占比(%)	43.60	44.80	46.80	47.70	48.70	52
社会发展	人口(万人)	2 716	2 723	2 750	2 734	2 740	2 747
	城市化率(%)	52.52	52.97	53.16	53.21	53.32	53.36
环境状况	COD 年排放量(万 t)	40.7	41.7	40	37.4	36.1	35.2
	氨氮年排放量(万 t)	3.6	3.6	3	3.03	2.86	2.97
技术水平	COD 污染排放强度(kg/万元)	29.84	25.13	18.43	13.92	11.82	8.96
	氨氮污染排放强度(kg/万元)	2.64	2.17	1.38	1.13	0.94	0.76
与管理保障	资金投入比例(%)	0	10	20	40	80	100
	项目完成率(%)	0	10	20	40	80	100
	城市污水处理率(%)	50	52	54	58	66	70

由于是计算水功能区水平年间年度达标率分解，所以应考虑在规划年中的一定时间范围内各水平年间的指标差异程度，要看年与年之间的变化情况。根据这种差异确定各指标权重及水功能区各水平年间达标率变化，若不以增量值为原始矩阵，利用嫡权法得出的系数有累积性问题，因此在原始矩阵中用各水平年间指标增量值为原始矩阵初始值，即以增量为值计算年度水功能区达标率分解情况，详见表 9-13。

表 9-13　2006~2010 年吉林省水功能区达标率年度分解指标值(增量值)

指标		年份				
		2006	2007	2008	2009	2010
经济发展	GDP 增长率(%)	15	16.1	16	13.6	13.8
	人均 GDP 增量(元)	2 372	3 663	4 131	3 081	5 004
	第二产业占比例增量(%)	1.2	2	0.9	1	3.3

续表

指标		年份				
		2006	2007	2008	2009	2010
社会发展	人口增量(万人)	7	7	4	6	7
	城市化率增量(%)	0.45	0.19	0.05	0.11	0.04
环境状况	COD 年削减量(万 t)	1	1.7	2.6	1.3	0.9
	氨氮年削减量(万 t)	0	0.6	0.03	0.17	0.11
技术水平	COD 污染排放强度削减量(kg/万元)	1.49	2.18	1.75	0.86	0.9
	氨氮污染排放强度削减量(kg/万元)	0.15	0.27	0.1	0.08	0.05
管理保障	资金投入比例增量(%)	10	10	20	40	20
	项目完成率增量(%)	10	10	20	40	20
	城市污水处理率增量(%)	2	2	4	8	4

对于初始决策矩阵(面板数据)中具有不同量纲、单位以及数量级的经济发展、社会发展、环境状况、技术水平、管理与保障的各指标进行归一化处理，处理结果如表 9-14 所示。

表 9-14　2006～2010 年吉林省水功能区达标率年度分解归一化处理结果

指标		年份				
		2006	2007	2008	2009	2010
经济发展	GDP 增长率(%)	−0.449 091 7	−0.482 025 1	−0.479 031 2	−0.407 176 5	−0.413 164 4
	人均 GDP 增量(元)	−0.282 217 6	−0.435 819 2	−0.491 501 3	−0.366 573 6	−0.595 369 7
	第二产业占比增量(%)	−0.281 749 1	−0.469 581 9	−0.211 311 9	−0.234 791 0	−0.774 810 1
社会发展	人口增量(万人)	−0.496 216 8	−0.496 216 8	−0.283 552 5	−0.425 328 7	−0.496 216 8
	城市化率增量(%)	−0.891 482 5	−0.375 403 7	−0.099 053 6	−0.217 917 9	−0.079 242 9
技术水平	COD 年削减量（万 t）	−0.275 763 7	0.468 798 3	0.716 985 6	0.358 492 8	0.248 187 3
	氨氮年削减量（万 t）	0	0.946 438 2	−0.047 321 9	0.268 157 5	0.264 424 7
	COD 污染排放强度削减量（kg/万元）	0.437 769 7	0.640 495 3	0.514 159 1	0.252 672 5	0.264 424 7
	氨氮污染排放强度削减量（kg/万元）	0.443 678 3	0.798 620 9	0.295 785 5	0.236 628 4	0.147 892 6
管理保障	资金投入比例增量(%)	0.196 116 1	0.196 116 1	0.392 232 3	0.784 464 5	0.322 323
	项目完成率增量(%)	0.196 116 1	0.196 116 1	0.392 232 3	0.784 464 5	0.322 323
	城市污水处理率增量(%)	0.196 116 1	0.196 116 1	0.392 232 3	0.784 464 5	0.322 323

根据熵的定义及计算公式,对吉林省水功能区达标率年度分解指标熵值进行计算,结果见表 9-15。

表 9-15　2006~2010 年吉林省水功能区达标率年度分解指标熵值

指标		熵值 H_j
经济发展	GDP 增长率(%)	0.998 4
	人均 GDP 增量(元)	0.981 0
	第二产业占比增量(%)	0.919 2
社会发展	人口增量(万人)	0.988 0
	城市化率增量(%)	0.775 6
环境状况	COD 年削减量(万 t)	0.951 0
	氨氮年削减量(万 t)	0.594 0
技术水平	COD 污染排放强度削减量(kg/万元)	0.961 1
	氨氮污染排放强度削减量(kg/万元)	0.898 7
管理保障	资金投入比例增量(%)	0.913 9
	项目完成率增量(%)	0.913 9
	城市污水处理率增量(%)	0.913 9

首先将各水平年间的指标增量值构成的原始矩阵进行初始化。然后根据嫡权法的公式计算出各评价指标的嫡和嫡权。各指标在各年份间的数值相差越大,波动越大,则提供的信息量越大,权重就应越大;而各指标在各年份间的数值相差越小,波动越小,则提供的信息量越小,权重应越小;若某指标在各年份嫡达到最大,意味着这项指标在这些年份间无差异,没有向决策各指标具体者提供有效的信息,则这项指标可以考虑去除。通过嫡权法的计算,权重值见表 9-16。

表 9-16　2006~2010 年吉林省水功能区达标率年度分解指标权重值

指标		权重 w
经济发展	GDP 增长率(%)	0.001 3
	人均 GDP 增量(元)	0.016 0
	第二产业占比增量(%)	0.067 9
社会发展	人口增量(万人)	0.010 1
	城市化率增量(%)	0.187 7
环境状况	COD 年削减量(万 t)	0.041 2
	氨氮年削减量(万 t)	0.341 1

续表

指标		权重 w
技术水平	COD 污染排放强度削减量(kg/万元)	0.032 7
	氨氮污染排放强度削减量(kg/万元)	0.085 1
管理保障	资金投入比例增量(%)	0.072 4
	项目完成率增量(%)	0.072 4
	城市污水处理率增量(%)	0.072 4

通过计算得到 2006～2010 年吉林省水功能区达标率分解值分别为 35.16%，40.99%，42.55%，46.41%，46.00%，详见表 9-17。

表 9-17　2006～2010 年吉林省水功能区达标率分解值

指标	2006 年	2007 年	2008 年	2009 年	2010 年
实际达标率(%)	35	33	42	47	46
分解达标率(%)	35.16	40.99	42.55	46.41	46.00

2006～2010 年吉林省经济发展和技术进步水平年际增长趋势较为平缓，但城市化率和氨氮排放量的年际变化浮动较大，因此这两项指标对达标率分解的结果影响明显。例如，2006 年吉林省城市化率增长较快，且氨氮排放的削减量为零，导致了 2006 年水功能区达标率分解值偏低。这也反映了此方法是根据各省(自治区、直辖市)对水功能区水质达标率有影响的因素年际间变化的实际情况建立的响应关系。

第10章　松花江哈尔滨段水环境监测及质量改善对策

松花江流域人口和面积占黑龙江省七成以上，贡献了全省 GDP 经济总量的70%。作为黑龙江的支流，松花江在内河航运、工农业生产和人民生活等方面对黑龙江省经济和社会发展具有极其重要的意义。近年来经济的快速发展使得松花江流域水环境污染问题频发，水资源供需矛盾日益突出，已严重影响流域内生态环境的稳定性，松花江流域水质已不能满足水环境功能区划要求(王业耀和孟凡生，2014)。承接国家水专项课题"松花江哈尔滨市市辖区控制单元水环境质量改善技术集成与综合示范"的前期研究成果，本章内容以松花江哈尔滨市辖区段为主要监测对象，在介绍该段监测断面及采样点的基础上，重点研究采样断面上覆水及底泥沉积物特征，分析松花江哈尔滨段水环境污染状况，在此基础上提出对应的水环境质量改善技术措施，为水行政主管部门开展水功能区水质达标评价工作提供科学可行的技术支撑，为"十三五"松花江流域总体规划目标的顺利实现提供支持。

10.1　项　目　背　景

松花江哈尔滨段位于松花江流域中段，其主要水系包括马家沟、何家沟、信义沟、阿什河。在该流域范围内有国家老工业基地、粮食主产区以及畜禽养殖基地，大量的生产、生活废水排入区域内水体，使该段区域成为松花江流域污染最重的单元，流域水污染防治、水生态修复任务艰巨(范晓娜，2014)。随着"十二五"东北地区振兴规划、黑龙江省"八大经济区"和"十大工程"建设，松花江流域地区产业布局发生重大调整，新增制药、化工、石油冶炼、酵母等点源污染企业为流域带来了成分复杂、可生化性差、产量巨大的工业废水，带来新的环境风险与水环境污染负荷(孙洋阳，2012)。为实施千亿斤①粮食工程、"十二五"期间黑龙江省规划新增 200 亿斤粮食，为松花江流域带来更为严峻的环境压力。由

---

① 1 斤=0.5kg。

于流域种植业化肥过量低效施用，养殖业畜禽粪水有效处理比例低，生活垃圾和生产废弃物化处理率低，2011 年，流域化肥年施用量约 203.8 万 t，控制单元区域内农业面源 COD 贡献量 28 078t，氨氮 5614t。"十二五"期间，国家经济社会发展的过度需求、区域生存和发展的驱动等因素导致了松花江流域生态资源的过度利用和生态质量下降。流域湿地面积萎缩，生物多样性降低，底泥高负荷污染物形成二次内源污染，流域生态景观缺失，导致流域降解污染物、保持水土、涵养水源及调节区域气候等生态功能下降甚至丧失(金杨等，2007)。《重点流域水污染防治规划(2011~2015)》中将其规划为承担松花江流域总量减排和水质改善为主要任务的优先控制单元。

为全面提升松花江哈尔滨段水质，保证松花江干流水环境安全，哈尔滨市政府在"十二五"期间规划投资 33 亿元，启动"三沟一河"城市内河综合治理工程，以集中处理、达标排放为核心，以河道治理和景观建设为重点，加大投入，加快治理，全面改善城市内河入松花江水质。本章的研究成果为大规模的环境综合治理工程提供了必要的理论和技术支撑。

10.2　松花江哈尔滨段水系分布及采样点布置

松花江哈尔滨段主要水系构成为"三沟一河"，即何家沟、马家沟、信义沟、阿什河，此外还包括呼兰河支流。朱顺屯及大顶子山为两个国控监测断面，位于松花江流经哈尔滨的入口端和出口端，在此之间有国家老工业基地、粮食主产区以及畜禽养殖基地，大量的生产、生活废水排入水体，使该段成为松花江上污染最重的区域，其中水体和底泥沉积物均受到污染(李静文，2012)。

底泥沉积物既是污染水体的"汇"，也是"源"，因此分析底泥的理化性质及污染状况，对水体污染的控制起到一定的指导作用。为综合分析松花江哈尔滨段干流及"三沟一河"外加呼兰河水体及底泥沉积物污染状况和支流对干流的污染贡献情况，干流选取主要的监测断面包括朱顺屯(A)、何家沟口下 150m(C)、滨州铁路桥(D)、马家沟口下 150m(F)、阿什河口下 150m(H)、呼兰河口下 150m(J)、大顶子山(K)；支流选取的监测断面包括何家沟口内 150m(B)、马家沟口内 150m(E)、阿什河口内 150m(G)、呼兰河口内 150m(I)，各采样点分别采集水样、表层(0~15cm)底泥和深层(15~30cm)底泥沉积物 3 组样品，各断面采样点及位置坐标如图 10-1 和表 10-1 所示。

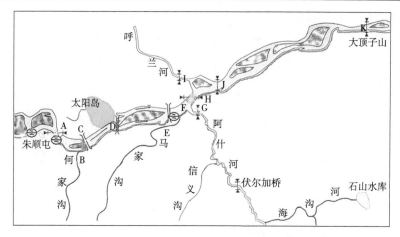

图 10-1　松花江哈尔滨段水系分布及采样断面布置

表 10-1　采样断面及采样点位置分布表

断面	采样点	位置坐标
朱顺屯(A)	1#	E126°32′00.61″ N45°45′29.79″
	2#	E126°32′07.37″ N45°45′31.24″
	3#	E126°32′12.89″ N45°45′33.83″
何家沟内 150m(B)	4#	E126°34′01.77″ N45°45′09.65″
何家沟口下 150m(C)	5#	E126°34′17.54″ N45°45′14.48″
	6#	E126°34′21.07″ N45°45′16.88″
	7#	E126°34′27.79″ N45°45′22.38″
滨州铁路桥(D)	8#	E126°37′20.97″ N45°47′00.77″
	9#	E126°37′16.29″ N45°47′07.97″
	10#	E126°37′06.63″ N45°47′29.36″
马家沟口内 150m(E)	11#	E126°41′16.77″ N45°48′27.38″
	12#	E126°41′18.27″ N45°48′27.64″
马家沟口下 150m(F)	13#	E126°41′14.73″N45°48′38.97″
	14#	E126°41′19.62″N45°48′37.11″
	15#	E126°41′26.38″ N45°48′34.44″
阿什河口内 150m(G)	16#	E126°42′42.05″ N45°49′29.19″
阿什河口下 150m(H)	17#	E126°42′39.38″ N45°49′38.58″
	18#	E126°42′34.69″ N45°49′39.75″
	19#	E126°42′31.61″ N45°49′40.76″
呼兰河口内 150m(I)	20#	E126°46′30.94″ N45°55′27.20″
	21#	E126°46′27.52″ N45°55′33.83″
	22#	E126°46′27.77″ N45°55′34.76″
呼兰河口下 150m(J)	23#	E126°46′52.92″ N45°55′28.18″
	24#	E126°46′54.22″ N45°55′25.49″
	25#	E126°47′05.42″ N45°55′07.77″
	26#	E126°47′04.01″ N45°55′13.57″
大顶子山(K)	27#	E127°14′18.02″ N46°10′34.17″
	28#	E127°14′18.59″ N46°00′31.38″

　　各监测断面的采样工作在 10 月份进行。10 月份接近松花江冰封期,此时水温相对较低,流速较小,污染物不易发生生物化学反应,其在底泥沉积物中相对稳定。因此,为了准确反映冰封期内松花江哈尔滨段污染物的分布状况,选取 10 月份采集水样和底泥样品。

10.3　松花江哈尔滨段水质状况分析

10.3.1　水体 pH

　　水样与底泥样品在同一断面同时采样,松花江哈尔滨段各监测断面的水质 pH 如图 10-2 所示。各监测断面水样的 pH 在 6.85~7.875 波动变化,符合我国地表水环境质量标准(GB3838—2002)中限定的 pH 范围(6~9)。值得注意的是,各支流监测断面(B、E、G、I)中水样的 pH 均低于干流监测断面,pH 在 7.0 附近变化,呈中性。受上游水质的影响,本研究区段干流监测断面 pH 呈中性偏碱性,从图中可看出,上游断面 A(朱顺屯)水质的 pH 为 7.85。

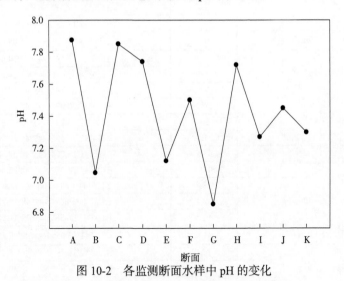

图 10-2　各监测断面水样中 pH 的变化

10.3.2　水体无机磷

　　各监测断面水样中无机磷的含量如图 10-3 所示。除支流断面 I(呼兰河)外,其余支流监测断面 B、E、G 水样中无机磷的含量均高于干流断面,其中支流断面 G(阿什河)水样中无机磷的含量为 6.401,远高于其他监测断面,表明阿什河受磷污染较严重,分析原因可能是位于阿什河沿岸的生活污水及工业废水排放及农药、化肥使用造成的面源污染(冯丹和白羽军,2003)。

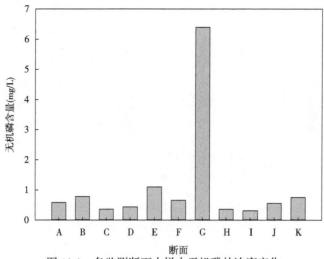

图 10-3　各监测断面水样中无机磷的浓度变化

松花江哈尔滨段水体中无机磷的含量与我国地表水环境质量标准(GB3838—2002)对比，发现此江段水体中磷含量均高于 0.2mg/L，处于劣 V 类。因此，应当采取相关措施积极应对含磷污废水的排放，尤其加大哈尔滨江段何家沟、马家沟、阿什河支流的监控与治理，确保松花江水体水质的安全。

10.3.3　水体无机氮

各监测断面中无机氮的含量如图 10-4 所示。与无机磷的含量分布相似，各支流监测断面水样中总无机氮含量除 I(呼兰河)外，均高于干流水样中的无机氮含量。值得注意的是断面 H(阿什河口下 200m)受支流断面 G 的影响较大，其总无机氮含量为 8.4518mg/L，处于劣 V 类水平。在所有监测断面中，断面 A、B、D、E、G、H、K 水样中的无机氮含量均高于 2.0mg/L，其中断面 G 无机磷含量高达20.1625mg/L，处于劣 V 类。断面 I、J 处于 V 类，断面 C、F 处于Ⅳ类。在总无机氮中氨氮的贡献量最大，与我国地表水环境质量标准(GB3838—2002)对比，断面 A、B、E、G、H 均处于劣 V 类水平，断面 D、K 处于 V 类，断面 F、G 处于Ⅳ类，断面 C 和 I 分别处于Ⅲ类和Ⅱ类水平。从硝态氮来看，各监测断面水样中浓度均低于 10mg/L，未超过饮用水标准。支流断面总无机氮含量高，极易发生水体富营养化，因此，一方面需采取有效措施加强含氮污水的排放，另一方面需采用脱氮技术对目前松花江水体中的含氮污染物进行有效治理。

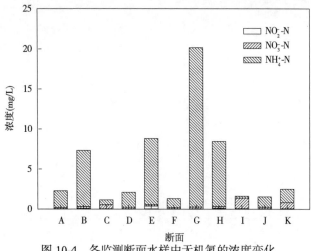

图 10-4　各监测断面水样中无机氮的浓度变化

10.3.4　水体重金属

各监测断面 8 种重金属（Cr、Cd、Pb、Hg、As、Cu、Zn、Ni）的浓度分布如图 10-5 所示。松花江哈尔滨段水体中各监测断面 8 种重金属的浓度均未超过饮用水标准，其中 Hg 在水体中低于检出限。进一步分析其余 7 种重金属的分布可以看出，支流断面 B、G 中重金属浓度相对高于其他监测断面，污染源可能是何家沟（B）和阿什河（G）沿岸含重金属废水的排放。重金属污染物具有不可降解性，能够长时间存于环境中。重金属可随食物链在生物体内产生放大效应，严重影响生物的生存。此外，重金属在河流水体与底泥中相互作用、相互转化。在一定的环境条件下，河流底泥中的重金属污染物转化为不稳定状态，释放至水体中，对水体造成二次污染。因此有必要进一步对河流底泥中的污染物进行详细检测与分析，综合考虑污染物的分布，提出污染物的控制与治理措施，以松花江水资源综合利用为目的，保护水环境。

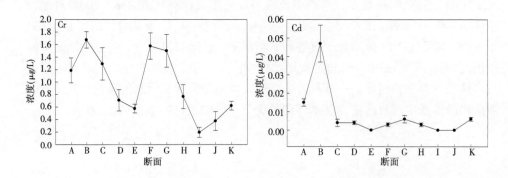

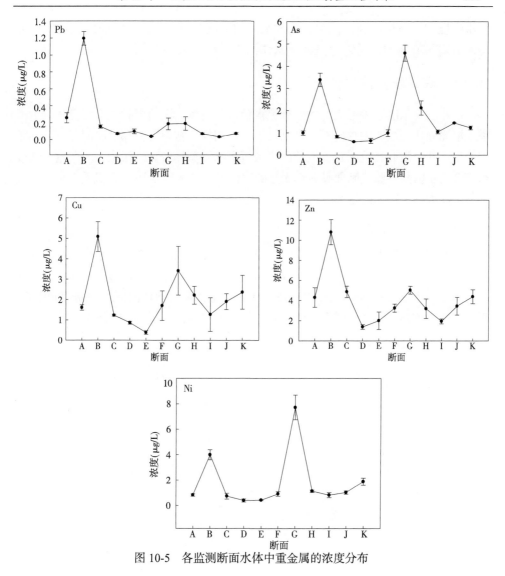

图 10-5　各监测断面水体中重金属的浓度分布

10.4　松花江哈尔滨段底泥沉积物状况分析

　　流域沉积物通常是由各种矿物、有机碎屑沉降在水体底部形成的固相混合物。作为水生态系统的重要组成部分，沉积物既是底栖生物的栖息场所也是其营养来源，在能量流动和物质循环中的作用至关重要；同时，沉积物又是各种污染物的蓄积库，污染物进入水体之后，逐步在表层沉积物中富集，或附着于悬浮颗粒，或溶于间隙水。但是，由于沉积物固相-水相(孔隙水)之间存在频繁的物质交换，使得沉积物中的污染物在一定条件下会随着水流、生物扰动重新进入水中，对水环境和生态构成新的威胁，造成水体的二次污染。因此，河流沉积物也称为是河流内污染源的元凶，也是河流水体污染的隐形杀手。

10.4.1　底泥理化性质分析

松花江哈尔滨段表层底泥主要呈黑褐色或暗黄色，泥质松软，有腐臭味，主干道以淤泥砂质为主，内含碎石、砂砾、贝壳、田螺、塑料等。深层底泥以中砂和粗砂为主，几乎没有腐臭味；支流断面表层沉积物腐臭味较大，污染相对严重。选取松花江哈尔滨段各监测断面具有代表性的底泥进行含水率、pH、有机质含量、孔隙率、密度等理化指标的检测。

10.4.1.1　含水率

各断面所采底泥样品含水率集中在 20%～60%，大部分断面表层沉积物含水率高于深层沉积物(B、D、I、K 断面表层低于深层)，各支流断面(B、E、G、I)采样点含水率高于干流断面，何家沟内 150m 断面(B)深层与阿什河口内 150m 断面(G)表层含水率均高于其他采样点，分别为74.6%和86.8%，具体如图 10-6 所示。

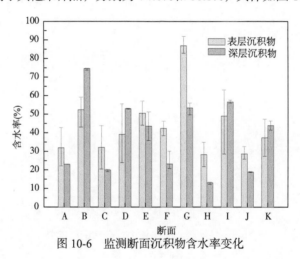

图 10-6　监测断面沉积物含水率变化

10.4.1.2　pH

各断面底泥 pH 基本呈现中性，变化范围在 6.585～7.45。朱顺屯(A)、何家沟口下 150m(C)、马家沟口下 150m(F)、阿什河口下 150m(H)断面深层沉积物 pH 明显高于表层；何家沟内 150m(B)、滨州铁路桥(D)、呼兰河口下 150m(J)断面表层沉积物pH 明显高于深层；其余断面表层与深层 pH 相差不大，具体如图 10-7 所示。

各支流监测断面(B、E、G、I)采样点底泥 pH 均呈偏酸性，主干流监测断面(除大顶子山断面 K 外)底泥 pH 呈中性或偏碱性。

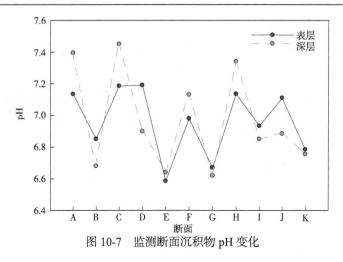

图 10-7　监测断面沉积物 pH 变化

10.4.1.3　有机质含量

大部分监测断面底泥有机质含量较低,在 5%以下,只有何家沟内 150m 断面(B)和阿什河口内 150m 断面(G)有机质含量高于 10%,其中 G 断面表层底泥有机质含量最高,达 25.98%,表明多数断面底泥沉积物中有机污染物含量较低,何家沟内 150m(B)和阿什河口内 150m(G)断面有机污染严重,但是对持久性有机污染物如有机氯农药、多氯联苯、环境激素类物质等,当浓度较低时,即可对人类产生较大的危害,因此有必要进一步检测有机污染物的分布,具体如图 10-8 所示。

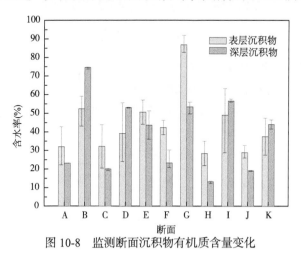

图 10-8　监测断面沉积物有机质含量变化

在所有监测断面中,大部分断面表层沉积物有机质含量高于深层,只有何家沟内 150m 断面(B)、滨州铁路桥(D)、呼兰河口内 150m(I)、大顶子山(K)断面表层沉积物有机质含量略低于深层,可以看出受有机物污染严重的底泥沉积物多为表层(0~15cm)。

10.4.1.4 孔隙率

底泥沉积物表层和深层孔隙率变化如图 10-9 所示，监测断面底泥沉积物孔隙率大部分在 50%～90% 变化，各监测断面底泥孔隙率与含水率变化趋势相似，含水率相对较高的断面（B、D、E、G、I）其孔隙率也较大，主要表现在支流断面（B、E、G、I）沉积物孔隙率普遍高于干流断面沉积物。同一断面表层和深层沉积物也出现上述规律，断面 E 和 I 除外，其余断面底泥孔隙率与含水率基本呈正相关。

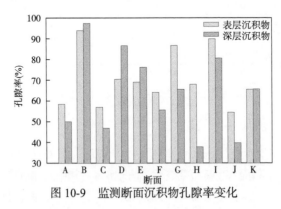

图 10-9 监测断面沉积物孔隙率变化

10.4.1.5 密度

从整体看，底泥沉积物密度在 $3\sim6g/cm^3$，只有何家沟内 150m 和呼兰河口内 150m 断面（B 和 I）底泥密度高于 $12g/cm^3$。深层与表层沉积物相比，除马家沟口内 150m（E）和呼兰河口内 150m（I）断面密度相差较大外，其余断面表层与深层沉积物密度相差不大。

B 和 I 断面表层沉积物密度较大，原因可能是这两条支流（何家沟和呼兰河）受污染严重，污染物或矿物质含量较高。D、E、F 3 个断面沉积物表层密度均低于深层，说明表层沉积物浮泥较多，矿物质含量可能较低。各断面底泥密度变化如图 10-10 所示。

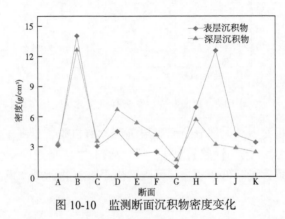

图 10-10 监测断面沉积物密度变化

10.4.1.6　粒度分析

沉积物的粒度特征是沉积环境的最敏感指标。研究沉积物粒度特征可以判别研究区的水动力条件，反演沉积环境和追溯物质来源。此外，沉积物粒径与污染物沉积种类有密切联系，研究沉积物粒度可以对污染物的检测与判别起到一定的指示作用。数据分析所用的粒级标准为乌顿-温德华氏等比制 ψ 值粒级标准（表 10-2）。

表 10-2　乌顿-温德华氏等比制 ψ 值粒级标准

粒组类型	粒级名称		粒径范围		$\psi=-\log_2 d$	
	简分法	细分法	mm	μm	d	ψ
砂(S)	粗砂	极粗砂	2～1	2 000～1 000	1	0
		粗砂	1～0.5	1 000～500	1/2	1
	中砂	中砂	0.5～0.25	500～250	1/4	2
	细砂	细砂	0.25～0.125	250～125	1/8	3
		极细砂	0.125～0.063	125～63	1/16	4
粉砂(T)	粗粉砂	粗粉砂	0.063～0.032	63～32	1/32	5
		中粉砂	0.032～0.016	32～16	1/64	6
	细粉砂	细粉砂	0.016～0.008	16～8	1/128	7
		极细粉砂	0.008～0.004	8～4	1/256	8
黏土(Y)	黏土	粗黏土	0.004～0.002	4～2	1/512	9
			0.002～0.001	2～1	1/1 024	10
		细黏土	<0.001	<1	1/2 048	11

监测断面底泥沉积物粒径分布汇总见表 10-3。

表 10-3　监测断面沉积物粒径分布表

断面	表层(0～15cm)	深层(15～30cm)
朱顺屯	细砂、中砂、粗粉砂	粗砂、中砂、细砂
何家沟内 150m	细砂、中砂	细砂、粗粉砂
何家沟口下 150m	细砂、中砂	粗砂、中砂
滨州铁路桥	中砂、细砂、粗粉砂、细粉砂	粗砂、细砂
马家沟口内 150m	粗粉砂、细粉砂	细砂、粗粉砂
马家沟口下 150m	细砂、粗粉砂、细粉砂	中砂、细砂
阿什河口内 150m	细砂、粗粉砂	细砂、粗粉砂
阿什河口下 150m	中砂、细砂	中砂、细砂
呼兰河口内 150m	粗粉砂、细粉砂、黏土	粗砂、细砂
呼兰河口下 150m	细砂	粗砂、中砂
大顶子山	粗粉砂、细粉砂	粗粉砂、细粉砂

从表 10-3 中可以看出，松花江哈尔滨段底泥沉积物以细砂和中砂为主，表层沉积物以细砂为主，深层以中砂和粗粉砂为主。表层沉积物粒径普遍小于深层沉积物，可推测大部分污染物吸附沉积于表层，天然存在的微生物反应也基本发生于表层沉积物。

支流断面表层沉积物粒径小于干流断面，这与水动力学条件有密切关系，支流流速较缓，水流冲击对底泥沉积物的搅动作用较小，有利于水中细小固体颗粒的沉积。此外，每条支流都容纳了一定的生活污水和工业废水，这些废水流入河流后，未经充分稀释，因此推测各支流表层沉积物中污染物含量较高。主干流下游虽然汇集了各支流水中的污染物，但是由于水流速度大，江水对底泥沉积物的冲刷作用强，加上主干道水量大，污染物得到充分稀释，因此，主干道沉积物粒径相对较大，推测污染物含量相对较低。

10.4.2 底泥营养元素 N、P 形态及含量分析与污染评价

10.4.2.1 N 形态及含量分析

监测断面沉积物中无机氮分布如图 10-11 所示，由柱状图可以得出以下结论。

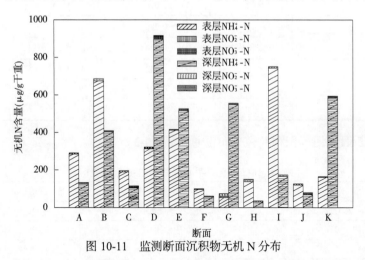

图 10-11 监测断面沉积物无机 N 分布

1）从整体看，各监测断面无机氮含量大部分集中在 $100\sim800\mu g/g$ 干重；

2）在无机氮组成中，无论表层还是深层沉积物氨氮所占比例最高，达 90% 以上，硝态氮含量相对较低，但均能检出，平均含量在 $10\mu g/g$ 干重以下，亚硝态氮仅滨州铁路桥（D）、马家沟口下 150m（F）和阿什河内 150m（G）断面表层沉积物中检出，最高含量 $7.37\mu g/g$ 干重；

3）各支流断面（B、E、G、I）中，氨氮含量较干流断面高；在干流断面中，滨州铁路桥（D）和大顶子山（K）深层沉积物中氨氮含量相对较高，其余断面氨氮含

量基本在 200μg/g 干重以下。

图 10-12 所示为各监测断面中总氮形态及含量分布情况，有如下结论。

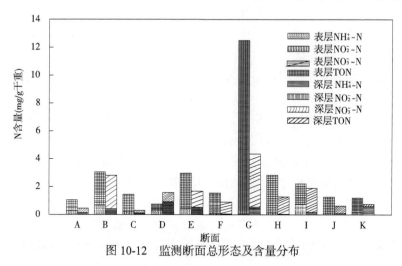

图 10-12　监测断面总形态及含量分布

1) 各支流断面(B、E、G、I)沉积物总氮含量均高于干流断面，其中阿什河口内 150m 断面(G)表层和深层总氮含量均高于其他监测断面，分别为 12.5 和 4.35mg/g 干重，主干道受此支流污染影响，阿什河口下 150m 断面(H)沉积物总氮含量明显高于其他主干道监测断面，表明阿什河支流氮污染较严重，对主干流营养元素氮污染有一定的贡献作用；

2) 除阿什河支流断面外，其余 3 个支流断面(B、E、I)沉积物中总氮含量近 3mg/g 干重，而干流断面(除阿什河口下断面外)沉积物总氮含量相差不大，均在 2mg/g 干重以下，表明支流在汇集水源的过程中容纳了含氮生活污水和一部分工厂排放的含氮废水，各支流监测断面沉积物均受到不同程度的氮污染，但由于氮污染物在沉积物与水之间沉积、释放的平衡作用，以及河水对氮污染物的稀释和水流对沉积物的冲击作用，使得主干道沉积物中总氮含量不会太高；

3) 除滨州铁路桥(D)断面外，其余各监测断面表层沉积物总氮含量均高于深层断面，说明表层沉积物中氮污染较严重。

4) 从总氮组成上看，沉积物中有机氮含量占总氮含量近 80% 以上，这说明，所监测底泥沉积物中氮污染主要源于有机氮污染，尤其是各支流受有机氮污染较严重。

10.4.2.2　P 形态及含量分析

监测断面沉积物中含磷污染物形态及含量如图 10-13 所示，由图可以得到如下结论。

1) 大部分监测断面沉积物中总磷含量在 1mg/g 干重以下，只有阿什河内 150m

断面(G)沉积物中总磷含量高达 5.12mg/g 干重，表明此断面受到磷污染较严重，此外，此断面受氮污染也较严重，沉积物作为 N 和 P 的"源"和"汇"，在一定条件下，极有可能向上覆水体中释放大量的 N 和 P，致使阿什河发生水体富营养化。因此，必须合理控制何家沟内 N、P 的排放以及对底泥沉积物合理的处理处置，避免水体富营养化的发生；

2)各支流监测断面沉积物中总磷含量与总氮含量相似，略高于主干流监测断面，支流受磷污染相对严重；

3)与氮污染分布相反，沉积物含磷污染物中无机磷含量占绝大部分，70%以上，无机磷可能主要来源于生活污水；

4)除何家沟内 150m 断面(B)外，其余各监测断面表层沉积物中总磷含量均高于深层，说明表层沉积物是含磷化合物沉积的主要场所。

总之，N、P 营养物质主要集中在表层沉积物中，这增加了沉积物作为污染物的"源"向水体释放 N、P 的可能性。因此，为防止水体富营养化，需对 N、P 营养物含量高的河流及时清淤或采取有效措施阻止 N、P 向上覆水体的释放(如依靠微生物去除)。

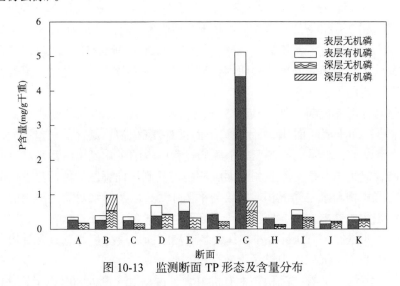

图 10-13　监测断面 TP 形态及含量分布

10.4.2.3　底泥中 N、P 污染评价

为综合评价底泥中 N、P 污染状况，进一步判断其释放后可能引起的水体富营养化影响，采用内梅罗指数法，首先通过实测值与标准值的比较求出污染因子的单因子污染指数，再根据单因子综合污染指数求算内梅罗多因子综合污染指数，最终根据单因子污染指数与综合污染指数，参照相关标准，判断底泥中 N、P 污染状态。

单因子污染指数利用式(10-1)计算。

$$I_i = C_i / S_i \tag{10-1}$$

式中，I_i 为第 i 种污染物的污染指数；C_i 为污染实测值；S_i 为评价中的标准值。总氮、总磷的评价标准值分别为 S_{TN}=0.067%，S_{TP}=0.044%。

内梅罗多因子综合污染指数表达式为

$$P_N = \left\{ \left[\max\left(I_i\right)^2 + \mathrm{ave}\left(I_i\right)^2 \right] / 2 \right\}^{\frac{1}{2}} \tag{10-2}$$

式中，$\max\left(I_i\right)$ 为底泥污染物中最大的单因子污染指数；$\mathrm{ave}\left(I_i\right)$ 为各污染物单因子污染指数的均值。

内梅罗污染指数法分级标准见表 10-4。

表 10-4　内梅罗污染指数法分级标准

等级	综合污染指数 P	单因子污染指数 P_i	污染等级	污染水平
I	$P \leqslant 0.7$	$P_i \leqslant 0.7$	安全	清洁
II	$0.7 < P \leqslant 1.0$	$0.7 < P_i \leqslant 1.0$	警戒级	尚清洁
III	$1.0 < P \leqslant 2.0$	$1.0 < P_i \leqslant 2.0$	轻度污染	底泥、水生生物开始受到污染
IV	$2.0 < P \leqslant 3.0$	$2.0 < P_i \leqslant 3.0$	中度污染	底泥、水生生物已受到中度污染
V	$P > 3.0$	$P_i > 3.0$	重度污染	底泥、水生生物已受到重度污染

选取对水体富营养化进程影响较大的 N、P 两项指标，利用内梅罗综合污染指数法对底泥营养状态进行评价，评价结果见表 10-5。从 N、P 单项污染指数来看，监测断面表层沉积物受 N 污染较严重，污染等级均处于"轻度污染"以上水平，其中达重度污染的断面有 5 个，分别为何家沟内 150m(B)、马家沟内 150m(E)、阿什河口内 150m(G)、阿什河口下 150m(H)、呼兰河口内 150m(I)；磷污染相对较轻，除阿什河口内 150m(H)断面达重度污染外，其余断面均在轻度污染以下水平。深层沉积物较表层沉积物 N、P 污染较轻，但仍然出现 N 污染较 P 污染严重的现象，N 污染仍出现重度污染等级，而 P 污染基本处于警戒值以内。

表 10-5　内罗梅指数法评价结果

采样断面		单项污染指数			综合污染指数	
		P_{TN}	等级	P_{TP}	等级	P	等级
A	表层	1.567	III	0.799	II	1.388	III
	深层	0.672	I	0.404	I	0.608	I

采样断面		单项污染指数			综合污染指数		
		P_{TN}	等级	P_{TP}	等级	P	等级
B	表层	4.552	V	0.896	II	3.751	V
	深层	4.179	V	2.247	IV	3.728	V
C	表层	2.164	IV	0.817	II	1.858	III
	深层	0.448	I	0.276	I	0.407	I
D	表层	1.119	III	1.567	III	1.459	III
	深层	2.351	IV	0.991	II	2.039	IV
E	表层	4.440	V	1.794	III	3.836	V
	深层	2.500	IV	0.741	II	2.107	IV
F	表层	2.313	IV	0.981	II	2.008	IV
	深层	1.343	III	0.449	I	1.142	III
G	表层	18.657	V	11.632	V	16.992	V
	深层	6.493	V	1.850	III	5.457	V
H	表层	4.224	V	0.723	II	3.461	V
	深层	1.910	III	0.304	I	1.561	III
I	表层	3.308	V	1.277	III	2.846	IV
	深层	2.836	IV	0.770	II	2.376	IV
J	表层	1.891	III	0.530	I	1.587	III
	深层	0.933	II	0.463	I	0.824	II
K	表层	1.791	III	0.798	II	1.563	III
	深层	1.119	III	0.633	I	1.005	III

从综合污染指数来看,主干道表层沉积物受 N、P 污染相对较轻,均处于轻度污染水平,各支流表层沉积物受 N、P 污染严重,仅有 F 断面为"中度污染",其余均达"重度污染"等级。支流断面深层沉积物 N、P 污染均在"中度污染"以上,主干道断面深层沉积物除滨州铁路桥(D)(中度污染)外,其余均在"轻度污染"水平以内。

总体来看,各支流沉积物 N、P 污染严重,在适宜的条件下,沉积物中 N、P 极有可能向水体释放,容易发生水体富营养化现象。应对各支流断面进行水体和沉积物中 N、P 的实时监测,加强防范,同时避免污染水体进入主干道,影响主干流水质。

10.4.3　底泥重金属污染分析

10.4.3.1　监测断面重金属含量

对采集的各断面沉积物进行重金属污染分析，采用微波消解预处理样品，ICP-MS 定量检测重金属污染物，本次检测选取常见的 9 种重金属(Cr、Cd、Pb、Hg、As、Cu、Zn、Ni、Se)，图 10-14 是各监测断面重金属含量的平均值。可以看出，底泥中 Zn 浓度值最高，其次是 Cr、Pb、Cu、Ni，浓度值较低的是 Cd、Hg、Se。阿什河口内 150m 断面(G)各重金属浓度均高于其他断面。

监测断面重金属含量的平均值以全国土壤质量标准为参考，见表 10-6。与标准对比，可以看出只有 3 种重金属(Cr、Pb、Ni)未超标，有 5 种重金属超过Ⅰ级标准，超标率最大的断面均出现在 G 断面，其中 Cd 超标 3.4 倍、Hg 超标 20 倍、Zn 超标 2.12 倍、As 超标 1.32 倍、Cu 超标 1.04 倍。超过Ⅱ级标准的有 2 种重金属，Hg 超标 6 倍、Cd 超标 2.27 倍。超过Ⅲ级标准的仍然有 1 种，Hg 超标 2 倍。但与农用污泥控制标准对比，各监测断面重金属均未超标。

表 10-6　底泥重金属含量参考标准　　　　　单位：mg/kg

项目		Cr	Cd	Pb	Hg	As	Cu	Zn	Ni
全国土壤质量标准	Ⅰ	90	0.2	35	0.15	15	35	100	40
	Ⅱ	300	0.3	300	0.50	25	100	250	50
	Ⅲ	400	1.0	400	1.50	30	400	500	200
农用污泥控制标准		1 000	20	1 000	15	75	500	1 000	200

图 10-14 为表层和深层沉积物中 9 种重金属的含量分布图，由图可以看出：

1)Zn 比其他重金属含量高，在表层沉积物中 Zn 含量最高，阿什河口内 150m 断面(G)达最大值 211.72mg/kg 干重；在深层沉积物中其含量在何家沟内 150m 断面(B)和阿什河口内 150m 断面(G)较高，分别为 113.01 和 133.16 mg/kg 干重；

2)在表层沉积物中，各支流断面重金属含量略高于干流断面，深层沉积物中也出现相同的分布；

3)表层沉积物中重金属含量比相同断面深层沉积物高，表层沉积物重金属污染相对严重。

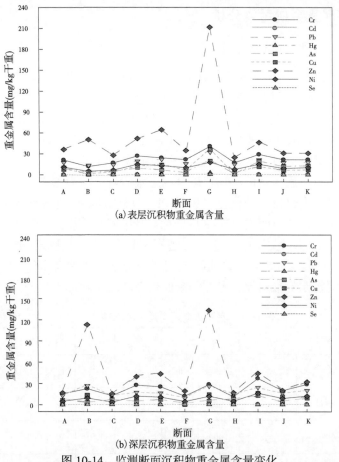

(a)表层沉积物重金属含量

(b)深层沉积物重金属含量

图 10-14　监测断面沉积物重金属含量变化

10.4.3.2　监测断面重金属污染评价

监测断面重金属浓度较高值主要集中在支流断面,尤其是阿什河口内 150m 断面浓度值最高,但浓度值高的重金属未必污染最严重,还需考虑重金属背景值的影响。为评价重金属污染物的污染程度,现采用污染指数法,公式如下:

$$P_i = C_i / C_{i0} \tag{10-3}$$

式中, P_i 为污染指数; C_i 为某种重金属的检测值; C_{i0} 为重金属的背景值。

据农业部和有关地区资料显示,哈尔滨地区土壤重金属背景值如表 10-7 所示,根据式(10-3)计算各监测断面重金属的污染指数,结果见表 10-8。由表可知, Hg 的污染指数相对较大,最高可达 88.53,表明众多断面受到 Hg 污染; Cr 与 Ni 污染指数均小于 1,浓度低于背景值,表明底泥沉积物几乎不受 Cr 与 Ni 污染。与其他断面相比较, G 断面重金属污染指数均较高,其中 Cd 和 Hg 污染指数明显高于其他重金属，表明该断面重金属 Cd、Hg 污染严重。

表 10-7　哈尔滨地区土壤中重金属背景值　　　单位：mg/kg

重金属	Cr	Cd	Pb	Hg	As	Cu	Zn	Ni
背景值	43.4	0.082	20.5	0.034	8.67	18.2	55.3	23.1

表 10-8　监测断面重金属污染指数

采样断面		Cr	Cd	Pb	Hg	As	Cu	Zn	Ni
A	表层	0.49	1.83	0.86	2.65	1.18	0.41	0.66	0.47
	深层	0.36	0.98	0.64	0.59	0.75	0.10	0.30	0.21
B	表层	0.27	1.83	0.65	1.47	0.06	0.22	0.91	0.22
	深层	0.52	5.12	1.30	7.06	0.38	0.75	2.04	0.40
C	表层	0.39	1.22	0.70	2.35	0.58	0.23	0.50	0.29
	深层	0.29	2.44	0.71	1.18	0.86	0.10	0.28	0.16
D	表层	0.62	3.05	0.95	2.35	1.23	0.66	0.94	0.65
	深层	0.64	2.56	0.85	3.53	0.48	0.51	0.72	0.52
E	表层	0.56	2.68	1.08	36.76	0.78	0.78	1.16	0.57
	深层	0.58	2.44	0.80	3.24	0.87	0.51	0.79	0.46
F	表层	0.50	2.32	0.77	1.18	0.29	0.39	0.63	0.44
	深层	0.28	1.10	0.45	0	0.02	0.10	0.35	0.20
G	表层	0.94	8.29	1.58	88.53	2.29	1.99	3.83	0.77
	深层	0.66	5.98	1.27	13.53	0.61	0.80	2.41	0.51
H	表层	0.40	2.56	0.74	2.35	0.21	0.25	0.45	0.33
	深层	0.26	2.20	0.72	0.29	0.94	0.13	0.31	0.22
I	表层	0.67	3.90	1.04	1.76	2.22	0.63	0.83	0.64
	深层	0.85	3.41	1.19	0.59	1.91	0.72	0.80	0.70
J	表层	0.50	2.68	0.85	1.18	1.40	0.34	0.56	0.39
	深层	0.46	1.22	0.81	0.09	1.32	0.18	0.36	0.39
K	表层	0.50	2.44	0.88	0.88	1.48	0.38	0.56	0.44
	深层	0.66	2.56	0.99	0	1.22	0.50	0.58	0.53

为进一步确定某断面重金属的综合污染状况，利用式 (10-4) 计算综合污染指数。

$$P=\sqrt{\frac{1}{n}\sum_{i=1}^{n}P_i^2}$$ (10-4)

重金属综合污染指数与污染级别的关系见表 10-9。

表 10-9 重金属综合污染指数与污染级别划分

项目	未污染	轻微污染	偏中度污染	中度污染	偏重度污染	重度污染	极度污染
P	≤1	1~2	2~3	3~4	4~5	5~6	>6
污染级别	0	1	2	3	4	5	6

各监测断面底泥重金属的综合污染指数见表 10-10。由表可知：①表层沉积物中马家沟口内 150m 断面（E）和阿什河口内 150m 断面（G）综合污染指数分别为 13.05 和 31.49，远远超过极度污染指标，说明 E 和 G 断面表层沉积物受重金属综合污染严重；除何家沟口内 150m 断面（B）表层沉积物综合污染指数小于 1 外，其余断面均受到轻微污染。②深层沉积物中何家沟内 150m 断面（B）和阿什河口内 150m 断面（G）重金属综合污染指数相对较高，分别是 3.22 和 5.34，属中度污染和重度污染；C、D、E、I、K 断面深层沉积物综合污染指数在 1~2，表明这些断面深层沉积物污染级别为 1 级，剩余断面深层沉积物未受到重金属污染。

表 10-10 监测断面重金属综合污染指数

监测断面	A	B	C	D	E	F	G	H	I	J	K
表层	1.30	0.93	1.02	1.56	13.05	1.03	31.49	1.28	1.81	1.23	1.15
深层	0.57	3.22	1.05	1.64	1.55	0.46	5.34	0.91	1.56	0.74	1.14

10.5 松花江哈尔滨段水环境质量改善对策

经过对松花江哈尔滨段水质及底泥沉积物特征污染物分析，发现松花江主流段水质基本符合水质规划要求，但支流水体污染对主流影响较大，尤其是松花江哈尔滨段水域氨氮与总氮浓度较高，分析认为松花江哈尔滨区域制药、食品深加工点源污染，以及流域内养殖业与种植业农业面源污染带来的高氨氮和总氮废水排放是主要原因。对各监测断面底泥沉积物状况分析发现，表层沉积物比深层沉积物往上覆水释放污染潜力大。底泥沉积物中重金属含量较高，尤其是表层沉积物中重金属含量高于深层沉积物重金属含量，说明排放至水体中的重金属优先在表层沉积物中进行累积，分析认为松花江哈尔滨段沿途存在的大量重金属排污工业企业是导致水体及底泥沉积物中重金属含量超标的主要原因。

针对高氨氮废水点源污染问题，一方面加强松花江哈尔滨区域污水处理厂的处理效率，将氨氮、总氮的去除与其他污染物的削减结合起来，以达到最大的处理效率。考虑氨氮、总氮及其他污染物的同步处理，需要对传统污水处理厂进行工艺升级改造，采用 BAF、UCT、膜生物反应器等工艺，配合回流污泥内源反硝化以及初沉池污泥水解等措施，或者增加混凝过滤工艺，对原有工艺进行集成改造，提高除氮能力。另一方面，围绕松花江哈尔滨段高氨氮食品加工废水和高浓度有机制药废水综合污染特征，从源头进行治理，开展新型生物强化脱氮技术和工艺研发，实现废水特征污染物深度削减的同时降低城市污水处理厂的污染负荷（宋连彬等，2011）。

对于农业面源污染，由于氨氮的污染主要是由化肥与农药的使用、畜禽粪便进入水体造成的。一方面要普及对农田的科学管理，建立技术服务体系，改进施肥技术，如测土施肥，科学合理施肥等；另一方面要整合资源，建立规模化养殖场，对粪便进行集中处理。

围绕河流底泥沉积物重金属内源释放污染，可行的整治措施包括工程疏浚、异位固化、化学固定、微生物修复、植物修复及多方式联合修复等多种方式，通过集成多种修复技术进行底泥沉积物中重金属去除，实现经济、有效生态清淤与处置。

松花江水环境质量的改善需要各职能部门配合，对水环境质量进行综合管理：

1）多部门联合进行综合管控。充分发挥政府各级部门的职能作用，协同推进环境保护对策的实施。

2）提高环境保护政策优先度，将其提升至国家决策的层面，将环境保护作为国家及地方政府公共财政预算优先安排的领域。

3）环境保护对策必须注重生态平衡。松花江哈尔滨段的水环境保护需要兼顾各个方面，在实施以支促干方针的同时应兼顾干流，治理污染的同时兼顾生态修复，统筹考虑生态环境功能。

第 11 章　流域水资源管理机制研究

最严格水资源管理制度是针对严峻的水资源情势设计的一套制度安排,以确保水资源的合理开发利用和水生态环境安全。本章在分析现行水资源管理制度结构、优势、冲突及实施等问题的基础上,借鉴国内外的先进理论和成功经验,提出了当下制度及实施机制执行的相关问题,为解决当前水管理问题提供建议和构想,探讨流域水资源管理考核机制、研究流域机构建立纳污红线管理机制(确定水功能区纳污能力和水质达标率、建立红线考核指标体系、实施纳污红线监督管理、落实保障措施)、系统分析省界缓冲区管理机制 (联合治污机制是管理机制的核心内容之一、建立水污染问责机制、引入自愿性环境协议机制、强化公众参与的督察和评估机制、探索资源经济政策引导机制)等。

11.1　最严格水资源管理制度

11.1.1　最严格水资源管理制度的提出

近年来,国家层面相继颁布或修订了《中华人民共和国水法》、《取水许可和水资源费征收管理条例》、《水文条例》等法律法规,相继出台了《水资源费征收使用管理办法》、《入河排污口监督管理办法》、《建设项目水资源论证管理办法》等部门规章,已经形成了水资源管理制度框架体系。但是,与发达国家相比,我国现有的水资源管理制度法规仍然不够健全,基础薄弱,管理较为粗放,措施落实不够严格,投入机制、激励机制、参与机制也不够健全,已经不能适应当前严峻的水资源形势。最严格水资源管理制度的主要内容是围绕水资源配置、节约和保护,建立并实施水资源管理三条红线制度。解决我国日益复杂的水资源问题,实现水资源高效利用和有效保护,根本上要靠制度、靠政策、靠改革。根据水利改革发展的新形势新要求,在系统总结我国水资源管理实践经验的基础上,确立水资源开发利用控制、用水效率控制和水功能区限制纳污"三条红线",从制度上推动经济社会发展与水资源水环境承载能力相适应(王浩,2013)。

11.1.2　国外与最严格水资源管理"三条红线"制度相关经验借鉴

11.1.2.1　美国

美国的水资源具有鲜明的管理层次、全面深入的监测部署、与时俱进的创新管理、因时地制宜的刺激政策以及充裕到位的资金管理。美国之所以在水资源开发利用和水生态保护方面取得良好的成绩,与其严格、先进的水资源管理是分不开的。美国的管理体制分为联邦(中央)、州、地方(市)政府机构 3 个层次,管理日常事务。此外,有《水资源规划法》规定的总统直接领导、各内政部长协同管理的水资源理事会,它负责制定统一水政策、全面协调联邦政府、州政府、地方政权、私人企业和组织的涉水工作。美国支持利益相关人员参与前期决策和整个过程的管理。例如,在纽约,当地社区居民及各利益相关人员积极参与到流域管理及水保护委员会中来。这里面有两大流域的工商业代表,众两院、州农民、普通市民、环保等中介及第三方组织以及各色利益相关人员,其中涵盖了排污者代表、受损失方代表,这样使得整个流域决策民主、全过程受人关注和监督,督促相关势力参与到积极方面上来。

在管理制度方面,美国将规划提升到战略高度,以此科学规划水资源利用,防止水浪费。美国联邦政府从 1994 年开始制定为期 4~5 年的环境保护战略规划,到目前为止,共制定了 5 轮战略规划,分别为 1994~1997 年、1997~2002 年、2000~2005 年、2003~2008 年和 2006~2011 年战略规划。在环境战略中,水环境保护战略规划是重中之重。最近一期的水环境战略是 2006~2011 年。美国环境战略规划的编写制定也是一个逐渐完善、逐渐发展的过程,但有关科学研究支持的程度很高。2006~2011 年环保战略规划中提出具体目标、子目标及其相关战略目标,有时将这种目标层次结构统称为"战略结构",利用这种目标层次结构来支持总目标的实现,战略规划中介绍了美国 EPA 及其合作伙伴治水依靠法律的理念以及依法治水的管理理念,且与时俱进,不断适应时代发展。

11.1.2.2　日本

日本属于水资源紧缺国家,在治水的过程中形成了比较完善的节水管理办法,制定了《控制水道水的需要量的措施》、《节约用水纲要》等关于节约用水的法律制度,以此来规范全国的水事活动。日本的水资源管理框架体系由 5 个方面组成:①水资源开发的总体规划。日本依据《国土开发综合法》分别制定了《国家水资源综合规划》和《水资源开发基本规划》;②补贴。中央和地方政府为各类新建、现行运营设备的运转、维护和管理应给予财政支持的数额和比例在《河川法》、《污水法》、《供水法》和《土地改良法》等法律都有相关规定;③水权或水交易。《河川法》规定了地表水的使用权分配问题,同时明确生活用水和工业用水之间禁止交易，除非是特定的土地改良；④水务企业的运行和监管。日本政府制定了翔实的行业性法律措施来监管水务企业的运行和日常管理，这些企业是指生活、工农业用水供给、污水处置等不同类型水务企业；⑤水质保护。《环境基本法》对水污染监控、自然生态保护的基本原则做了相关规定，《水污染防治法》在此基础上，进一步规定了更为详细、具体的指导原则。

11.1.2.3　德国

德国的管理体系明确，层次性好，法律结构健全，国家规定了大的法律框架，各州在此基础上进行填充，建立了大量法律如《联邦污染管制条例》、《联邦污染防治法》、《环境信息法》、《德国废水纳税法》、《德国水管理法》、《环境监测法》。德国在水资源利用与保护立法方面投入了大量时间、资源和精力进行研究，同时立法过程严肃、程序严格。在对水源的保护区域的设置方面就有诸多规定：①供水方向主管部门递交申请；②政府划定水保护区同时设置保护措施；③官方对水保护区预备方案进行公布；④区域政府对水保护区规划方案进行公布，赋予其法律效力，同时积极应对供水单位和利益受损方的矛盾；⑤成立专门部门负责水保护区的管理。由于建立程序严格，使得无论是城市还是农村的饮用水源基本上获取了到位的保护。

德国对节约用水宣传力度很大，鼓励民众积极节水，提倡良好的用水习惯。在德国，民众可以通过电视、报纸、互联网等多种途径了解国家环境部介绍节水知识与推荐的方法；民众在政府鼓励下购买节水型产品，雨水资源在实际得到了有效应用，另外，财政补贴在内的多种节水政策也得到了有效运用。另外，水保护人员实行专人专职(德国《水管理法》)，他们对水事活动进行监管以及提供相应的法律咨询等，对水事进行监控以及排污企业的监管。

11.1.2.4　英国

英国政府将流域管理划分为 10 个区域性管理局。综合管理辖区内水资源的供、排、污染控制，以及水土保持、水产业、防止水灾害等问题。对水资源的管理主要体现在以下 3 个方面：①制定河流保护单部法，《泰晤士河保护法》(针对整个流域内水资源管理与保护)；②成立泰晤士河水务局，它由董事会行使权力，董事会成员由各相关部门大臣(相当于我国部长)任命具有专业业务素质且组织协调能力强的人员及流域地方代表组成。它是由国家、地方共同建立的非政府机构，它同时也是一个具有极大自主权的，独立财政的事业单位，这样使得水资源可以进行更公平的流域分配，同时使地方行政约束归于无效，而且可以确定相关事务建立在满足其运营成本的收费标准；③国家河管局还制定了关于泰晤士河专门的流域规划及环保规划。

11.1.2.5　以色列

以色列之所以在节水方面世界领先，与其一系列严格的制度规定及良好的政策措施是分不开的。以色列颁布了包括《水计量法》、《水法》、《水灌溉控制法》等一系列法律来规范水事行为，以此促进节水。为防止意外状况的发生还制定特殊时期的用水法规及用水标准。大量资金注入是实现最严格水资源管理的必然条件。由于市场经济融资系统并不完善，仅凭地方政府财政，进行公益事业投资会导致一系列社会问题，不仅影响社会经济发展，还有可能引起社会矛盾。因此，政府应保证各项收费资金的配套及落实，制定相关政策，使政策资金充分发挥低利息、长期限的作用，引导社会资金有序进入，充分发挥政府引导、市场机制的良性运作模式，使最严格水资源管理充满活力。以色列注重水资源利用先进技术的研发和推广，由于本国缺水严重限制了本土的农业，因此其在水资源利用、回收和管理方面摸索出一套成功办法，在农业产量增长 12 倍的同时，农业用水量只增加 3 倍。利用价格杠杆措施来鼓励节约用水、开发利用非常规水源、发展节水技术，是以色列开源节流、高效用水的重点。

11.1.2.6　经验借鉴

同国外相比，我国应加强水资源规划及环境规划的前瞻及指导地位，解决综合规划与专项规划的协调问题，拓宽规划的工作思路，将规划涉及的全面、复杂长期性的问题作为分析的重点，注重与实际情况的结合，切实提高可行性水平。执行规划当中，灵活调整规划中的不足之处，保障规划思想的顺利进行。

首先，确保为开展水资源调查评价及开发利用评价提供较为准确的水资源数量、质量以及可开发利用量的基础成果，从而可以提供对现状用水水平的评价成果，并对水资源进行定性及定量分析评价，同时，通过对经济、环境等影响因素通盘考虑，得出需水及供水预测、节水、水环境保护、水资源配置的分析结果及比选方案。

其次，在吸纳水资源配置部分工作成果反馈的基础上，提出推荐的节水及水资源保护方案；为水资源配置提供需水、供水、排水、污染物排放等方面的预测成果，合理抑制需求、有效增加供水、积极保护生态环境措施的可能组合方案及其相应的技术经济指标，为水资源配置提供优化选择的条件；水资源配置统筹考虑流域水量和水质的供需分析为基础，将流域水循环和水资源利用的供、用、耗、排水过程紧密联系，提供中间和最终成果的反馈，形成优化的水资源配置格局，为总体布局、水资源工程和非工程措施的选择及其实施确定方向和提出要求。

11.1.3　水资源管理的"三条红线"

针对中央关于水资源管理的战略决策，国务院发布了《关于实行最严格水资源管理制度的意见》，进一步明确水资源管理"三条红线"的主要目标，提出具体管理措施，全面部署工作任务，落实管理责任和考核制度。这一水资源纲领性文件的出台和实施将极大地推动该项制度的贯彻落实，促进水资源合理开发利用和节约保护，保障经济社会可持续发展。

1）建立水资源开发利用控制红线，严格实行用水总量控制。制定重要江河流域水量分配方案，建立流域和省、市、县三级行政区域的取用水总量控制指标体系，明确各流域、各区域地下水开采总量控制指标。严格规划管理和水资源论证，严格实施取水许可和水资源有偿使用制度，强化水资源统一调度等。开发利用控制红线指标主要是用水总量。

2）建立用水效率控制红线，坚决遏制用水浪费。制定区域、行业和用水产品的用水效率指标体系，改变粗放用水模式，加快推进节水型社会建设。建立国家水权制度，推进水价改革，建立健全有利于节约用水的体制和机制。强化节水监督管理，严格控制高耗水项目建设，全面实行建设项目节水设施"三同时"管理，加快推进节水技术改造等。用水效率控制红线指标主要有万元工业增加值用水量和农业灌溉水有效利用系数等。

3）建立水功能区限制纳污红线，严格控制入河排污总量。基于水体纳污能力，提出入河湖限制排污总量，作为水污染防治和污染减排工作的依据。建立水功能区达标指标体系，严格水功能区监督管理，完善水功能区监测预警监督管理制度，加强饮用水水源保护，推进水生态系统的保护与修复等。水功能区限制纳污红线指标主要有江河湖泊水功能区达标率等。

11.1.4　我国流域机构的相应职责

11.1.4.1　建立水资源开发利用控制红线，严格实行用水总量控制

1）严格流域与区域取水总量控制。加快制定重要江河流域的水量分配方案，建立松辽流域各省（区）的取水许可总量控制指标体系，实施流域、区域取水总量控制。各省（区）要按照确定的可利用水资源量以及取水许可总量控制指标，制定年度用水计划，依法对本行政区域内的年度用水实行总量控制。流域管理机构（松辽委）负责省界江河断面水量水质考核。取水总量已达到或超过总量控制指标的地区，暂停审批建设项目新增取水；取水总量接近取水许可总量控制指标的地区，限制审批新增取水。在水量分配方案的基础上，鼓励各省（区）之间开展水量交易，运用市场机制，合理配置水资源。

2）严格规划管理和水资源论证。开发利用水资源，应当按照流域、区域统一制定规划，充分发挥水资源的多种功能。建设水工程，必须符合流域综合规划和防洪规划，由流域机构相关部门按照管理权限审查并签署意见。加强相关规划和项目建设布局水资源论证工作，国民经济和社会发展规划以及城市总体规划的编

制、重大建设项目的布局，应当与当地水资源条件和防洪要求相适应。进一步加强建设项目水资源论证制度实施，未依法开展和完成水资源论证工作的建设项目不予批准、建设单位不得开工建设和投产使用，如擅自开工建设或投产的，应责令停止违法行为。

3) 严格实施取水许可和水资源有偿使用制度。严格规范取水许可审批管理，对不符合国家产业政策或列入国家产业结构调整指导目录中淘汰类的，产品不符合行业用水定额标准的，在水功能区中的保护区和饮用水源保护区内设置排污口的，在城市公共供水管网能够满足用水需要时建设项目自备取水设施取用地下水的取水申请，审批机关一律不予批准。认真落实水资源管理制度，依法加强水资源费征收管理，严格按照规定的征收范围、对象、标准和程序征收，确保应收尽收，任何单位和个人不得擅自减免、缓征或停征水资源费。

4) 严格地下水开发利用管理。积极推进实施地下水保护运动，实行地下水取水总量控制和水位控制，依法规范机井建设审批管理，加大地下水动态监测，防止地下水超采，在城市公共供水管网覆盖范围内逐步关闭自备水井。核定并公布地下水超采区，明确禁采和限采范围。强化深层地下水的禁采和限采，抓紧制定地面沉降区、海水入侵区地下水压采方案，合理配置水资源，逐步削减开采量。

11.1.4.2 加强用水效率控制红线管理，全面推进节水型社会建设

1) 强化水资源统一调度。流域管理机构会同地方各级人民政府水行政主管部门应依法制定水资源调度方案、应急调度预案和调度计划，对水资源实行统一调度。区域水资源调度应当服从流域水资源统一调度，水力发电、供水、航运调度应当服从流域水资源统一调度。水资源调度实行有关地方人民政府行政首长负责制、流域管理机构以及水库主管部门或单位的主要领导负责制。经批准的水量调度方案、应急调度预案和调度计划，有关地方人民政府必须服从。

2) 积极推进节水型社会建设。要切实履行推进节水型社会建设的责任，积极探索推进水权制度建设，逐步稳妥地推进水价改革，不断提高水资源的利用效率和效益。会同有关部门建立区域及行业用水效率考核体系，经水利部报国务院批准后，对各省级人民政府的完成情况进行考核。

3) 加强节水监督管理。要强化用水定额管理和计划用水管理，对超过用水计划及定额标准的用水单位依法核减取用水量，对达到一定取用水规模以上的用水户实行重点考核。建设项目应当制定节水措施方案，实施建设项目节水"三同时"制度，节水设施应与主题工程同时设计、同时施工、同时投产。建设项目违反"三同时"制度的，流域机构依据其权限责令停止使用，限期改正。

4) 加快节水技术改造。实行用水产品用水效率标识管理。不得生产不符合节水标准的用水产品。公共建筑中不符合现有节水标准的用水设备及产品，应当逐步淘

汰。加大农业灌区节水改造力度，抓好工业高耗水、高污染企业节水。鼓励沿海地区大力发展海水淡化和直接利用。积极推进污水处理回用等非常规水源开发利用，污水处理回用要纳入水资源统一配置。

11.1.4.3　建立水功能区限制纳污红线，严格控制入河排污总量

1）严格水功能区监督管理。流域机构要加强省界水量水质监测，其水量监测数据作为考核有关省区用水总量的依据，其水质监测数据应作为有关省区水污染防治专项规划实施情况考核的依据之一。严格入河排污口监督管理。对现状排污量超出水功能区限制排污总量的地区，限制审批新增取水，限制审批入河排污口。

2）加强饮用水水源保护。严格饮用水水源保护区制度，全面落实全国城市饮用水源安全保障规划和农村引水安全保障相关规划，落实管理责任制，加强水源地保护和综合治理。完善饮用水水源的突发事件应急预案，建立备用水源，严格禁止破坏水源涵养林。

3）推进水生态系统的保护与修复。开发利用水资源应维持河流合理流量和湖泊、水库以及地下水的合理水位，维护河流生态健康。研究建立生态用水及河流健康指标体系，定期组织开展全国重要河湖的健康评价（王超等，2011）。

11.2　流域水资源管理考核机制的研究

根据《实行最严格水资源管理制度考核办法》，考核工作坚持客观公平、科学合理、系统综合、求真务实的原则。国务院对各省、自治区、直辖市落实最严格水资源管理制度情况进行考核，水利部会同发展改革委、工业和信息化部、监察部、财政部、国土资源部、环境保护部、住房城乡建设部、农业部、审计署、统计局等部门组成考核工作组，负责具体组织实施。各省、自治区、直辖市人民政府是实行最严格水资源管理制度的责任主体，政府主要负责人对本行政区域水资源管理和保护工作负总责。

考核内容为最严格水资源管理制度目标完成、制度建设和措施落实情况。实行最严格水资源管理制度主要目标包括用水总量、万元工业增加值用水量、农田灌溉水有效利用系数和重要江河湖泊水功能区水质达标率4项指标；制度建设和措施落实情况包括用水总量管理、用水效率管理、水功能区限制纳污管理、保障措施。考核评定采用评分法，满分为100分。考核结果划分为优秀、良好、合格、不合格4个等级。考核得分90分以上为优秀，80分以上90分以下为良好，60分以上80分以下为合格，60分以下为不合格（以上包括本数，以下不包括本数）。

考核工作与国民经济和社会发展五年规划相对应，每五年为一个考核期，采用年度考核和期末考核相结合的方式进行。在考核期的第2～5年上半年开展上

年度考核，在考核期结束后的次年上半年开展期末考核。水利部在每年 6 月底前
将年度或期末考核报告上报国务院，经国务院审定后，向社会公告。经国务院审
定的年度和期末考核结果，交由干部主管部门，作为对各省、自治区、直辖市人
民政府主要负责人和领导班子综合考核评价的重要依据。

对期末考核结果为优秀的省、自治区、直辖市人民政府，国务院予以通报表
扬，有关部门在相关项目安排上优先予以考虑。对在水资源节约、保护和管理中
取得显著成绩的单位和个人，按照国家有关规定给予表彰奖励。年度或期末考核
结果为不合格的省、自治区、直辖市人民政府，要在考核结果公告后一个月内，
向国务院作出书面报告，提出限期整改措施，同时抄送水利部等考核工作组成员
单位。整改期间，暂停该地区建设项目新增取水和入河排污口审批，暂停该地区
新增主要水污染物排放建设项目环评审批。对整改不到位的，由监察机关依法依
纪追究该地区有关责任人员的责任。对在考核工作中瞒报、谎报的地区，予以通
报批评，对有关责任人员依法依纪追究责任。

11.2.1　考核内容

考核内容包括最严格水资源管理制度目标完成情况、制度建设和措施落实
情况两部分。

1) 目标完成情况

最严格水资源管理制度目标完成情况共考核 4 项指标，分别是松辽流域各省
(区) 用水总量、万元工业增加值用水量、农田灌溉水有效利用系数和重要江河湖
泊水功能区水质达标率。

2) 制度建设和措施落实情况

其考核内容为松辽流域各省 (区) 人民政府在推进最严格水资源管理制度建
设和相关措施落实方面的情况，包括用水总量管理、用水效率管理、水功能区限
制纳污管理、保障措施 4 个方面。

11.2.2　考核评分方法

考核评分分为 3 个阶段，分别是年度考核评分、期末考核评分和考核等级确定。

(1) 年度考核评分

各年度考核总分值为最严格水资源管理制度目标完成情况、制度建设和措施
落实情况两部分分值总和，评分采用百分制，保留整数，即年度考核评分得分＝
目标完成情况得分×权重系数+制度建设和措施落实情况得分×权重系数。

(2) 期末考核评分

期末考核总分由各年度考核平均得分(不包括期末年)和期末年考核得分加

权，分值保留整数。其中年度评价平均得分权重占 30%，期末年评价得分占 70%。即考核期末总得分＝各年度考核平均得分×30%＋期末年考核得分×70%。

(3)考核等级确定

根据年度或期末考核的评分结果划定等级。满分为 100 分，考核得分 90 分以上为优秀，80 分以上 90 分以下为良好，60 分以上 80 分以下为合格，60 分以下为不合格(以上包括本数，以下不包括本数)。

11.2.3　目标完成情况评分方法

4 项指标中，用水总量指标满分 30 分、万元工业增加值用水量指标满分 20 分、农田灌溉水有效利用系数指标满分 20 分、重要江河湖泊水功能区水质达标率指标满分 30 分。

11.2.3.1　用水总量指标

(1)定义及计算

用水总量指各类用水户取用的包括输水损失在内的毛水量之和，包括生活、工业、农业和生态 4 部分用水量，不含再生水和海水直接利用量。

生活用水包括城镇生活用水和农村生活用水。其中，城镇生活用水由居民用水和公共用水(含第三产业及建筑业等用水)组成；农村生活用水除居民生活用水外，还包括牲畜用水。

工业用水指工矿企业在生产过程中用于制造、加工、冷却、空调、净化、洗涤等方面的用水，按新水取用量计，不包括企业内部的重复利用水量。其中，对 2000 年以后新增的直流式冷却的火电机组单独统计，以耗水量计。水力发电用水属于河道内用水，不计入工业用水量。

农业用水包括农田灌溉及鱼塘补水。农田灌溉用水按水田、水浇地和菜田分别统计用水量、林牧渔业灌溉用水按林果灌溉、草场灌溉和人工鱼塘补水分别统计用水量。

生态用水包括人为措施提供的维护生态环境的水量，不包括降水、径流自然满足的水量，按城镇环境补水(含河湖补水和绿化、清洁用水)和农村生态补水(指对湖泊、洼淀、沼泽等的补水)分别统计。

(2)评分方法

年度用水总量小于等于考核目标值时，指标得分＝[(考核目标值－实际值)/考核目标值]×30＋30×80%。得分最高不超过 30 分。

年度用水总量大于目标值时，该项指标得分为 0 分。

11.2.3.2 万元工业增加值用水量

(1)定义及计算

万元工业增加值用水量指工业用水量与工业增加值的比值,即万元工业增加值用水量=工业用水量(m^3)/工业增加值(万元)。其中,工业增加值采用 2010 年可比价。

万元工业增加值用水量降幅指当年度与上一考核期期末年万元工业增加值用水量下降的百分比。

(2)评分办法

万元工业增加值用水量降幅大于等于考核目标值时,指标得分=[(实际值—考核目标值)/考核目标值]×20+20×80%。得分最高不超过 20 分。

万元工业增加值用水量降幅小于目标值时,该项指标得分为 0 分。

10.2.3.3 农田灌溉水有效利用系数

(1)定义及计算

农田灌溉水有效利用系数指田间净灌溉用水量与相同区域毛灌溉用水量的比值(单位为百分比),即农田灌溉水有效利用系数=灌溉区域田间净灌溉用水量(m^3)/同等区域毛灌溉用水量(m^3)。

毛灌溉用水量指某一时期(以年为单位统计)从水源地引入(取用)用于农田灌溉的总水量,其等于从水源地取水总量扣除由于工程保护、防洪除险等需要的渠道(管路)弃水量以及向灌溉区域外的退水量。净灌溉用水量指某一时期(以年为单位统计)灌入田间可被作物利用的水量,应按照旱作充分灌溉、旱作非充分灌溉、水稻灌区灌溉等灌溉方式进行测算。

农田灌溉水有效利用系数依据水利部发布的《全国灌溉用水有效利用系数测算分析技术指南》进行测算。

(2)评分方法

农田灌溉水有效利用系数大于等于考核目标值时,指标得分=[(实际值—考核目标值)/考核目标值]×20+20×80%。得分最高不超过 20 分。

农田灌溉水有效利用系数小于目标值时,该项指标得分为 0 分。

11.2.3.4 重要江河湖泊水功能区水质达标率

(1)定义及计算

重要江河湖泊水功能区水质达标率指水质评价达标的水功能区数量与全部参与考核的水功能区数量的比值(单位为百分比),即重要江河湖泊水功能区水质达标率=达标的水功能区数量/参与考核的水功能区数量。

水质评价达标是指按照《地表水和污水监测技术规范》(HJ/T 91—2002)、《地表水环境质量标准》(GB3838—2002)进行监测分析，按照《地表水资源质量评价技术规程》(SL395—2007)及《全国重要江河湖泊水功能区水质达标评价技术方案》进行评价，双因子(高锰酸盐指数 COD_{Mn} 和氨氮 NH_3–N)同时达标。

参与考核的水功能区名录依据《全国重要江河湖泊水功能区划(2011～2030年)》(国函〔2011〕167号)，由流域机构商确定。

(2)评分方法

重要江河湖泊水功能区水质达标率大于等于考核目标值时，指标得分=[(实际值-考核目标值)/考核目标值]×30+30×80%。得分最高不超过20分。

重要江河湖泊水功能区水质达标率小于目标值时，该项指标得分为0分。

11.2.4　制度建设和措施落实情况评分方法

制度建设和措施落实情况的考核内容总分为100分。主要评分内容包括用水总量管理、用水效率管理、水功能区限制纳污管理、保障措施4个方面。具体评分标准见表11-1。

表 11-1　制度建设和措施落实情况评分表

项目	序号	分项	分值	主要内容
用水总量管理	1	严格规划管理和水资源论证	5	按照流域和区域统一制定水资源规划，加强相关规划和项目建设布局水资源论证工作，严格执行建设项目水资源论证制度
	2	严格控制区域取用水总量	5	加快制定主要江河流域水量分配方案，建立辖区内取用水总量控制指标体系，实施区域取用水总量控制和年度用水管理，强化水资源统一调度
	3	严格实施取水许可	5	对取用水总量已达到或超过控制指标的地区，暂停审批建设项目新增取水；对取用水总量接近控制指标的地区，限制审批建设项目新增取水；严格规范建设项目取水许可审批管理
	4	严格地下水管理和保护	5	实行地下水取用水总量控制和水位控制，核定并公布地下水禁采和限采范围，规范机井建设审批管理，编制并实施地下水利用与保护规划
		小计	20	
用水效率管理	5	全面加强节约用水管理	8	切实推进节水型社会建设，有效提高用水效率与效益；水资源短缺地区严格控制高耗水产业发展；鼓励非常规水源开发利用，并纳入水资源统一配置
	6	强化用水定额管理	6	组织修订行业用水定额；强化用水监控，对纳入取水许可管理的单位和其他用水大户实行计划用水管理；实行节水"三同时"制度
	7	加快推进节水技术改造	6	制定节水强制性标准，实行用水产品用水效率标识管理；加大农业、工业、生活节水技术改造力度
		小计	20	

续表

项目	序号	分项	分值	主要内容
水功能区限制纳污管理	8	严格水功能区监督管理	8	完善水功能区监督管理制度；从严核定水域纳污容量，严格入河湖排污口监督管理，严格控制入河湖排污总量；切实加强水污染防控，加强工业污染源控制，提高城市污水处理率，改善水环境质量
	9	加强饮用水水源保护	6	依法划定饮用水水源保护区，组织开展饮用水水源地达标建设；完善饮用水水源地核准和安全评估制度；制定饮用水水源地突发事件应急预案，建立备用水源
	10	推进水生态系统保护与修复	6	维护河湖健康生态，推进河湖健康评估；加强水资源保护，推进生态脆弱河流和地区水生态修复
		小计	20	
保障措施	11	建立水资源管理责任和考核制度	8	逐级落实水资源管理责任，建立考核工作体系，考核结果作为县级以上地方人民政府相关领导干部综合考核评价依据
	12	健全水资源监控体系	8	加强水质、水量监测能力建设；加快建设国家水资源监控能力省级项目；完善水资源信息统计与发布体系
	13	完善水资源管理体制	8	完善流域管理与行政区域管理相结合的水资源管理体制；强化城乡水资源统一管理
	14	完善水资源管理投入机制	8	严格水资源费征收使用和管理，水资源费主要用于水资源节约、保护和管理；建立长效、稳定的水资源管理投入机制，加大财政资金对水资源节约、保护和管理的支持力度
	15	健全政策法规和社会监督机制	8	完善水资源配置、节约、保护和管理等方面的政策法规体系；强化社会舆论监督，完善公众参与机制
		小计	40	
合计			100	

11.2.5 权重计算参考方法

权重的确定方法归纳起来大致有两类：一类是主观赋权法，如德尔菲法、多层次分析法；另一类是客观赋权法，如灰色关联法、熵权法，以及新兴方法人工神经网络法。主观权重确定法会使研究结果受到较大人为因素的影响（主要是指主观偏见），而客观权重又无法表达决策者的主观意识，因此，将主、客观权重相融合的赋权法才能全面反映专家、决策者的主观意见以及客观数据包含的权重信息。

通过对各种权重计算方法的分析可知，主观赋权法受人为因素的影响较大，而客观赋权法在应用时往往需要大量的样本，两类方法各有利弊。因此本节提出一种主客观相结合的权重确定方法——指标序列法。

在利用指标序列法计算权重时，不去重点考虑专家对各指标的重要性评分，而是根据专家对各指标的评分情况进行指标重要程度排序。计算时，只要将各指标的排序汇总统计到一张"权重"计算表上，即可得到每一个指标的"权重"。具体的计算步骤如下所述。

（1）指标排序

根据某专家对指标体系中各指标的评分情况，对所有指标进行重要程度排序。若其中某几个指标的重要程度一样，可以采用相同的序号。则可得到如下形式的表，见表 11-2。

表 11-2 指标重要程度统计表

第一层指标	指标序列	第二层指标	指标序列	⋮
		y_1	1	
		y_2	2	
x_1	1	y_3	3	
		⋮	⋮	
		y_n	n	⋮
		y_1	1	
		y_2	2	
x_2	2	y_3	3	
		⋮	⋮	
		y_p	p	

...

（2）"频数"统计

假设在上一步骤中，共统计得到 m 份"指标重要程度统计表"。在这一步骤里则要统计每一项指标获取各"序号"的频次。例如，表 11-3 为指标 x_1 的下一层次指标获取"序号"的频数统计表。对于指标 x_1 的下一层次指标 y_1，在 m 份统计表中获取重要程度序号"1"的频次为 $y_1, 1$，则将 $y_1, 1$ 填在表 11-3 中相应的位置上。

表 11-3 指标"频数"统计表

x_1	1	2	3	⋯	n	ω
y_1	$y_1, 1$	$y_1, 2$	$y_1, 3$	⋯	y_1, n	ω_1
y_2	$y_2, 1$	$y_2, 2$	$y_2, 3$	⋯	y_2, n	ω_2
y_3	$y_3, 1$	$y_3, 2$	$y_3, 3$	⋯	y_3, n	ω_3
⋮	⋮	⋮	⋮	⋯	⋮	⋮
y_n	$y_n, 1$	$y_n, 2$	$y_n, 3$	⋯	y_n, n	ω_n

如果每份表中的 n 个指标都获得了序号，没有空缺，则表 11-3 中每个指标获取 n 个序号的频数之和为 m。由于重要程度相同的指标被允许获取相同的序号数，所以表 11-3 中各指标频数之和可以大于或小于 m。频数统计后，按照第三步骤计算 ω，即可得到指标的"权重"。

(3) 权重计算

"指标序列法"根据指标的排序号及各排序号的"频数"来计算权重。由于指标的排序号越"小"，其重要程度越"大"，因此在计算时，以排序号的逆向排列表示指标重要程度的递减。

指标序列法计算简便，计算时只需要相互比较各指标在综合研究时的作用大小，从而大大降低专家判断的主观性。同时由于指标序列法计算出的"权重"已综合反馈了专家的全部信息，因此计算结果容易被专家接受。

11.3　流域机构建立纳污红线管理机制初探

水功能区限制纳污的目标是保障水功能区达标。为实现该目标，流域机构需要建立相应的水资源保护管理执行机制。建议流域机构从 4 个方面的管理措施入手，逐步建立水资源保护管理执行机制。

11.3.1　确定水功能区纳污能力和水质达标率

水功能区限制纳污红线以水功能区水质达标率作为考核指标。2012 年《国务院关于实行最严格水资源管理制度的意见》提出 2030 年水功能区水质达标率提高到 95%。

为实现上述目标，首先要使流域水功能区的达标率达到 2015 年水平，然后逐步到达 2020 年、2030 年水平。这就需要流域机构把这些阶段性目标合理地分解到期间的每个年份，同时合理地分解到流域各省区。纳污红线管理的目的是限制入河排污总量，因此实施限制纳污红线管理还需要对水功能区的纳污能力进行核定，以限定入河排污总量。

11.3.2　建立红线考核指标体系

11.3.2.1　指标分解

将重要江河湖泊水功能区限制纳污红线和分阶段达标计划分解到流域内各省区。其主要包括 3 方面内容：首先，从定性分析和定量估算角度研究年度各省区水功能区水质达标率分解方案；其次，提出完整的水功能区水质达标评估指标体系及赋分方法；最后，作特殊条件下（如天然背景值低、断流等）水功能区水质不达标情景分析。

松辽流域各省(区)重要江河湖泊水功能区分阶段水质达标率控制目标见表11-4。

表11-4　松辽流域各省(区)重要江河湖泊水功能区水质达标率控制目标　单位：%

地区	2015 年	2020 年	2030 年
辽宁省	50	78	95
吉林省	41	69	95
黑龙江	38	70	95
内蒙古自治区	52	71	95
河北省	55	75	95

11.3.2.2　考核指标体系

1)目标完成情况：重要江河湖泊水功能区水质达标率。

2)制度建设情况：主要包括严格水功能区监督管理、加强饮用水水源保护、推进生态系统保护修复3方面内容。

3)措施落实情况：包括各类保障措施的落实情况。

11.3.3　实施纳污红线监督管理

国家对限制纳污红线的考核由水利部会同国务院有关部门实施，并为此制订国家级的水功能区纳污红线统计、监测和考核等相关办法，对各省级人民政府纳污红线落实情况实施考核。2014年3月，水利部制定了《全国重要江河湖泊水功能区水质达标评价技术方案》，规定了水功能区限制纳污红线考核指标的监测评价、数据报送、成果核查和通报程序等。流域机构应迅速制订相应的执行细则并出台实施。

11.3.4　落实保障措施

(1)加强监测能力及站网建设

逐步扩大水资源质量监测站网规划实施的覆盖面，以适应纳污红线管理的需要。加快干流水质监测自动站、移动实验室和常规监测等能力建设步伐，逐步扩大"常规监测与自动监测相结合、定点监测与机动巡测相结合、定时监测与实时监测相结合，加强监督性监测和应急监测的水质监测新模式"的覆盖面，进一步完善监测体系，实现流域内水利部门水质监测信息共享，水利、环保信息互通。

(2)加强水功能区管理

严格取水许可和入河排污口设置审查，强化入河排污口管理。明确松辽委管理范围和权限，在管理权限内对不能按期完成限制排污总量或者其分解指标的区域，不批准新增取用水量，禁止新设入河排污口。对不能达标排放的停止取水许可，依法作出入河排污行政处罚。

(3)完善法规制度建设

将纳污红线管理制度建设列入立法重点，加强流域规范性文件的发布实施。

11.4　流域机构参与纳污红线考核管理机制的构想

11.4.1　流域机构参与红线考核的环节

根据《国务院办公厅关于印发实行最严格水资源管理制度考核办法的通知》(国办发〔2013〕2 号)，水利部成立实行最严格水资源管理制度考核工作领导小组，下设办公室(以下简称"考核办")作为考核工作组的执行机构。综合分析上述文件要求，流域机构将在以下两个环节参与限制纳污红线考核工作。

1)上报资料核查。依据《水资源管理考核数据核查技术细则》(水利部另行制定)等，参考国家水资源监控管理系统监测数据等资料，对流域内各省区上报的各指标数据进行真实性、准确性和合理性核查。

2)现场检查。现场检查内容包括对抽查的地级以上行政区域上报的自查报告及相关技术资料的查验、现场核对，以及对重要水功能区水质状况的实地检查。

11.4.2　建立流域机构参与红线考核的管理机制

考核工作组的执行机构是"考核办"。流域机构协助考核办，参与对本流域内各省区上报资料的核查和现场检查等工作。建议流域机构组织相关业务人员成立流域检查组，开展上述工作。

与考核工作分为年度考核与期末考核相对应，流域检查组对流域内各省区上报资料的核查和现场检查等工作采用年度核查检查与期末核查检查相结合的方式进行。建议年度核查检查和期末核查检查工作均划分为 4 个阶段：准备阶段、资料核查阶段、现场检查阶段和总结上报阶段。年度核查检查时间为考核年次年的 4~5 月，期末核查检查可酌情顺延 1 个月。

11.4.2.1　准备阶段

1)在准备阶段，流域检查组要制定各省区在资料核查及现场检查阶段应准备的相关材料清单。材料清单应包括各省区人民政府自查报告及相关的水资源公报、水资源质量通报等技术资料，以及相关的各种监测报告等。

2) 在准备阶段，流域检查组要以文件形式通知各省区人民政府资料核查及现场检查的时间和日程安排以及需要走访的部门等。流域检查组核定的各省区考核期考核目标以及需提供的材料清单作为附件附于文件之后。若省区人民政府对文件内容存有异议，应及时向流域检查组提出反馈意见，流域检查组可酌情进行调整。

11.4.2.2　资料核查阶段

1) 各省区按照材料清单要求上报材料后，流域检查组对自查报告开展初步核查工作。核查内容包括水功能区限制纳污目标完成情况、制度建设和措施落实情况。重点核查各省区自查报告的真实性、准确性和合理性。

2) 根据各省区提供的以及流域掌握的水资源公报、水资源质量通报等技术资料，以及相关的各种监测报告等，通过对照核实，判断自查报告中目标完成情况的真实性；参考国家水资源监控管理系统采集的重要江河湖泊水功能区的监测数据等资料，判断目标完成情况的准确性；通过与历史资料进行纵向分析以及与相邻省份的横向比较，判断目标完成情况的合理性。

3) 流域检查组对各省区上报材料初步核查后，形成初步核查结果。初步核查结果经考核办组织专家审查后，将核查结果与专家审查意见报水利部审定。

11.4.2.3　现场检查阶段

1) 在资料核查基础上，考核工作组对各省区地级以上行政区 (及省管县级行政区) 组织抽查，抽查名单由考核办确定。列入抽查的地级以上行政区域 (及省管县级行政区) 应向考核办上报该行政区自查报告及相关技术资料，考核工作组组织现场检查。流域检查组参与现场检查，并协助考核工作组开展前期工作。

2) 现场检查前，流域检查组要以文件形式通知各省区人民政府现场检查的时间、对象 (地级以上行政区或省管县级行政区)、参加部门及代表人员、日程安排、重点检查的水功能区，以及需要走访的部门等。在确有必要时，可要求对重点检查的水功能区开展为期 3 日的水质监测工作，并要求在现场检查时提供监测结果。

3) 现场检查坚持点面结合、座谈与实地查看相结合的原则。通过座谈，对资料核查阶段发现的问题向省区代表进一步核实，同时对抽查的地级行政区 (或省管县级行政区) 上报的自查报告及相关技术资料进行查验 (技术方法与资料核查阶段一致)。通过实地查看，核实水功能区水质状况等。通过走访地方水行政主管部门、环保部门和监测部门等，核实数据真实情况。

4) 在现场检查阶段，流域检查组应听取省区代表及被抽查地级行政区 (或省管县级行政区) 代表关于制度建设和措施落实情况的汇报，并通过查阅水行政主管部门在考核期出台的相关规定、行政审批文件、行政处罚文件，水资源公报、水资源质量通报等统计资料，水质监测等技术报告以及信息化管理手段取得的相应成果等，核实制度建设和措施落实情况的真实性、合理性。

5) 在现场检查阶段，对于要求开展水质监测工作的重点检查的水功能区，要现场检查实际情况并查验监测结果，作为现场检查结果判定的参考依据。

6) 经抽查发现不实的上报自查资料，由流域检查组或考核办指定的有关技术机构核实并进行修正，经考核办审定后作为考核依据，修正的资料通报相应的省区。

11.4.2.4　总结上报阶段

在总结上报阶段，流域检查组总结各省区上报资料检查结果和现场检查结果，形成书面总结报告，并上报考核办。书面总结报告应包括各省区执行纳污红线管理情况，考核年目标完成情况，制度建设和措施落实情况，对自查报告真实性、准确性、合理性检验情况，以及现场检查结果情况等，必要时可附表、附图以辅助说明。

11.5　省界缓冲区管理机制研究

管理机制是管理系统的运行机制，指在人类社会有规律的运动中，影响这种运动的各因素的结构、功能及其相互关系，以及这些因素产生影响、发挥功能的作用过程和作用原理及其运行方式。管理机制是引导和制约决策与人、财、物相关的各项活动的基本准则及相应制度，是决定行为的内外因素及相互关系的总称。各种因素相互联系，相互作用。要保证社会各项工作的目标和任务真正实现，必须建立一套协调、灵活、高效的运行机制。研究发现，省界缓冲区水资源、保护管理机制应该包括 5 个方面：完善联合治污机制、建立水污染问责机制、引入自愿性环境协议机制、强化公众参与的水污染防治后督察和后评估机制、探索相应的经济政策引导机制。

11.5.1　联合治污机制

联合治污机制应包括两个层面：一个层面是流域管理机构和地方政府的配合；另一个层面是流域水资源保护部门和地方水利、环保部门，以及地方水利与环保部门之间的联合。

要形成流域的联合治污机制并使其有效运行，信息资源的交流和共享是重要的基础和前提，还必须有体制保障。联合治污机制包括：①由流域管理机构牵头，各省区环保、水利部门参加，共同制定松辽流域水资源保护和水污染治理规划；②建立流域与地方配合、水利与环保联合的水资源保护和水污染防治机制，特别是重大问题协商与决策机制；③加强业务交流，实现信息共享，优势互补；④坚持和完善流域水资源保护的两部双重领导机制，为机制的运行提供体制保障。松辽流域水资源保护局在探索建立联合治污机制方面已做了许多有益的尝试。

近几年，松辽流域水资源保护局已经采用通报的形式向流域各省区人民政府通报各类水资源保护信息等。现行按行政区域分割治理的管理体制和各自为战的治理格局，已无法适应以流域为整体的水环境保护要求，更无法有效解决跨界水环境污染纠纷问题，此次协作机制的建立将在一定程度上破解这些难题。此次协作机制主要体现在联系会商、信息通报、联合采样监测、联合执法监督等8个方面。每年定期或不定期由上下游环保部门共同主持召集联席会议，协商解决跨省界流域(区域)污染纠纷协调处理办法、措施等有关重大事项；上下游环保部门定期互通水污染防治进展、断面水质等情况，共同制定跨省界水质监测方案，开展同步联合监测和现场检查；当发生跨省界水污染事故时，上下游环保部门协同处置，积极应对。同时，加强跟踪协调，加强督查督办，保障协调合作机制的正常运行。

对跨界重大的污染事故已经发生或可能发生的，采取应急预警，确保环境安全。各市县建立应急预案，保持之间的通信通畅，做到第一时间双方能到达现场。对已发生的污染事故，可能危害到对方的，要毫不保留地通报事故的原因、污染物类型、污染物排放量等信息。利用通信网络，定期通报交界断面水质状况，必要情况下，双方同时、同位置共同取样监测。断面发现数据异常要及时通报上、下游，各县市在单位网站上定期公布跨界河流水质状况，实现监测信息共享。环保部门之间能解决的跨界污染纠纷，不打扰地方政府；政府之间能调解的不惊动媒体。以协调为主，尽量避免法律诉讼。由于加强了沟通，跨界污染问题变得容易解决，污染纠纷随之减少。

11.5.2　建立水污染问责机制

建立有效的水污染问责机制，将水质指标真正纳入官员考核机制。中央提出科学发展观后，一些地方政府仍然不顾区域、流域水环境承载能力，使其已逼近底线，盲目追求 GDP 增长，甚至牺牲国家利益和公众健康换取极少数人的特殊利益。由此可见，政绩观的改变单靠宣传教育是不够的，必须有强有力的约束机制，那就是官员水污染考核问责制。流域管理机构应建议监察等部门继续加大加重对省界缓冲区重大环境违法行为的处罚。

11.5.3　引入自愿性环境协议机制

自愿性环境协议在各国有不同的名称，又称契约、环境协议、自愿性协议或环境伙伴。自从日本 1964 年第一个实施自愿性环境协议以来，美国、欧洲、加拿大和澳大利亚等国家和地区相继采用。各级政府应该按照国务院《信息公开条例》为公众监督提供平台。

墨累-达令河水系是澳大利亚流程最长、流域面积最大、支流最多的水系，流经新南威尔士州、维多利亚州、南澳大利亚州、昆士兰州 4 个州。墨累-达令流域管理问题，长期以来一直受到联邦和各州政府的充分重视和广泛关注。墨累-达令流域各州之间曾经由于水资源利用上利益不均衡，产生过许多争议。为解决争议，早在 1915 年墨累流域三州的州政府和联邦政府通过立法达成了《墨累河河水管理协议》，主要管理流域航运，后经过多次修订，内容扩展到流域管理体系、灌溉、水质管理等生态问题。1917 年成立了墨累河委员会。1988 年在墨累河委员会基础上正式成立了墨累-达令流域委员会，综合管理和协调整个流域的环境和资源使用等问题。墨累-达令河治理的主要特色是流域整体管理、水资源的公平合理利用和协调管理。在决策过程中十分重视让所有社区和政府部门参与。流域管理机构决策的有效性，主要在于相关政府的合作和支持，其决策以整个流域的总体利益为基础，针对流域的实际问题，通过模拟分析，形成一系列的开发战略，以指导政府和各社区以最好的方式解决问题。该战略要求所有相关社区，参与所有长远决策的整个过程，鼓励社区参与决定有关流域的未来，要求政府和社区一起长期承担义务。该流域的行动计划由政府、流域行政主管，社区顾问委员会、流域委员会及其下属部门相互联系，共同完成。在松辽流域省界缓冲区水资源保护中，可以引入自愿性环境协议的做法，由流域管理机构水资源保护单位牵头组织，以每个省界缓冲区为基本单位，组织省界缓冲区相关的企业、政府和(或)非营利性组织之间签订非法定的协议，以改善省界缓冲区的水资源质量。

11.5.4　强化公众参与的督察和评估机制

无论是点污染源治理还是面污染源治理，都需要群众的积极参与。政府主导首先要做好总体计划的制订、批准工作，综合治理计划的制订程序是：首先由琵琶湖所在滋贺县的知事在听取意见后拟定，然后送县议会批准，再提交国土交通省等相关部门，经有关部门协议后再将计划报送总理大臣，由总理大臣批准后下达滋贺县知事和有关各方。政府在这个过程中起把握总体方向和审定总费用的作用。在总体计划批准的基础上还要制订年度实施计划，年度计划制订程序是：首先由滋贺县知事制订方案，再送中央相关省长官，同时抄送各有关地方公团，听取有关方面意见后再修改并最终确定年度计划，计划的实施是通过国家或地方公共团体、水资源开发公团和相关单位来进行的。

政府负责监督、检查，同时根据中央和地方分担的原则各自提供财力支持。由于政府方面参加的单位较多，为了更好地协调各方关系，特地设立联络会议制度和由中央政府与地方共同组成的行政协议会，这种会议不但交流情况而且负有协调各方活动的责任。在民众参与方面，为了组织全民参加，琵琶湖周边地区被分成七个小流域，七个小流域的研究会再合并设立琵琶湖研究会，每个研究会选出一位协调人，负责组织居民、生产单位等代表参与综合计划的实施。

11.5.5　探索资源经济政策引导机制

探索建立全新的环境经济政策体系，结合行政与市场的力量来遏制污染恶化趋势。流域管理机构应协调环境保护部、银监会出台绿色信贷政策，未执行环评审批和验收的项目，未按环保审批要求落实环保措施而被流域管理机构查处的企业将不能得到各金融机构的信贷支持。联合更多部门研究出台绿色保险、绿色证券、绿色财税等一系列新政策。管理模式是一整套具体的管理理念、管理内容、管理工具、管理程序和管理方法论体系，并将其反复运用于组织，使组织在运行过程中自觉加以遵守的管理规则。管理模式一般以政策的形式予以确立。在省界缓冲区水资源保护领域，同时存在市场失灵和政府失灵两方面的问题。为此，需要加强政策工具建设，在清晰地理解各类环境和自然资源管理政策工具特点的基础上，选择合适的政策工具。

参 考 文 献

董增川. 2008. 水资源规划与管理. 北京：中国水利水电出版社.

范晓娜. 2014. 松花江流域水循环水质监测站网设计与实践. 北京：中国环境出版社.

冯丹，白羽军. 2003. 松花江哈尔滨江段底质重金属污染状况调查研究. 黑龙江环境通报，03：86-87，110.

傅德黔. 2013. 水污染源监管技术体系研究中国. 北京：环境出版社.

金春久. 2012. 松花江流域现代水资源保护管理的理念水质模型系统与实践. 北京：中国水利水电出版社.

金杨，王敏，王海刚，等. 2007. 松花江底泥对铅离子吸附的影响因素分析. 吉林化工学院学报，03：14-16，19.

联合国教科文组织. 2013. 不确定性和风险条件下的水管理：《联合国世界水发展报告》第四版. 第一卷. 北京：中国水利水电出版社.

李静文. 2012. 松花江哈尔滨段底泥中营养盐释放规律与数字模拟. 哈尔滨：哈尔滨工业大学硕士学位论文.

李纪人，潘世兵，张建立. 2009. 中国数字流域. 北京：电子工业出版社.

李小平. 2013. 湖泊学. 北京：科学出版社.

李原园，马德超. 2009. 国外流域综合规划技术. 北京：中国水利水电出版社.

李原园，马德超. 2011. 国外流域综合规划技术(续篇). 北京：中国水利水电出版社.

林洪孝，管恩宏，王国新. 2012. 水资源管理与实践. 北京：中国水利水电出版社.

刘永，邹锐，郭怀成，等. 2012. 智能流域管理研究. 北京：科学出版社.

内文·克雷希克. 2013. 地下水资源的可持续性、管理和修复. 熊军等译. 郑州：黄河水利出版社.

潘成忠，丁爱中，袁建平，等. 2013. 我国流域水资源保护框架浅析. 北京师范大学学报(自然科学版)，49(2)：187-192.

水利部水资源司. 2011. 水资源保护实践与探索——中国水资源保护 30 年. 北京：中国水利水电出版社.

宋连彬，赵广忠，鞠贵权. 2011. 松花江哈尔滨段水文监测断面分析. 黑龙江水利科技，02：15-16.

松辽水系保护领导小组办公室. 2003. 保护江河之路. 长春：吉林人民出版社.

孙金华. 2011. 水资源管理研究. 北京：中国水利水电出版社.

孙洋阳. 2012. 松花江哈尔滨段水质调查与底泥吸附释放特性研究. 哈尔滨：哈尔滨工业大学硕士学位论文.

谭绩文，沈永平，张发旺，等. 2010. 水科学概论. 北京：科学出版社.

王超，王沛芳，侯俊. 2011. 流域水资源保护和水质改善理论与技术. 北京：中国水利水电出版社.

王冠军，柳长顺，刘卓，等. 2012. 水资源管理重大制度及前沿问题研究. 北京：中国水利水电出版社.

王浩. 2013. 水与发展蓝皮书——中国水风险评估报告(2013). 北京：社会科学文献出版社.

王腊春, 史运良, 曾春芬, 等. 2014. 水资源学. 南京：东南大学出版社.

王业耀, 孟凡生. 2014. 松花江水环境污染特征. 北京：化学工业出版社.

王永洁. 2010. 东北地区典型湿地的水环境及其可持续度量研究. 北京：中国环境科学出版社.

王有全. 2010. 实验室资质认定实用指南. 郑州：黄河水利出版社.

韦来生, 张伟平. 2013. 贝叶斯分析. 合肥：中国科技大学出版社.

夏军, 刘克岩, 谢平, 等. 2013. 水资源数量与质量联合评价方法及其应用. 北京：科学出版社.

余建军, 张仁贡. 2013. 现代水资源管理的规范化和信息化建设. 杭州：浙江大学出版社.

赵小强, 程文. 2012. 水质远程分析科学决策智能化环保系统. 西安：西安电子科技大学出版社.

中国 21 世纪议程管理中心. 2010. 国际水资源管理经验及借鉴. 北京：社会科学文献出版社.

中国科学院水资源领域战略研究组. 2011. 中国至 2050 年水资源领域科技发展路线图. 北京：科学出版社.

中华人民共和国水利部. 2011. 入河排污管理技术导则. 北京：中国水利水电出版社.

中华人民共和国水利部. 2013. 水环境监测规范 SL219—2013. 北京：中国水利水电出版社.

钟永光, 贾晓菁, 钱颖. 2013. 系统动力学(第二版). 北京：科学出版社.

周训芳, 吴晓芙. 2013. 生态文明视野中的环境管理模式研究. 北京：科学出版社.

左其亭. 2013. 中国水科学研究进展报告. 北京：中国水利水电出版社.

Hoekstra A. 2012. 水足迹评价手册. 北京：科学出版社.

Kakff J. 2011. 湖沼学——内陆水生态系统. 北京：高等教育出版社.

Sipes J L. 2012. 水资源的可持续解决方案政策、规划、设计和实施. 北京：电子工业出版社.

附录1 松辽水资源保护大事记

1974 年

1974 年 12 月 20 日，鉴于松花江污染的严重情况，吉林省革命委员会、黑龙江省革命委员会联合向国务院提出关于成立松花江水系保护领导小组的报告。

1978 年

1978 年 4 月 13 日，国务院对吉林省革命委员会《关于防治松花江水系污染的请示报告》和黑龙江省革命委员会《关于松花江水系受到严重污染的报告》作了批复。批复决定成立松花江水系保护领导小组及办公室。1978 年 8 月 14 日，吉林省革命委员会、黑龙江省革命委员会分别在吉林省、黑龙江省行政区域内颁布《松花江水系保护暂行条例》。

1980 年

1980 年 10 月 7 日，松花江水系保护领导小组向国家科委(科学技术委员会)作了《关于尽快落实松花江底沉积汞治理技术研究任务的报告》，建议对“联合调查组”呈中央书记处、国务院的报告中提出的“江底沉积汞的分布迁移转化规律治理技术及对人体危害”等重大科研课题列为全国重点科研追加项目，由国环办(国务院环境保护领导小组办公室)统一组织研究。

1981 年

1981 年 6 月 2 日，吉林、黑龙江两省人民政府及松花江水系保护领导小组颁发《松花江水系环境质量标准(暂行)》。

1984 年

1984 年 3 月 14 日，国务院责成水利水电部、城乡建设环境保护部发文对松花江水系保护领导小组《关于松花江水系保护领导小组办公室并入松辽水利委员会的请示报告》复函，同意水系办并入松辽委，成立松辽流域水资源保护局，受两部双重领导，同时作为松花江水系保护领导小组的办事机构，具体职责按《关于对流域水资源保护机构实行双重领导的决定》执行。

1985 年

1985 年 3 月，松辽流域水资源保护局在长春市召开松花江、辽河流域水资源保护规划工作会议。会议通过了《工作大纲》和《技术提纲》，并决定成立松花江、辽河流域水资源保护规划协调小组和松花江流域水资源保护规划工作组。

1986 年

1986 年 3 月 19～20 日，松花江水系保护领导小组在长春召开了第七次（扩大）会议。原则通过《"七五"期间松花江水系污染综合防治规划要点》，并对慢性甲基汞中毒综合防治和预防冰封期死鱼等问题形成统一意见。

1986 年 7 月 3 日，国务院环境保护委员会以 (86) 国环字第 010 号文批复四省（区）人民政府，同意将松花江水系保护领导小组扩大为松辽水系保护领导小组。

1986 年 9 月 23 日，国务院环境保护委员会以国环字第 015 号文对黑龙江、吉林省人民政府、松花江水系保护领导小组黑政发〔1986〕40 号文《关于请求国家组织开展松花江沿岸慢性甲基汞中毒综合防治的报告》批复。

1987 年

1987 年 1 月 11 日，松辽水系保护领导小组向吉省、黑龙江两省环保局、水利厅及长春、吉林、哈尔滨、齐齐哈尔、牡丹江、佳木斯市环保局下发《关于加强冰封期松花江水系污染防治工作的紧急通知》，要求加强水质、水文监测，加强监督管理，确保沿江居民饮用水安全。

1987 年 9 月 26～27 日，松辽水系保护领导小组在长春召开成立大会。

1990 年

1990 年 1 月 6 日，松辽水系保护领导小组在哈尔滨召开了"预防松花江冰封枯水期水质恶化紧急协调会"，为预防可能出现的问题提出了切实可行的意见、建议和办法。

1992 年

1992 年 6 月 30 日，根据水利部（水计〔1992〕27 号）文件精神，松辽流域水资源保护局[松辽(92)水资保字第 02 号]下发了《关于开展松辽流域入河排污口普查工作的通知》，制定了普查工作大纲，松辽流域城镇入河排污口普查工作全面展开。

1994 年

1994 年 9 月 14 日，由松辽流域水资源保护局编写的《松花江流域城镇入河排污口普查报告》和《辽河流域城镇入河排污口普查报告》完成并上报水利部。

1995 年

1995 年 11 月 28 日，松辽水系保护领导小组颁发《松辽流域水污染防治暂行办法》。

1996 年

1996 年 6 月中旬，国务院第 47 次常务会议决定把辽河流域水污染防治作为全国水污染防治工作重点。

1997 年

1997 年 6 月 4 日，由松辽流域水环境监测中心编制的《松辽流域省（国）界水体水环境监测站点规划》完成，并上报水利部审批。

1997 年 8 月 24 日, 松辽流域水环境监测中心被国家环保局授予"全国环境监测网络先进监测站"荣誉称号。

1997 年 11 月 25 日, 松辽流域水资源保护局被水利部授予"全国水政水资源工作先进单位"荣誉称号。

1997 年 12 月 24 日, 松辽流域水环境监测中心通过国家计量认证监督检查, 并被水利部科技司、人事司评为"全国水利技术监督工作先进集体"。

1998 年

1998 年 2 月, 根据《水污染防治法》的有关规定, 松辽流域水环境监测中心开始对流域省界河流水环境进行监测(8 个断面)。

1998 年 7 月 28 日, 松辽流域水资源保护局《松花江甲基汞污染综合防治与对策研究》、《松辽流域水资源质量评价与研究》分别获水利部科技进步奖二等奖和三等奖。

1999 年

1999 年 5 月中旬, 松辽流域水资源保护局派员代表国家水利部参加了中美洲哥斯达黎加召开的"第六届湿地公约缔约国大会", 在会上作了《98 洪水后的中国湿地恢复措施》专题发言。

2000 年

2000 年 1 月 10 日, 为贯彻落实国务院批准的《辽河流域"九五"及 2010 年水污染防治规划》, 松辽流域水环境监测中心全面开展辽河流域省界水体水质水量同步检测。每月采样一次, 定期发布水质公报。

2001 年

2001 年 4 月初, 松辽流域水环境监测中心开始在国际界河(湖)上布设水质监测断面, 开展了黑龙江、乌苏里江、兴凯湖、绥芬河、瑚布图河、图们江、鸭绿江等国际界河(湖)18 个断面丰、平、枯三个水期的水质监测, 并编制完成每年三个水期的《松辽流域国际河流水体水环境质量状况评价》报告。

2001 年 8 月 7 日, 松辽水系保护领导小组(松辽水系组〔2001〕3 号)颁布《松辽流域重大水污染事故上下游通报制度》。

2001 年 9 月 6~7 日, 松辽流域水资源保护局完成的《松花江流域水资源保护规划》和《辽河流域水资源保护规划》通过了由水利部水利水电规划设计总院、水利部松辽水利委员会在长春主持的审查。

2001 年 11 月 14 日, 松辽流域水资源保护局被水利部授予"全国水利系统水资源工作先进单位"荣誉称号。

2001 年 11 月 26 日, 经国家环保总局复核批准, 松辽流域水资源保护局水环境科学研究所为甲级资质环境影响评价证书单位(国环评证甲字第 1608 号)。

2002 年

2002 年 3 月中旬，由松辽流域水资源保护局组织编制的《松花江流域水功能区划》、《辽河流域水功能区划》通过水利部审查，并被批准试行。

2003 年

2003 年 4 月 18～25 日，根据中朝鸭绿江会谈需要，按松辽委的部署，松辽流域水资源保护局成立了调查小组，针对鸭绿江丹东江段水污染事件、水质、水污染状况以及供水水源地等问题，开展丹东市周边污染情况及供水水源地水质调查，并形成调查报告报告松辽委。

2003 年 10 月 30 日，水利部以水文〔2003〕512 号文，首批公布松辽流域水环境监测中心获国家水文、水资源调查评价甲级资质（证书号水文证甲字第 070305 号）。

2004 年

2004 年，松辽流域水资源保护局承担的水利部重点科研项目《中国饮用水资源保护与可持续发展研究》、国家"948"项目《地下水合理利用与调控技术引进在松嫩平原西部的应用》通过水利部主持的成果验收和鉴定。

2005 年

2005 年 11 月至年底，在积极应对松花江重大水污染事件过程中，松辽流域水资源保护局开展了水质、入河排污口监测及跟踪预报工作，开展了江水冰冻过程中硝基苯在水相和冰相中的分配实验等多项应急科研监测工作，按照松辽水系保护领导小组《关于加强冰封枯水期水资源保护认真做好松花江水污染事件善后工作的通知》文件要求，积极开展后续水资源保护工作，为上下游两省的水污染防控工作提供了有效的社会服务。

2005 年 12 月开展了流域入河排污口普查登记工作。编制了《松辽流域入河排污口普查登记工作大纲》、《松辽流域入河排污口普查登记工作技术细则》，并组织四省（区）有关部门开展了松辽流域入河排污口普查登记工作。

2005 年 12 月编制了《松辽流域水资源保护及水相关生态环境保护"十一五"规划报告》、《松辽流域"十一五"水资源保护改革与管理专项规划报告》。

2005 年 12 月按照《全国城市饮用水水源地安全保障规划》要求，编制了《松辽流域城市饮用水水源地安全保障规划报告》。按水利部水资源管理司的要求，编制完成了《松辽流域重要河流水功能区范围筛选核定的报告》。

2006 年

2006 年 2 月，松辽流域水资源保护局组织完成《松花江区水域纳污能力及限制排污总量意见报告》、《辽河区水域纳污能力及限制排污总量意见报告》，并通过水利部组织的专家审查和批准。

2006 年 3 月，在松花江省界石桥断面建成了流域机构掌握的第一个现代化的水质自动监测站。

2006 年 4 月，完成水利部科技创新项目《湿地蓄、滞洪水技术研究》，通过水利部国科司组织的验收。完成水利部"948"项目《湿地防洪减灾技术引进及在嫩江中下游及三江平原地区的应用》，9 月通过水利部"948"项目办公室组织的验收。

2006 年 11 月，正式启动流域省界缓冲区水质监测工作。

2007 年

2007 年 3 月 28 日，松辽委在长春市主持召开松辽流域入河排污口普查登记工作总结会议。

2007 年 10 月 9 日，水保局所属监测中心和水环所正式取得国家事业单位登记管理局颁发的法人登记证书，标志着两个事业单位法人登记由吉林省事业单位管理局向国家事业单位管理局转移手续的顺利完成。

2007 年 10 月 24 日上午，水保局召开《松花江水质模型及应急管理信息系统》初步成果汇报会。

2007 年 10~11 月，松辽流域水资源保护局会同吉林省、黑龙江省及内蒙古自治区水利厅、水文局组成核查组，在各市县水行政主管部门的密切配合下，先后赴吉林省松原市、大安市，黑龙江省五常市、肇源县、大庆市、讷河市、嫩江县，内蒙古莫力达瓦达斡尔族自治旗，对松花江流域 13 个直接排入省界缓冲区的入河排污口进行现场核查。

2008 年

2008 年 2 月 2 日，水人教〔2008〕33 号，松辽流域水资源保护局总工程师李青山被水利部确定为首批"5151 人才"工程部级人选。

2008 年 5 月 14~16 日，在水保局李青山总工的带领下，规划项目组在尼尔基水库进行了调研。尼尔基水库水源地作为黑龙江省、齐齐哈尔市、大庆市、哈尔滨市的供水水源地，被列入《松花江流域水污染防治规划》（2006~2010 年）和水利部《全国重要饮用水水源地名录(第二批)》，水环所获得了国家环境保护部颁发的"建设项目环境影响评价乙级资质证书"，资质证书编号为"国环评证乙字第 1627 号"（详见证书）。

2008 年 8 月 26 日，水利部"948"项目管理办公室在黑龙江省牡丹江市主持召开《地下水优化管理技术生产性试验》项目专家验收会，并赴实地对项目推广试验工作进行了现场检查。

2008 年 12 月 28~29 日，国家计量认证水利评审组 4 位国家级评审员对松辽流域水环境监测中心进行了复查评审。

2009 年

2009 年 4 月 9~19 日，水保局派工作组赴嫩江流域开展了水功能区巡查工作。

2009 年 5 月 14 日，松辽流域水资源保护局承担的《水生态保护管理技术引进及在松花江流域的应用》948 项目通过验收。

2009 年 10 月 23 日，吉林省环境监测站郭传新副站长一行 4 人到松辽流域水环境监测中心就吉林省省界考核断面水质联合监测与信息共享事宜进行沟通和协商。

2010 年

2010 年 3 月 30 日至 4 月 2 日，松辽流域水资源保护局在长春市组织召开了松辽流域入河排污口资料整编工作会议。

2010 年 7 月 9 日，松辽水环所博士后工作站举行了 2010 年学员进站仪式。

2010 年 7 月 19 日，松辽水利委员会在长春市组织召开《呼伦贝尔市莫力达瓦旗尼尔基镇污水处理工程入河排污口设置论证报告》(以下简称《论证报告》)专家评审会。

2010 年 12 月 28 日，松辽水系保护领导小组办公室(松辽流域水资源保护局)组织四省(自治区)环保、水利部门召开了松辽流域省界缓冲区会商会议。

2011 年

2011 年 6 月 13 日，水保局召开松辽流域重要水功能区达标考核监测范围研讨会。水保局副局长王宏主持会议，水保局局长李志群出席会议。

2011 年 6 月 14 日，松辽流域水环境监测中心在长春组织召开了《松辽流域重点入河排污口监测方案》(以下简称《方案》)咨询会议。

2011 年 7 月 6 日，水保局召开了重要江河湖泊水功能区纳污能力核定和分阶段限排总量控制方案技术研讨会。

2011 年 8 月 29~31 日，水保局派工作组对河北省辽河流域水功能区进行调查。

2011 年 9 月 1~3 日，水保局派工作组赴内蒙古自治区赤峰市与内蒙古自治区水利厅、赤峰市水利局、水文局联合开展入河排污口标识设立试点工作。

2011 年 9 月 16 日，水保局与黑龙江省水利厅、环保厅组成联合检查组，赴哈尔滨市开展专项联合执法检查。

2011 年 9 月 26 日，水保局在丹东市组织召开了松辽流域重要饮用水水源地安全保障达标建设研讨会。

2012 年

2012 年 4 月 20 日，松辽流域水资源保护局会同内蒙古自治区水利厅、辽宁省水利厅组成检查组，对赤峰市老哈河辽蒙缓冲区内重要入河排污口设置单位进行了水行政执法检查。

2012 年 4 月 16~20 日，松辽水保局会同流域内四省区水利厅相关人员组成联合检查评估组，对辽宁省和内蒙古自治区共 11 个全国重要饮用水水源地 2011 年度安全保障达标建设情况进行了检查评估。

2012 年 6 月 1～15 日水保局对黑龙江、吉林、辽宁、内蒙古四省(区)河湖开发治理保护专项普查成果进行了预审，并形成预审报告，已上报委普办。

2012 年 6 月 26～30 日，松辽流域水资源保护局在长春市组织召开了松辽流域重要江河湖泊水功能区纳污能力核定和分阶段限制排污总量控制方案制定工作第一次汇总会议。

2012 年 7 月 31 日，松辽流域水资源保护局在长春市组织召开了松辽流域河湖开发治理保护普查数据汇总专家咨询会。

2012 年 9 月，松辽流域水资源保护局对嫩江黑吉缓冲区进行了巡查。

2012 年 10 月 11 日，水保局组织召开了松辽流域重要水功能区入河排污口布设规划咨询会议。

2012 年 10 月 25～26 日，水利部水文局派出以行业资深专家齐文启为组长的检查组，对松辽流域水环境监测中心水质监测质量管理情况进行了监督检查。

2012 年 11 月 15 日，松辽流域水资源保护局在长春市组织召开了松辽流域水功能区水质达标评价及考核赋分方法研究项目专家咨询会议。

2012 年 11 月 20 日，松辽水系保护领导小组办公室(松辽流域水资源保护局)组织流域内各省(自治区)环保、水利部门在长春召开了 2012 年度松辽流域省界缓冲区水质会商会议。

2012 年 12 月 24 日，水保局在长春市组织召开了松辽流域入河排污口管理系统开发项目验收会议。

2013 年

2013 年 1 月 15 日，松辽流域水资源保护规划编制工作启动会在长春召开。

2013 年 5 月 20～22 日，松辽流域水资源保护局在长春市组织召开了松辽流域水资源保护规划编制第一次汇总会议。

2013 年 5 月 16～19 日，水保局组成调研组对兴凯湖进行了调研。

2014 年

2014 年 3 月，水保局监测中心在长春组织召开了《松辽流域 2014 年度地下水水质监测工作方案》(以下简称"方案")咨询会。

2014 年 4 月 18 日，水保局在长春市组织召开了松辽流域全国重要饮用水水源地安全保障达标建设检查评估工作座谈会。

2014 年 5 月 28～30 日，松辽流域水资源保护局松辽流域水环境监测中心在吉林省长春市主持召开了松辽流域水质资料整编会议。

2014 年 6 月 3～6 日，水保局组织开展了拉林河流域省界缓冲区巡查工作。

2014 年 6 月 10～13 日，水保局会同环保部东北督查中心开展了嫩江流域水资源保护工作调研。

2014 年 7 月 28 日至 8 月 1 日，松辽委水保局会同流域内各省(自治区)水行政主管部门组成联合检查评估组，对吉林省和黑龙江省列入《全国重要饮用水水源地名录(第一至三批)》的 13 个饮用水水源地 2013 年度安全保障达标建设情况进行了检查评估。

2014 年 8 月 2 日，水保局组成调研组，对黑龙江省农垦灌区农灌退水排放情况进行了现场调研。

2014 年 8 月 21～22 日，松辽流域水资源保护局会同内蒙古自治区、辽宁省水行政主管部门组成检查组，对老哈河辽蒙缓冲区重要入河排污口设置单位进行了监督检查。

2014 年 8 月 20～22 日，水保局会同辽宁省、吉林省、黑龙江省及内蒙古自治区水行政主管部门组成巡查组，对新开河及老哈河省界缓冲区进行了联合巡查。

2014 年 10 月 10～13 日，开展了 2014 年度省界水体水质监测断面标识现场检查工作。

2014 年 12 月 9 日，水保局组织召开了松辽流域重要江河湖泊水功能区水质达标评价工作会议。

2014 年 12 月 10～12 日对松辽流域水资源保护局松辽流域水环境监测中心(以下简称"中心")进行了复查换证评审并通过复查评审。

2015 年

2015 年 2 月 2 日，松辽委会同内蒙古自治区水利厅在呼伦贝尔市组织召开了《呼伦贝尔市水生态文明城市建设试点实施方案》(以下简称《实施方案》)审查会。

2015 年 2 月 3 日，松辽水系保护领导小组办公室在吉林市组织召开了支流水系污染防治 2015 年度工作会议。

2015 年 5 月，水保局顺利完成了松辽流域 2014 年度水功能区限制纳污红线考核复核工作，对流域内各省(区)报送的 2014 年度水功能区达标评价成果进行了技术核查，编制完成了复核工作报告，并以文件形式报送水利部，为做好 2014 年度水功能区限制纳污红线考核工作提供了坚实的技术支撑。

2015 年 6 月，松辽委党组成员、水保局局长陈明率调研组，深入松辽流域内有关省(自治区)开展水资源保护工作调研，并征求有关意见和建议。水保局副局长王宏、于洪民，原局长李志群参加调研。调研组先后来到吉林、辽宁、黑龙江省水利厅、环境保护厅及辽宁省辽河凌河保护区管理局等单位，通过听取汇报、座谈交流、实地调研等方式，详细了解了各省(自治区)水资源保护、水污染防治等工作开展情况，实地调研了辽河干流治理工程及取得的成效，并就如何做好新形势下的水资源保护和水污染防治工作征求了意见和建议。

2015 年 7 月 28 日，陈明指出，下半年，水保局要继续以"三严三实"专题教育为统领，科学谋划"十三五"流域水资源保护工作，加快推进水功能区管理和水系保护领导小组"两个平台"建设，迅速提升流域监测信息决策支持和突发性水污染事件应急处置"两个能力"，进一步抓好省界缓冲区、入河排污口和重要饮用水水源地监管，着力构建实用高效的流域水资源保护与水污染防治联防联控体系。陈明就做好 2015 年下半年工作提出了 5 点要求。一是要结合松辽流域水资源保护规划、松辽流域"十三五"水利发展规划、预算项目 3 年滚动规划编制，科学谋划好"十三五"时期流域水资源保护重点工作。二是要着眼于重点工作任务，力争在完善水系保护机制、加强水功能区监管、推进信息化建设、加强监测能力建设、加快水质自动监测站建设、完善突发性水污染事件应急处置机制、编制 2016～2018 年预算滚动规划、开展水资源保护重大课题研究等 8 方面工作中取得新的突破。三是要结合近期局党委所征求的意见建议，持续抓好改进措施及任务分工的落实工作。

2015 年 8 月，松辽委会同黑龙江省、吉林省、辽宁省和内蒙古自治区水利厅组成检查评估组，对流域内各省区列入《全国重要饮用水水源地名录(第一至三批)》的饮用水水源地 2014 年度安全保障达标建设情况进行了检查评估。检查评估组按照《全国重要饮用水水源地安全保障评估指南》要求，在水源地管理单位自评估基础上，通过现场检查、资料档案核查、听取汇报、定量评估等方式，从水量、水质、安全监控和管理体系 4 个方面，对各水源地 2014 年度安全保障达标建设工作进展、取得的成效及存在的问题进行了检查评估，并向各省区提出了检查评估意见。

2015 年 8 月 18 日，松辽流域水资源保护局与环境保护部东北督查中心在沈阳签署合作协议，共同建立水资源保护与水污染防治工作合作机制。按照协议，针对大凌河流域水质现状，双方成立联合工作组，赴大凌河凌海缓冲区开展联合督察行动，对大凌河重要入海监测断面进行了联合检查，敦促有关地方政府及相关部门进一步落实水资源保护与水污染防治相关要求。

附录2　2014年松辽流域重要水功能区水质评价成果表

序号	一级水功能区名称	二级水功能区名称	水功能区类型	水资源一级区名称	水质目标	全年全因子评价							主要超标项目
						汛期水质类别	非汛期水质类别	年度水质类别	年评价次数	年达标次数	年度达标率	达标评价结论	
1	阿伦河齐齐哈尔市保留区		保留区	松花江区	Ⅲ	Ⅲ	Ⅲ	Ⅲ	6	6	100%	达标	
2	阿什河阿城市保留区		保留区	松花江区	Ⅲ	Ⅲ	Ⅲ	Ⅲ	6	5	83.3%	达标	
3	阿什河阿城市开发利用区	阿什河阿城市农业用水区	农业用水区	松花江区	Ⅳ	Ⅲ	Ⅳ	Ⅲ	6	5	83.3%	达标	
4	阿什河阿城市开发利用区	阿什河哈尔滨市过渡区	过渡区	松花江区	Ⅳ	Ⅲ	劣Ⅴ	Ⅴ	6	2	33.3%	不达标	氨氮（50.0%）[3.01]
5	阿什河阿城市源头水保护区		保护区	松花江区	Ⅱ	Ⅲ	Ⅲ	Ⅲ	6	0	0	不达标	高锰酸盐指数（100%）[5.7]、氨氮（33.3%）[1.05]
6	安邦河双鸭山市开发利用区	安邦河双鸭山市饮用、工业用水区	饮用水源区	松花江区	Ⅱ～Ⅲ	Ⅳ	Ⅳ	Ⅲ	6	1	16.7%	不达标	氨氮（50.0%）[1.79]、高锰酸盐指数（33.3%）[7.2]
7	安邦河双鸭山市开发利用区	安邦河集贤县农业用水区	农业用水区	松花江区	Ⅳ	Ⅳ	劣Ⅴ	劣Ⅴ	6	3	50%	不达标	氨氮（50.0%）[10.7]
8	北部引嫩大庆市开发利用区	北部引嫩农业、工业用水区	农业用水区	松花江区	Ⅱ～Ⅲ	Ⅳ	Ⅳ	Ⅳ	6	0	0	不达标	化学需氧量（50.0%）[36.0]、高锰酸盐指数（33.3%）[8.5]
9	大绥芬河东宁县开发利用区	大绥芬河东宁县工业用水区	工业用水区	松花江区	Ⅲ	Ⅲ	Ⅲ	Ⅲ	6	5	83.3%	达标	
10	甘河加格达奇市开发利用区	甘河加格达奇市饮用、工业用水区	饮用水源区	松花江区	Ⅱ	Ⅳ	Ⅰ	Ⅱ	6	5	83.3%	达标	

续表

| 序号 | 一级水功能区名称 | 二级水功能区名称 | 水功能区类型 | 水资源一级区名称 | 水质目标 | 全年全因子评价 | | | | | | | 主要超标项目 |
						汛期水质类别	非汛期水质类别	年度水质类别	年评价次数	年达标次数	年度达标率	达标评价结论	
11	甘河加格达奇市开发利用区	甘河白桦过渡区	过渡区	松花江区	III	III	II	II	6	6	100%	达标	
12	海浪河海林市开发利用区	海浪河海林市饮用、工业用水区	饮用水源区	松花江区	III	II	III	III	6	5	83.3%	达标	
13	鹤立河鹤岗市开发利用区	鹤立河鹤岗市饮用、工业用水区	饮用水源区	松花江区	II～III	III	IV	IV	6	3	50%	不达标	高锰酸盐指数(33.3%)[7.0]
14	呼兰河绥化市、呼兰区开发利用区	呼兰河庆安县、绥化市农业、饮用水源区	农业用水区	松花江区	III～IV	III	III	III	6	4	66.7%	不达标	氨氮（33.3%）[1.15]
15	呼兰河绥化市、呼兰区开发利用区	呼兰河双榆过渡区	过渡区	松花江区	IV	IV	IV	IV	6	1	16.7%	不达标	氨氮（33.3%）[1.74]化学需氧量(33.3%)[32.0]
16	呼兰河绥化市、呼兰区开发利用区	呼兰河兰西县、呼兰区农业、渔业用水区	农业用水区	松花江区	III～IV	III	IV	IV	6	2	33.3%	不达标	氨氮（33.3%）[2.31]、高锰酸盐指数（33.3%）[6.9]
17	呼兰河绥化市、呼兰区开发利用区	呼兰河呼兰区过渡区	过渡区	松花江区	IV	III	III	III	6	5	83.3%	达标	
18	呼兰河铁力市源头水保护区		保护区	松花江区	II	IV	II	II	6	3	50%	不达标	高锰酸盐指数(50.0%)[7.2]
19	拉林河磨盘山水库调水水源保护区		保护区	松花江区	II	III	III	III	6	2	33.3%	不达标	高锰酸盐指数(66.7%)[6.0]、氨氮(50.0%)[0.80]
20	拉林河五常市保留区		保留区	松花江区	III	III	II	II	6	6	100%	达标	
21	拉林河五常市开发利用区	拉林河五常市农业用水区	农业用水区	松花江区	III	III	III	III	6	5	83.3%	达标	
22	拉林河五常市源头水保护区		保护区	松花江区	II	III	II	II	6	5	83.3%	达标	
23	蚂蚁河方正县开发利用区	蚂蚁河方正县农业用水区	农业用水区	松花江区	III	III	III	III	6	4	66.7%	不达标	

续表

序号	一级水功能区名称	二级水功能区名称	水功能区类型	水资源一级区名称	水质目标	全年全因子评价							主要超标项目
						汛期水质类别	非汛期水质别	年度水质类别	年评价次数	年达标次数	年度达标率	达标评价结论	
24	蚂蚁河尚志市开发利用区	蚂蚁河尚志市饮用、工业用水区	饮用水源区	松花江区	II~III	III	III	III	6	3	50%	不达标	氨氮（33.3%）[1.18]
25	蚂蚁河尚志市开发利用区	蚂蚁河尚志市农业用水区	农业用水区	松花江区	III	III	III	III	6	4	66.7%	不达标	氨氮（33.3%）[1.34]
26	蚂蚁河尚志市开发利用区	蚂蚁河尚志市过渡区	过渡区	松花江区	IV	III	IV	IV	6	5	83.3%	达标	
27	蚂蚁河尚志市源头水保护区		保护区	松花江区	II	III	II	II	6	1	16.7%	不达标	氨氮（66.7%）[0.68]
28	蚂蚁河延寿县保留区		保留区	松花江区	III	III	III	III	6	3	50%	不达标	氨氮（33.3%）[1.85]
29	牡丹江镜泊湖自然保护区		保护区	松花江区		III	III	III	6	0	0	不达标	高锰酸盐指数（83.3%）[5.4]
30	牡丹江莲花湖自然保护区		保护区	松花江区	II	III	III	III	6	1	16.7%	不达标	高锰酸盐指数（66.7%）[5.4]、氨氮（66.7%）[0.79]
31	牡丹江牡丹江市保留区		保留区	松花江区	III	II	III	III	6	6	100%	达标	
32	牡丹江牡丹江市开发利用区	牡丹江牡丹江市饮用、工业用水区	饮用水源区	松花江区	III	III	III	III	6	6	100%	达标	
33	牡丹江牡丹江市开发利用区	牡丹江牡丹江市过渡区	过渡区	松花江区	III	III	IV	III	6	3	50%	不达标	氨氮（50.0%）[1.41]
34	牡丹江牡丹江市开发利用区	牡丹江柴河工业用水区	工业用水区	松花江区	III	III	III	III	6	4	66.7%	不达标	
35	牡丹江宁安市保留区		保留区	松花江区	III	II	III	III	6	6	100%	达标	
36	牡丹江宁安市开发利用区	牡丹江勃海镇农业用水区	农业用水区	松花江区	III	III	III	III	6	6	100%	达标	
37	牡丹江依兰县保留区		保留区	松花江区	III	III	III	III	6	6	100%	达标	

续表

序号	一级水功能区名称	二级水功能区名称	水功能区类型	水资源一级区名称	水质目标	全年全因子评价							主要超标项目
						汛期水质类别	非汛期水质类别	年度水质类别	年评价次数	年达标次数	年度达标率	达标评价结论	
38	穆棱河鸡西市开发利用区	穆棱河穆棱县饮用水源区	饮用水源区	松花江区	Ⅲ	Ⅳ	Ⅳ	Ⅳ	6	3	50%	不达标	高锰酸盐指数(33.3%)[9.7]
39	穆棱河鸡西市开发利用区	穆棱河鸡西市过渡区	过渡区	松花江区	Ⅳ	Ⅴ	劣Ⅴ	劣Ⅴ	6	2	33.3%	不达标	氨氮(50.0%)[4.65]、化学需氧量(33.3%)[35]
40	穆棱河穆棱市保留区		保留区	松花江区	Ⅱ	Ⅳ	Ⅳ	Ⅳ	5			不达标	高锰酸盐指数(80.0%)[8.7]、氨氮(40.0%)[0.75]
41	南北河北安市源头水保护区		保护区	松花江区	Ⅱ	Ⅳ	Ⅱ	Ⅲ	5			不达标	高锰酸盐指数(60.0%)[7.7]、氨氮(40.0%)[1.19]
42	挠力河宝清县开发利用区	挠力河宝清县农业用水区	农业用水区	松花江区	Ⅲ	Ⅴ	Ⅳ	Ⅳ	6	0	0	不达标	高锰酸盐指数(83.3%)[9.4]
43	挠力河七台河市源头水保护区		保护区	松花江区	Ⅱ	Ⅳ	Ⅳ	Ⅳ	6	0	0	不达标	高锰酸盐指数(100%)[10.9]、氨氮(66.7%)[0.64]
44	挠力河自然保护区		保护区	松花江区	Ⅲ	Ⅳ	Ⅴ	Ⅴ	6	0	0	不达标	高锰酸盐指数(50.0%)[9.2]、化学需氧量(50.0%)[38.0]、氨氮(33.3%)[1.34]
45	讷谟尔河讷河市开发利用区	讷谟尔河讷河市农业用水区	农业用水区	松花江区	Ⅲ	Ⅳ	Ⅲ	Ⅳ	4			不达标	高锰酸盐指数(75%)[8.8]
46	讷谟尔河五大连池市保留区		保留区	松花江区	Ⅲ	Ⅳ	Ⅳ	Ⅳ	4			不达标	高锰酸盐指数(50.0%)[8.0]
47	讷谟尔河五大连池市开发利用区	讷谟尔河五大连池市农业用水、工业用水区	农业用水区	松花江区	Ⅱ～Ⅲ	Ⅳ	Ⅲ	Ⅳ	4			不达标	高锰酸盐指数(75.0%)[7.5]、氨氮(75.0%)[1.43]
48	讷谟尔河五大连池市开发利用区	讷谟尔河五大连池市过渡区	过渡区	松花江区	Ⅳ	Ⅳ	Ⅲ	Ⅳ	4			达标	

续表

序号	一级水功能区名称	二级水功能区名称	水功能区类型	水资源一级区名称	水质目标	全年全因子评价							主要超标项目
						汛期水质类别	非汛期水质类别	年度水质类别	年评价次数	年达标次数	年度达标率	达标评价结论	
49	嫩江甘南县保留区		保留区	松花江区	III	IV	III	III	6	5	83.3%	达标	
50	嫩江嫩江县源头水保护区		保护区	松花江区	II	III	II	III	6	4	66.7%	不达标	高锰酸盐指数(33.3%)[5.6]
51	嫩江齐齐哈尔市开发利用区	嫩江富裕县农业用水区	农业用水区	松花江区	III	III	III	III	6	3	50%	不达标	高锰酸盐指数(33.3%)[7.6]
52	嫩江齐齐哈尔市开发利用区	嫩江富裕县过渡区	过渡区	松花江区	IV	IV	III	III	6	6	100%	达标	
53	嫩江齐齐哈尔市开发利用区	嫩江中部引嫩工业、农业用水区	工业用水区	松花江区	III	III	III	III	6	5	83.3%	达标	
54	嫩江齐齐哈尔市开发利用区	嫩江中部引嫩过渡区	过渡区	松花江区	II	III	III	III	6	0	0	不达标	高锰酸盐指数(83.3%)[6.0]、氨氮(33.3%)[0.67]
55	嫩江齐齐哈尔市开发利用区	嫩江浏园饮用、农业用水区	饮用水源区	松花江区	III	IV	III	III	6	5	83.3%	达标	
56	嫩江齐齐哈尔市开发利用区	嫩江齐齐哈尔市过渡区	过渡区	松花江区	III	III	III	III	6	5	83.3%	达标	
57	嫩江齐齐哈尔市开发利用区	嫩江富拉尔基工业、景观娱乐用水区	工业用水区	松花江区	III	III	III	III	6	2	33.3%	不达标	高锰酸盐指数(66.7%)[6.9]
58	嫩江齐齐哈尔市开发利用区	嫩江莫呼过渡区	过渡区	松花江区	IV	III	III	III	6	6	100%	达标	
59	嫩江泰来县开发利用区	嫩江泰来县农业、渔业用水区	农业用水区	松花江区	III	III	III	III	6	4	66.7%	不达标	高锰酸盐指数(33.3%)[7.3]
60	嫩江扎龙自然保护区		保护区	松花江区	II	IV	IV	IV	6	0	0	不达标	高锰酸盐指数(83.3%)[8.8]、氨氮(50%)[0.76]
61	松花江哈尔滨市开发利用区	松花江肇东市、双城市农业、渔业用水区	农业用水区	松花江区	III	III	III	III	6	5	83.3%	达标	

续表

序号	一级水功能区名称	二级水功能区名称	水功能区类型	水资源一级区名称	水质目标	全年全因子评价							主要超标项目
						汛期水质类别	非汛期水质类别	年度水质类别	年评价次数	年达标次数	年度达标率	达标评价结论	
62	松花江哈尔滨市开发利用区	松花江哈尔滨市太平镇过渡区	过渡区	松花江区	II	III	III	III	6	1	16.7%	不达标	高锰酸盐指数(83.3%)[5.9]、氨氮(66.7%)[0.89]
63	松花江哈尔滨市开发利用区	松花江哈尔滨市朱顺屯饮用水源区	饮用水源区	松花江区	II	III	III	III	6	4	66.7%	不达标	高锰酸盐指数(33.3%)[6.8]
64	松花江哈尔滨市开发利用区	松花江哈尔滨市景观娱乐用水区	景观娱乐用水区	松花江区	III	III	III	III	6	5	83.3%	达标	
65	松花江哈尔滨市开发利用区	松花江阿城市过渡区	过渡区	松花江区	IV	III	III	III	6	6	100%	达标	
66	松花江哈尔滨市开发利用区	松花江宾县、巴彦县农业用水区	农业用水区	松花江区	III	III	III	III	6	4	66.7%	不达标	
67	松花江佳木斯市开发利用区	松花江佳木斯市农业、工业用水区	农业用水区	松花江区	IV	IV	IV	IV	6	4	66.7%	不达标	氨氮(33.3%)[1.77]
68	松花江佳木斯市开发利用区	松花江佳木斯市过渡区	过渡区	松花江区	IV	IV	IV	IV	6	6	100%	达标	
69	松花江佳木斯市开发利用区	松花江佳木斯市、桦川县、富锦市农业用水区	农业用水区	松花江区	III	IV	IV	IV	6	0	0	不达标	高锰酸盐指数(66.7%)[7.9]、氨氮(33.3%)[1.62]
70	松花江木兰县开发利用区	松花江木兰县景观娱乐、农业用水区	景观娱乐用水区	松花江区	III	III	III	III	6	5	83.3%	达标	
71	松花江三江口鱼类保护区		保护区	松花江区	III	IV	IV	IV	6	0	0	不达标	高锰酸盐指数(83.3%)[7.3]、氨氮(33.3%)[1.52]
72	松花江汤原县保留区		保留区	松花江区	III	IV	IV	IV	6	1	16.7%	不达标	高锰酸盐指数(50.0%)[7.7]、氨氮(50.0%)[1.62]
73	松花江依兰县开发利用区	松花江通河县农业用水区	农业用水区	松花江区	III	III	III	III	6	4	66.7%	不达标	

续表

序号	一级水功能区名称	二级水功能区名称	水功能区类型	水资源一级区名称	水质目标	全年全因子评价							主要超标项目
						汛期水质类别	非汛期水质类别	年度水质类别	年评价次数	年达标次数	年度达标率	达标评价结论	
74	松花江依兰县开发利用区	松花江依兰县饮用、工业用水区	饮用水源区	松花江区	Ⅲ	Ⅲ	Ⅲ	Ⅲ	6	5	83.3%	达标	
75	汤旺河上甘岭区源头水保护区		保护区	松花江区	Ⅱ	Ⅴ	Ⅴ	Ⅴ	6	0	0	不达标	化学需氧量(66.7%)[50.0]、氨氮(66.7%)[0.78]、高锰酸盐指数(33.3%)[8.6]
76	汤旺河伊春市开发利用区	汤旺河友好农业、工业用水区	农业用水区	松花江区	Ⅳ	Ⅴ	Ⅴ	Ⅳ	6	4	66.7%	不达标	化学需氧量(33.3%)[49.0]
77	汤旺河伊春市开发利用区	汤旺河美溪过渡区	过渡区	松花江区	Ⅳ	Ⅴ	Ⅳ	Ⅳ	6	3	50%	不达标	化学需氧量(33.3%)[44.0]
78	汤旺河伊春市开发利用区	汤旺河西林工业用水区	工业用水区	松花江区	Ⅳ	Ⅴ	Ⅳ	Ⅳ	6	3	50%	不达标	化学需氧量(50.0%)[47.0]
79	汤旺河伊春市开发利用区	汤旺河金山屯过渡区	过渡区	松花江区	Ⅴ	Ⅴ	Ⅲ	Ⅳ	6	6	100%	达标	
80	汤旺河伊春市开发利用区	汤旺河南岔过渡区	过渡区	松花江区	Ⅴ	Ⅴ	Ⅲ	Ⅳ	6	5	83.3%	达标	
81	汤旺河伊春市开发利用区	汤旺河汤原县过渡区	过渡区	松花江区	Ⅳ	Ⅳ	Ⅲ	Ⅳ	6	5	83.3%	达标	
82	汤旺河伊春市开发利用区	汤旺河汤原县农业用水区	农业用水区	松花江区	Ⅳ	Ⅳ	Ⅳ	Ⅳ	6	5	83.3%	达标	
83	倭肯河七台河市开发利用区	倭肯河七台河市饮用、工业用水区	饮用水源区	松花江区	Ⅱ～Ⅲ	Ⅳ	Ⅳ	Ⅳ	6	0	0	不达标	高锰酸盐指数(100%)[11.8]
84	倭肯河依兰县开发利用区	倭肯河依兰县农业用水区	农业用水区	松花江区	Ⅳ	Ⅲ	劣Ⅴ	劣Ⅴ	6	2	33.3%	不达标	氨氮(33.3%)[10.6]
85	乌裕尔河富裕县保留区		保留区	松花江区	Ⅲ	Ⅳ	Ⅳ	Ⅳ	6	1	16.7%	不达标	高锰酸盐指数(66.7%)[9.6]
86	梧桐河鹤岗市开发利用区	梧桐河鹤岗市农业、渔业用水区	农业用水区	松花江区	Ⅳ	Ⅲ	Ⅴ	Ⅳ	6	4	66.7%	不达标	氨氮(33.3%)[2.96]

续表

序号	一级水功能区名称	二级水功能区名称	水功能区类型	水资源一级区名称	水质目标	全年全因子评价							主要超标项目
						汛期水质类别	非汛期水质类别	年度水质类别	年评价次数	年达标次数	年度达标率	达标评价结论	
87	梧桐河鹤岗市源头水保护区		保护区	松花江区	Ⅱ	Ⅲ	Ⅲ	Ⅲ	6	2	33.3%	不达标	氨氮(66.7%)[0.66]、高锰酸盐指数(50.0%)[6.4]
88	逊别拉河逊克县、孙吴县开发利用区	逊别拉河逊克县、孙吴县工业用水区	工业用水区	松花江区	Ⅲ	Ⅳ	Ⅱ	Ⅱ	6	4	66.7%	达标	
89	逊别拉河源头水保护区		保护区	松花江区	Ⅱ	Ⅲ	Ⅱ	Ⅱ	6	4	66.7%	不达标	高锰酸盐指数(33.3%)[6.0]
90	逊别拉河自然保护区		保护区	松花江区	Ⅱ	Ⅳ	Ⅲ	Ⅲ	6	3	50%	不达标	高锰酸盐指数(50.0%)[7.4]
91	雅鲁河齐齐哈尔市保留区		保留区	松花江区	Ⅲ	Ⅲ	Ⅲ	Ⅲ	6	6	100%	达标	
92	伊春河伊春市开发利用区	伊春河伊春市饮用、工业用水区	饮用水源区	松花江区	Ⅱ~Ⅲ	Ⅴ	Ⅳ	Ⅳ	6	1	16.7%	不达标	高锰酸盐指数(66.7%)[14.5]
93	中部引嫩大庆市开发利用区	中部引嫩工业、农业用水区	工业用水区	松花江区	Ⅲ~Ⅳ	Ⅲ	Ⅳ	Ⅲ	6	1	16.7%	不达标	
94	甘河黑蒙缓冲区		缓冲区	松花江区	Ⅲ	Ⅲ	Ⅱ	Ⅱ	12	12	100%	达标	
95	嫩江黑蒙缓冲区1		缓冲区	松花江区	Ⅲ	Ⅳ	Ⅲ	Ⅲ	12	6	50%	不达标	高锰酸盐指数(33%)[7.6]
96	诺敏河蒙黑缓冲区		缓冲区	松花江区	Ⅲ	Ⅲ	Ⅱ	Ⅱ	12	12	100%	达标	
97	嫩江黑蒙缓冲区2		缓冲区	松花江区	Ⅲ	Ⅲ	Ⅳ	Ⅲ	12	8	67%	不达标	高锰酸盐指数(33%)[8.9]
98	嫩江黑蒙缓冲区3		缓冲区	松花江区	Ⅲ	Ⅲ	Ⅲ	Ⅲ	12	12	100%	达标	
99	雅鲁河黑蒙缓冲区		缓冲区	松花江区	Ⅲ	Ⅱ	Ⅱ	Ⅱ	12	12	100%	达标	
100	嫩江黑吉缓冲区		缓冲区	松花江区	Ⅲ	Ⅲ	Ⅲ	Ⅲ	12	9	75%	不达标	高锰酸盐指数(25.0%)[7.8]
101	拉林河吉黑缓冲区1		缓冲区	松花江区	Ⅲ	Ⅲ	Ⅲ	Ⅲ	12	11	91.7%	达标	
102	拉林河吉黑缓冲区2		缓冲区	松花江区	Ⅲ	Ⅳ	Ⅲ	Ⅳ	12	7	58.3%	不达标	
103	牤牛河黑吉缓冲区		缓冲区	松花江区	Ⅲ	Ⅲ	Ⅲ	Ⅲ	12	10	83.3%	达标	

序号	一级水功能区名称	二级水功能区名称	水功能区类型	水资源一级区名称	水质目标	全年全因子评价							主要超标项目
						汛期水质类别	非汛期水质类别	年度水质类别	年评价次数	年达标次数	年度达标率	达标评价结论	
104	松花江黑吉缓冲区		缓冲区	松花江区	Ⅲ	Ⅲ	Ⅲ	Ⅲ	12	9	75%	不达标	
105	松花江同江市缓冲区		缓冲区	松花江区	Ⅲ	Ⅳ	Ⅳ	Ⅳ	12	1	8.3%	不达标	高锰酸盐指数(83.3%)[8.3]、氨氮(41.7%)[1.61]
106	洮儿河白城市开发利用区	洮儿河洮北区、洮南市农业用水区	农业	松花江区	Ⅲ	Ⅳ	Ⅳ	Ⅳ	12	5	41.7%	不达标	五日生化需氧量(58%)[5.9]
107	洮儿河白城市开发利用区	洮儿河镇赉县、大安市农业、渔业用水区	农业	松花江区	Ⅲ	Ⅲ	Ⅲ	Ⅲ	12	8	66.7%	不达标	
108	洮儿河白城市开发利用区	洮儿河镇赉县、大安市渔业、农业用水区	渔业	松花江区	Ⅲ		Ⅲ	Ⅲ	12	8	66.7%	不达标	氟化物(25%)[1.08]
109	霍林河前郭县开发利用区	霍林河前郭县渔业用水区	渔业	松花江区	Ⅲ	劣Ⅴ	劣Ⅴ	劣Ⅴ	4			不达标	化学需氧量(100%)[48]、五日生化需氧量(50%)[5.2]、氟化物(100%)[1.75]
110	二道白河长白山自然保护区		保护区	松花江区	Ⅰ	Ⅰ	Ⅰ	Ⅰ	12	1	8.3%	不达标	氟化物(58.3%)[2.9]
111	二道白河安图县保留区		保留区	松花江区	Ⅱ	Ⅲ	Ⅱ	Ⅲ	12	6	50%	不达标	高锰酸盐指数(25%)[7.4]
112	二道松花江安图县、抚松县、敦化市保留区		保留区	松花江区	Ⅱ	Ⅲ	Ⅱ	Ⅱ	12	7	58.3%	不达标	高锰酸盐指数(33%)[6.3]
113	二道松花江松花江三湖保护区		保护区	松花江区	Ⅱ	Ⅱ	Ⅲ	Ⅱ	4			达标	
114	第二松花江松花江三湖保护区		保护区	松花江区	Ⅱ～Ⅲ	Ⅱ	Ⅱ	Ⅱ	12	12	100%	达标	
115	第二松花江长春市调水水源保护区		保护区	松花江区	Ⅱ	Ⅱ	Ⅱ	Ⅱ	12	12	100%	达标	

续表

序号	一级水功能区名称	二级水功能区名称	水功能区类型	水资源一级区名称	水质目标	全年全因子评价							主要超标项目
						汛期水质类别	非汛期水质类别	年度水质类别	年评价次数	年达标次数	年度达标率	达标评价结论	
116	第二松花江吉林市、长春市开发利用区	第二松花江吉林市饮用、工业用水区1	饮用	松花江区	II～III	II	II	II	12	12	100%	达标	
117	第二松花江吉林市、长春市开发利用区	第二松花江吉林市景观娱乐用水区	景观	松花江区	III	III	III	II	4			达标	
118	第二松花江吉林市、长春市开发利用区	第二松花江吉林市饮用、工业用水区2	饮用	松花江区	II～III	II	II	II	12	12	100%	达标	
119	第二松花江吉林市、长春市开发利用区	第二松花江吉林市工业用水区	工业	松花江区	IV	II	II	II	4			达标	
120	第二松花江吉林市、长春市开发利用区	第二松花江吉林市、长春市农业、过渡区	农业	松花江区	III	II	III	III	12	10	83.3%	达标	
121	第二松花江吉林市、长春市开发利用区	第二松花江德惠市、榆树市饮用、工业用水区	饮用	松花江区	II～III	III	III	III	4			达标	
122	第二松花江吉林扶余洪泛湿地自然保护区		保护区	松花江区	III	III	III	III	12	8	66.7%	不达标	
123	第二松花江松原市开发利用区	第二松花江松原市饮用、工业用水区	饮用	松花江区	II～III	II	IV	III	12	7	58.3%	不达标	高锰酸盐指数(75%)〔4.9〕、五日生化需氧量(33%)〔3.9〕、氨氮(42%)〔1.82〕
124	第二松花江松原市开发利用区	第二松花江松原市过渡区	过渡区	松花江区	IV	III	IV	III	12	9	75%	不达标	氨氮(25%)〔1.75〕
125	五道白河安图县源头水保护区		保护区	松花江区	I	III	III	III	4			不达标	溶解氧(50%)、高锰酸盐指数(100%)〔5.2〕
126	五道白河安图县保留区		保留区	松花江区	II	III	III	III	4			不达标	高锰酸盐指数(50%)〔4.2〕

续表

序号	一级水功能区名称	二级水功能区名称	水功能区类型	水资源一级区名称	水质目标	全年全因子评价							主要超标项目
						汛期水质类别	非汛期水质类别	年度水质类别	年评价次数	年达标次数	年度达标率	达标评价结论	
127	头道松花江长白山自然保护区		保护区	松花江区	Ⅱ	Ⅱ	Ⅱ	Ⅱ	12	9	75%	不达标	
128	头道松花江抚松县保留区		保留区	松花江区	Ⅱ	Ⅲ	Ⅲ	Ⅲ	4			不达标	高锰酸盐指数（50%）［4.9］
129	头道松花江靖宇县、抚松县开发利用区	头道松花江靖宇县、抚松县过渡区	过渡区	松花江区	Ⅲ	Ⅲ	Ⅱ	Ⅱ	12	12	100%	达标	
130	头道松花江靖宇县、抚松县缓冲区		缓冲区	松花江区	Ⅱ	Ⅴ	Ⅲ	Ⅲ	12	2	16.7%	不达标	高锰酸盐指数（67%）［9.5］、氨氮（25%）［0.72］
131	头道松花江松花江三湖保护区		保护区	松花江区	Ⅱ	Ⅲ	Ⅲ	Ⅲ	4			不达标	高锰酸盐指数（75%）［4.7］
132	松江河抚松县源头水保护区		保护区	松花江区	Ⅱ	Ⅱ	Ⅲ	Ⅱ	4			达标	
133	松江河抚松县开发利用区	松江河抚松县饮用、工业用水区	饮用	松花江区	Ⅱ～Ⅲ	Ⅱ	Ⅱ	Ⅱ	4			达标	
134	辉发河通化市、吉林市开发利用区	辉发河梅河口市饮用、农业用水区	饮用	松花江区	Ⅱ～Ⅲ	Ⅲ	Ⅱ	Ⅱ	12	10	83.3%	达标	
135	辉发河松花江三湖保护区		保护区	松花江区	Ⅲ	Ⅲ	Ⅲ	Ⅲ	12	9	75%	不达标	氨氮（25%）［1.45］
136	莲河东丰县开发利用区	莲河东丰县饮用水源区	饮用	松花江区	Ⅱ～Ⅲ	劣Ⅴ	Ⅲ	劣Ⅴ	4			不达标	高锰酸盐指数（75%）［5］、氨氮（100%）［7.78］、挥发酚（25%）［0.003］
137	一统河柳河县、梅河口市、辉南县开发利用区	一统河柳河县饮用、工业用水区	饮用	松花江区	Ⅱ～Ⅲ	Ⅱ	Ⅱ	Ⅱ	4			达标	

序号	一级水功能区名称	二级水功能区名称	水功能区类型	水资源一级区名称	水质目标	全年全因子评价							主要超标项目
						汛期水质类别	非汛期水质类别	年度水质类别	年评价次数	年达标次数	年度达标率	达标评价结论	
138	三统河柳河县、辉南县开发利用区	三统河辉南县饮用、工业用水区	饮用	松花江区	Ⅱ～Ⅲ	Ⅱ	Ⅱ	Ⅱ	4			达标	
139	蛟河蛟河市开发利用区	蛟河蛟河市饮用、工业用水区	饮用	松花江区	Ⅱ～Ⅲ	Ⅱ	Ⅱ	Ⅱ	4			达标	
140	蛟河蛟河市缓冲区		缓冲区	松花江区	Ⅲ	Ⅱ	Ⅲ	Ⅲ	12	10	83.3%	达标	
141	饮马河伊通县、磐石市源头水保护区		保护区	松花江区	Ⅱ	Ⅲ	Ⅲ	Ⅲ	12	0	0	不达标	高锰酸盐指数(100%)〔6.2〕、五日生化需氧量(25%)〔4.6〕
142	饮马河吉林市、长春市开发利用区	饮马河磐石市、双阳区、永吉县农业、渔业用水区	农业	松花江区	Ⅲ	Ⅲ	Ⅲ	Ⅲ	12	9	75%	不达标	五日生化需氧量(25%)〔8.4〕
143	饮马河吉林市、长春市开发利用区	饮马河长春市饮用、渔业用水区	饮用	松花江区	Ⅱ～Ⅲ	Ⅲ	Ⅲ	Ⅲ	12	12	100%	达标	
144	饮马河吉林市、长春市开发利用区	饮马河九台市、德惠市农业用水区	农业	松花江区	Ⅲ	Ⅳ	劣Ⅴ	劣Ⅴ	12	2	16.7%	不达标	五日生化需氧量(58%)〔8〕、氨氮(83%)〔9.47〕
145	饮马河吉林市、长春市开发利用区	饮马河德惠市农业用水区	农业	松花江区	Ⅳ	Ⅴ	劣Ⅴ	劣Ⅴ	12	2	16.7%	不达标	化学需氧量(42%)〔38.2〕、五日生化需氧量(67%)〔12.4〕、氨氮(58%)〔8.82〕
146	饮马河农安县、德惠市缓冲区		缓冲区	松花江区	Ⅲ	劣Ⅴ	劣Ⅴ	劣Ⅴ	12	0	0	不达标	化学需氧量(83%)〔74.8〕、五日生化需氧量(100%)〔23.9〕、氨氮(92%)〔19.18〕
147	岔路河磐石市源头水保护区		保护区	松花江区	Ⅱ	Ⅱ	Ⅲ	Ⅱ	4			达标	

序号	一级水功能区名称	二级水功能区名称	水功能区类型	水资源一级区名称	水质目标	全年全因子评价							主要超标项目
						汛期水质类别	非汛期水质类别	年度水质类别	年评价次数	年达标次数	年度达标率	达标评价结论	
148	岔路河磐石市、永吉县开发利用区	岔路河磐石市、永吉县农业、渔业用水区	农业	松花江区	Ⅲ	Ⅱ	Ⅱ	Ⅱ	12	12	100%	达标	
149	伊通河长春市开发利用区	伊通河长春市饮用、渔业用水区	饮用	松花江区	Ⅱ～Ⅲ	Ⅲ	Ⅲ	Ⅲ	12	12	100%	达标	
150	伊通河长春市开发利用区	伊通河长春市农业、渔业用水区2	农业	松花江区	Ⅲ	Ⅲ	Ⅳ	Ⅲ	4			达标	
151	伊通河长春市开发利用区	伊通河长春市景观娱乐用水区	景观	松花江区	Ⅲ	劣Ⅴ	劣Ⅴ	劣Ⅴ	4			不达标	化学需氧量(75%)[61]五日生化需氧量(75%)[10]氨氮(100%)[3.75]
152	细鳞河舒兰市源头水保护区		保护区	松花江区	Ⅱ	Ⅰ	Ⅲ	Ⅱ	4			达标	
153	细鳞河舒兰市开发利用区	细鳞河舒兰市饮用、农业用水区	饮用	松花江区	Ⅲ	Ⅱ	Ⅲ	Ⅲ	4			达标	
154	细鳞河舒兰市开发利用区	细鳞河舒兰市农业、过渡区	农业	松花江区	Ⅲ	Ⅴ	Ⅱ	Ⅲ	4			达标	
155	牡丹江敦化市源头水保护区		保护区	松花江区	Ⅱ	Ⅱ	Ⅱ	Ⅱ	12	11	91.2%	达标	
156	牡丹江敦化市开发利用区	牡丹江敦化市饮用、工业用水区	饮用	松花江区	Ⅱ～Ⅲ	Ⅱ	Ⅲ	Ⅲ	12	10	83.3%	达标	
157	牡丹江敦化市开发利用区	牡丹江敦化市农业用水区	农业	松花江区	Ⅴ	劣Ⅴ	劣Ⅴ	劣Ⅴ	12	3	25%	不达标	化学需氧量(42%)[138.7]、五日生化需氧量(33%)[16.1]、氨氮(75%)[10.64]
158	牡丹江敦化市开发利用区	牡丹江敦化市农业、过渡区	农业	松花江区	Ⅲ	Ⅳ	Ⅲ	Ⅳ	4			不达标	高锰酸盐指数(50%)[7]

续表

序号	一级水功能区名称	二级水功能区名称	水功能区类型	水资源一级区名称	水质目标	全年全因子评价							主要超标项目
						汛期水质类别	非汛期水质类别	年度水质类别	年评价次数	年达标次数	年度达标率	达标评价结论	
159	牡丹江吉林雁鸣湖国家级自然保护区		保护区	松花江区	Ⅲ	Ⅲ	Ⅲ	Ⅲ	4			达标	
160	嘎呀河汪清县源头水保护区		保护区	松花江区	Ⅱ	Ⅳ	Ⅳ	Ⅳ	4			不达标	高锰酸盐指数(75%)[13]、化学需氧量(25%)[34.7]
161	嘎呀河汪清县、图们市开发利用区	嘎呀河汪清县农业、饮用水源区	农业	松花江区	Ⅱ～Ⅲ	Ⅳ	Ⅲ	Ⅳ	9	3	33.3%	不达标	高锰酸盐指数(100%)[11.8]
162	嘎呀河汪清县、图们市开发利用区	嘎呀河汪清县、图们市工业、农业用水区	工业	松花江区	Ⅳ	Ⅲ	Ⅱ	Ⅲ	12	11	91.7%	达标	
163	嘎呀河汪清县、图们市开发利用区	嘎呀河图们市过渡区	过渡区	松花江区	Ⅳ	Ⅴ	劣Ⅴ	Ⅴ	4			不达标	化学需氧量(75%)[41.2]
164	嘎呀河图们市缓冲区		缓冲区	松花江区	Ⅲ	Ⅴ	劣Ⅴ	劣Ⅴ	12	1	8.3%	不达标	化学需氧量(75%)[171.3]、五日生化需氧量(58%)[28.6]、氨氮(50%)[5.42]
165	布尔哈通河安图县源水保护区		保护区	松花江区	Ⅱ	Ⅱ	Ⅱ	Ⅱ	11	9	81.8%	达标	
166	布尔哈通河延边州开发利用区	布尔哈通河安图县、龙井市农业、饮用水源区	农业	松花江区	Ⅱ～Ⅲ	Ⅱ	Ⅳ	Ⅳ	12	7	58.3%	不达标	氨氮(42%)[4.46]
167	布尔哈通河延边州开发利用区	布尔哈通河延吉市饮用水源区	饮用	松花江区	Ⅱ～Ⅲ	Ⅱ	Ⅱ	Ⅱ	12	9	75%	不达标	氨氮(33%)[1.02]
168	布尔哈通河延边州开发利用区	布尔哈通河延吉市景观娱乐、工业用水区	景观	松花江区	Ⅲ	Ⅲ	Ⅳ	Ⅲ	4			达标	
169	布尔哈通河延边州开发利用区	布尔哈通河图们市过渡区	过渡区	松花江区	Ⅲ	Ⅱ	劣Ⅴ	Ⅴ	12	6	50%	不达标	氨氮(42%)[3.91]

续表

序号	一级水功能区名称	二级水功能区名称	水功能区类型	水资源一级区名称	水质目标	全年全因子评价						达标评价结论	主要超标项目
						汛期水质类别	非汛期水质类别	年度水质类别	年评价次数	年达标次数	年度达标率		
170	海兰河和龙市源头水保护区		保护区	松花江区	Ⅱ	Ⅲ	Ⅱ	Ⅲ	4			不达标	高锰酸盐指数(75%)〔5.5〕
171	海兰河和龙市、龙井市、延吉市开发利用区	海兰河和龙市饮用水源区	饮用	松花江区	Ⅱ～Ⅲ	Ⅱ	Ⅱ	Ⅱ	4			达标	
172	海兰河和龙市、龙井市、延吉市开发利用区	海兰河和龙市、龙井市农业、饮用水源区	农业	松花江区	Ⅱ～Ⅲ	Ⅱ	Ⅱ	Ⅱ	4			达标	
173	珲春河珲春市源头水保护区		保护区	松花江区	Ⅱ	Ⅱ	Ⅱ	Ⅱ	4			达标	
174	珲春河珲春市保留区		保留区	松花江区	Ⅱ	Ⅱ	Ⅲ	Ⅱ	4			达标	
175	珲春河珲春市开发利用区	珲春河珲春市饮用、农业用水区	饮用	松花江区	Ⅱ～Ⅲ	Ⅱ	Ⅱ	Ⅱ	4			达标	
176	珲春河珲春市缓冲区		缓冲区	松花江区	Ⅲ	Ⅱ	Ⅱ	Ⅱ	12	11	91.7%	达标	
177	西辽河双辽市开发利用区	西辽河双辽市农业用水区	农业	辽河区	Ⅲ	劣Ⅴ	Ⅳ	Ⅳ	7	0	0	不达标	高锰酸盐指数(71%)〔8.8〕、化学需氧量(29%)〔32.7〕、氨氮(43%)〔1.52〕、氟化物(100%)〔1.78〕
178	东辽河东辽县源头水保护区		保护区	辽河区	Ⅱ	Ⅳ	Ⅲ	Ⅳ	4			不达标	高锰酸盐指数(50%)〔4.5〕、五日生化需氧量(25%)〔4.7〕、氨氮(100%)〔1.42〕
179	东辽河辽源市、四平市开发利用区	东辽河东辽县、辽源市饮用、工业用水区	饮用	辽河区	Ⅱ～Ⅲ	Ⅲ	Ⅲ	Ⅲ	12	11	91.7%	达标	

续表

序号	一级水功能区名称	二级水功能区名称	水功能区类型	水资源一级区名称	水质目标	全年全因子评价							主要超标项目
						汛期水质类别	非汛期水质类别	年度水质类别	年评价次数	年达标次数	年度达标率	达标评价结论	
180	东辽河辽源市、四平市开发利用区	东辽河辽源市景观娱乐用水区	景观	辽河区	Ⅲ	劣Ⅴ	劣Ⅴ	劣Ⅴ	4			不达标	高锰酸盐指数(50%)[10.6]、化学需氧量(50%)[43.2]、五日生化需氧量(100%)[9.9]、氨氮(100%)[10.06]
181	东辽河辽源市、四平市开发利用区	东辽河东辽县农业用水区	农业	辽河区	Ⅴ	劣Ⅴ	劣Ⅴ	劣Ⅴ	12	0	0	不达标	化学需氧量(42%)[51]、氨氮(100%)[16.7]
182	东辽河辽源市、四平市开发利用区	东辽河东辽县过渡区	过渡区	辽河区	Ⅲ	劣Ⅴ	劣Ⅴ	劣Ⅴ	4			不达标	高锰酸盐指数(50%)[8.2]、化学需氧量(25%)[55.7]五日生化需氧量(100%)[6.2]、氨氮(100%)[10.4]、挥发酚(50%)[0.013]
183	东辽河辽源市、四平市开发利用区	东辽河四平市饮用、渔业用水区	饮用	辽河区	Ⅱ~Ⅲ	Ⅱ	Ⅲ	Ⅲ	12	11	91.7%	达标	
184	招苏台河梨树县开发利用区	招苏台河梨树县饮用、农业用水区	饮用	辽河区	Ⅱ~Ⅲ	Ⅲ	Ⅱ	Ⅲ	4			不达标	高锰酸盐指数(75%)[5.2]、五日生化需氧量(25%)[4]、氨氮(50%)[0.64]
185	条子河四平市开发利用区	条子河四平市饮用水源区	饮用	辽河区	Ⅱ~Ⅲ	Ⅲ	Ⅲ	Ⅲ	12	10	83.3%	达标	
186	浑江白山市、通化市开发利用区	浑江江源县饮用水源区	饮用	辽河区	Ⅱ~Ⅲ	Ⅲ	Ⅱ	Ⅱ	12	8	66.7%	不达标	高锰酸盐指数(33%)[4.5]
187	浑江白山市、通化市开发利用区	浑江白山市景观娱乐用水区	景观	辽河区	Ⅲ	Ⅱ	Ⅳ	Ⅲ	4			达标	

续表

序号	一级水功能区名称	二级水功能区名称	水功能区类型	水资源一级区名称	水质目标	全年全因子评价								主要超标项目
						汛期水质类别	非汛期水质类别	年度水质类别	年评价次数	年达标次数	年度达标率	达标评价结论		
188	浑江白山市、通化市开发利用区	浑江白山市、通化市过渡区	过渡区	辽河区	Ⅲ	Ⅱ	Ⅱ	Ⅱ	4			达标		
189	浑江白山市、通化市开发利用区	浑江通化市景观娱乐用水区	景观	辽河区	Ⅲ	Ⅲ	Ⅳ	Ⅳ	12	4	33.3%	不达标	五日生化需氧量(58%)[6.6]、氨氮(33%)[3.38]
190	浑江白山市、通化市开发利用区	浑江通化县、通化市、集安市农业用水区	农业	辽河区	Ⅳ	Ⅱ	Ⅲ	Ⅱ	12	12	100%	达标	
191	哈泥河柳河县、通化县源头水保护区		保护区	辽河区	Ⅱ	Ⅲ	Ⅱ	Ⅱ	4			不达标	高锰酸盐指数(25%)[5.4]
192	哈泥河通化县、通化市开发利用区	哈泥河通化市饮用水源区	饮用	辽河区	Ⅱ～Ⅲ	Ⅱ	Ⅱ	Ⅱ	12	12	100%	达标	
193	喇蛄河通化县开发利用区	喇蛄河通化县饮用、农业用水区	饮用	辽河区	Ⅱ～Ⅲ	Ⅱ	Ⅱ	Ⅱ	4			达标	
194	嫩江黑吉缓冲区		缓冲区	松花江区	Ⅲ	Ⅲ	Ⅳ	Ⅲ	12	8	67%	不达标	高锰酸盐指数(17%)[7.91]、总磷(17%)[0.27]、化学需氧量(8%)[31.1]、氨氮(8%)[1.12]
195	第二松花江吉黑缓冲区		缓冲区	松花江区	Ⅲ	Ⅴ	Ⅲ	Ⅳ	12	8	67%	不达标	总磷(33%)[0.57]、氨氮(8%)[1.04]
196	拉林河吉黑缓冲区1		缓冲区	松花江区	Ⅲ	Ⅲ	Ⅲ	Ⅲ	12	11	92%	达标	
197	拉林河吉黑缓冲区2		缓冲区	松花江区	Ⅲ	Ⅲ	Ⅲ	Ⅲ	12	7	58%	不达标	氨氮(25%)[1.82]、高锰酸盐指数(17%)[6.30]
198	细鳞河(溪浪河)吉黑缓冲区		缓冲区	松花江区	Ⅲ	Ⅱ	Ⅱ	Ⅱ	12	10	83%	达标	
199	松花江黑吉缓冲区		缓冲区	松花江区	Ⅲ	Ⅲ	Ⅲ	Ⅲ	12	9	75%	不达标	氨氮(17%)[1.59]、高锰酸盐指数(8%)[6.59]

续表

序号	一级水功能区名称	二级水功能区名称	水功能区类型	水资源一级区名称	水质目标	全年全因子评价							主要超标项目
						汛期水质类别	非汛期水质类别	年度水质类别	年评价次数	年达标次数	年度达标率	达标评价结论	
200	牡丹江吉黑缓冲区		缓冲区	松花江区	Ⅲ	Ⅲ	Ⅱ	Ⅱ	12	12	100%	达标	
201	大绥芬河吉黑缓冲区		缓冲区	松花江区	Ⅲ	Ⅲ	Ⅱ	Ⅲ	12	8	83%	达标	
202	西辽河吉蒙缓冲区		缓冲区	辽河区	Ⅲ	Ⅳ	Ⅲ	Ⅳ	9	3	33%	不达标	氟化物(55%)[1.63]、高锰酸盐指数(44%)[14.58]、五日生化需氧量(22%)[6.4]、总磷(22%)[0.36]
203	东辽河吉辽、蒙辽缓冲区		缓冲区	辽河区	Ⅲ	Ⅴ	Ⅲ	Ⅳ	12	5	42%	不达标	总磷(42%)[0.91]、氨氮(25%)[1.63]、高锰酸盐指数(8%)[8.56]、五日生化需氧量(8%)[5.50]、化学需氧量(8%)[31.8]
204	招苏台河吉辽缓冲区		缓冲区	辽河区	Ⅳ	劣Ⅴ	劣Ⅴ	劣Ⅴ	12	1	8%	不达标	氨氮(92%)[12.22]、总磷(33%)[0.88]
205	条子河吉辽缓冲区		缓冲区	辽河区	Ⅳ	劣Ⅴ	劣Ⅴ	劣Ⅴ	12	0	0	不达标	氨氮(100%)[25.13]、总磷(92%)[3.65]、五日生化需氧量(67%)[15.3]、化学需氧量(67%)[66.2]
206	浑江吉辽江甸缓冲区		缓冲区	辽河区	Ⅲ	Ⅲ	Ⅲ	Ⅲ	12	6	50%	不达标	五日生化需氧量(25%)[5.68]、氨氮(25%)[1.93]、高锰酸盐指数(8%)[8.36]
207	浑江吉辽缓冲区		缓冲区	辽河区	Ⅲ	Ⅱ	Ⅱ	Ⅱ	12	12	100%	达标	
208	富尔江吉辽缓冲区		缓冲区	辽河区	Ⅱ	Ⅱ	Ⅱ	Ⅱ	12	10	83%	达标	

续表

序号	一级水功能区名称	二级水功能区名称	水功能区类型	水资源一级区名称	水质目标	全年全因子评价							主要超标项目
						汛期水质类别	非汛期水质类别	年度水质类别	年评价次数	年达标次数	年度达标率	达标评价结论	
209	辉发河辽宁省源头水保护区		保护区	松花江区	II	II	II	II	12	12	100%	达标	
210	辉发河辽吉缓冲区		缓冲区	松花江区	II	II	II	II	12	10	83%	达标	
211	老哈河辽蒙缓冲区		缓冲区	辽河区	英金河口以上 III 类,以下 IV 类	IV	劣V	劣V	11	3	27%	不达标	化学需氧量(27%)[45.20]、总磷(27%)[5.86]、氨氮(18%)[3.08]
212	东辽河吉辽、蒙辽缓冲区		缓冲区	辽河区	III	IV	IV	IV	12	5	42%	不达标	五日生化需氧量(33%)[5.1]、总磷(33%)[0.48]、高锰酸盐指数(25%)[8.72]
213	辽河干流铁岭、沈阳开发利用区	辽河小莲花过渡区	过渡区	辽河区	III	III	V	IV	12	6	50%	不达标	氨氮(50%)[2.61]
214	辽河干流铁岭、沈阳开发利用区	辽河八天地农业、饮用水源区	农业用水区	辽河区	III	III	IV	IV	12	4	33%	不达标	氨氮(42%)[2.43]、五日生化需氧量(25%)[4.8]
215	辽河干流铁岭、沈阳开发利用区	辽河柳河口农业用水区	农业用水区	辽河区	III	IV	V	V	12	5	42%	不达标	总磷(67%)[0.7]、五日生化需氧量(33%)[6.2]、高锰酸盐指数(25%)[9.7]、氨氮(25%)[1.91]
216	清河清原源头水保护区		保护区	辽河区	II	II	II	II	12	12	100%	达标	
217	清河开原开发利用区	清河开原饮用水源区	饮用水源区	辽河区	II	II	II	II	12	8	67%	不达标	铁(33%)[0.73]
218	清河开原开发利用区	清河清原水库饮用、农业用水区	饮用水源区	辽河区	II	III	III	III	12	12	100%	达标	

序号	一级水功能区名称	二级水功能区名称	水功能区类型	水资源一级区名称	水质目标	全年全因子评价							主要超标项目
						汛期水质类别	非汛期水质类别	年度水质类别	年评价次数	年达标次数	年度达标率	达标评价结论	
219	清河开原开发利用区	清河富强农业用水区	农业用水区	辽河区	IV	III	IV	IV	12	9	75%	不达标	氨氮（25%）[3.09]
220	清河开原开发利用区	清河富强过渡区	过渡区	辽河区	III	III	IV	III	12	8	67%	不达标	氨氮（25%）[2.61]
221	柴河清原源头水保护区		保护区	辽河区	II	II	I	II	12	12	100%	达标	
222	柴河铁岭开发利用区	柴河柴河堡饮用、农业用水区	饮用水源区	辽河区	II	II	II	II	12	8	67%	不达标	铁（25%）[0.68]
223	柴河铁岭开发利用区	柴河柴河水库饮用、工业用水区	饮用水源区	辽河区	II	II	II	II	12	12	100%	达标	
224	柴河铁岭利用区	柴河柴河口农业、饮用水源区	农业用水区	辽河区	III	III	III	III	6	6	100%	达标	
225	新开河蒙辽缓冲区		缓冲区	辽河区	II	II	II	II	6	3	50%	不达标	总磷（17%）[0.11]、铅（17%）[0.01320]、溶解氧
226	柳河彰武、新民开发利用区	柳河闹德海水库饮用、农业用水区	饮用水源区	辽河区	II	III	III	III	12	9	75%	不达标	
227	秀水河法库开发利用区	秀水河河口农业、饮用水源区	农业用水区	辽河区	III	劣V	III	V	5	1	20%	不达标	高锰酸盐指数（60%）[8.6]、五日生化需氧量（60%）[6.1]、氟化物（60%）[1.46]
228	东沙河阜新源头水保护区		保护区	辽河区	II	III	III	III	12	9	75%	不达标	总磷（25%）[0.59]
229	辽河干流沈阳、鞍山、盘锦开发利用区	辽河小徐家房子农业用水区	农业用水区	辽河区	III	III	劣V	劣V	12	3	25%	不达标	总磷（67%）[1.79]、五日生化需氧量（58%）[5.9]、氨氮（33%）[2.01]、高锰酸盐指数（25%）[9.4]

续表

序号	一级水功能区名称	二级水功能区名称	水功能区类型	水资源一级区名称	水质目标	全年全因子评价							主要超标项目
						汛期水质类别	非汛期水质类别	年度水质类别	年评价次数	年达标次数	年度达标率	达标评价结论	
230	辽河干流沈阳、鞍山、盘锦开发利用区	辽河小徐家房子农业饮用水源区	农业用水区	辽河区	III	IV	IV	IV	12	1	8%	不达标	总磷(64%)[0.38]、氨氮(50%)[2.14]、五日生化需氧量(33%)[4.4]
231	双台子河河口保护区		保护区	辽河区	III	III	IV	IV	12	3	25%	不达标	五日生化需氧量(50%)[6.00]、氨氮(42%)[1.96]、高锰酸盐指数(33%)[10.0]
232	红河清原源头水保护区		保护区	辽河区	II	II	II	II	12	12	100%	达标	
233	浑河抚顺、沈阳、辽阳、鞍山开发利用区	红河湾甸子镇景观娱乐用水区	景观娱乐用水区	辽河区	II	II	II	II	12	11	92%	达标	
234	浑河抚顺、沈阳、辽阳、鞍山开发利用区	浑河北口前饮用、农业用水区	饮用水源区	辽河区	II	II	II	II	12	6	50%	不达标	铁(50%)[0.9]
235	浑河抚顺、沈阳、辽阳、鞍山开发利用区	浑河大伙房水库饮用、农业用水区	饮用水源区	辽河区	II	II	III	III	12	9	75%	不达标	总磷(38%)[0.1]
236	浑河抚顺、沈阳、鞍山开发利用区	浑河大伙房水库出口工业用水区	工业用水区	辽河区	III	III	III	III	12	7	58%	不达标	高锰酸盐指数(25%)[8]、五日生化需氧量(25%)[5.8]
237	浑河抚顺、沈阳、辽阳、鞍山开发利用区	浑河橡胶坝1景观娱乐、工业用水区	景观娱乐用水区	辽河区	III	II	IV	III	12	6	50%	不达标	氨氮(33%)[2.43]、总磷(25%)[0.26]
238	浑河抚顺、沈阳、辽阳、鞍山开发利用区	浑河橡胶坝(末)工业用水区	工业用水区	辽河区	IV	III	V	IV	12	10	83%	达标	
239	浑河抚顺、沈阳、辽阳、鞍山开发利用区	浑河高坎村过渡区	过渡区	辽河区	III	III	IV	IV	12	4	33%	不达标	氨氮(50%)[3.24]、总磷(50%)[0.28]

| 序号 | 一级水功能区名称 | 二级水功能区名称 | 水功能区类型 | 水资源一级区名称 | 水质目标 | 全年全因子评价 | | | | | | | 主要超标项目 |
						汛期水质类别	非汛期水质类别	年度水质类别	年评价次数	年达标次数	年度达标率	达标评价结论	
240	浑河抚顺、沈阳、辽阳、鞍山开发利用区	浑河高坎村农业、饮用水源区	农业用水区	辽河区	Ⅲ	Ⅲ	Ⅴ	Ⅳ	12	9	75%	不达标	氨氮(25%)[4.32]
241	浑河抚顺、沈阳、辽阳、鞍山开发利用区	浑河上沙过渡区	过渡区	辽河区	Ⅴ	Ⅳ	劣Ⅴ	劣Ⅴ	12	7	58%	不达标	氨氮(25%)[7.45]、总磷(25%)[0.79]
242	浑河抚顺、沈阳、辽阳、鞍山开发利用区	浑河金沙农业用水区	农业用水区	辽河区	Ⅴ	Ⅲ	劣Ⅴ	劣Ⅴ	12	4	33%	不达标	氨氮(58%)[7.35]、总磷(33%)[3.03]
243	浑河抚顺、沈阳、辽阳、鞍山开发利用区	浑河黄南过渡区	过渡区	辽河区	Ⅴ	劣Ⅴ	劣Ⅴ	劣Ⅴ	12	3	25%	不达标	氨氮(58%)[8.61]、总磷(58%)[3.09]
244	浑河抚顺、沈阳、辽阳、鞍山开发利用区	浑河七台子农业用水区	农业用水区	辽河区	Ⅴ	劣Ⅴ	劣Ⅴ	劣Ⅴ	12	3	25%	不达标	氨氮(75%)[6.54]、总磷(33%)[0.61]
245	浑河抚顺、沈阳、辽阳、鞍山开发利用区	浑河上顶子农业用水区	农业用水区	辽河区	Ⅴ	劣Ⅴ	劣Ⅴ	劣Ⅴ	12	2	17%	不达标	氨氮(83%)[9.52]、总磷(64%)[1.72]
246	苏子河新宾源头水保护区		保护区	辽河区	Ⅱ	Ⅱ	Ⅱ	Ⅱ	12	12	100%	达标	
247	苏子河新宾开发利用区	苏子河红升水库饮用、农业用水区	饮用水源区	辽河区	Ⅱ	Ⅲ	Ⅲ	Ⅲ	12	4	33%	不达标	锰(58%)[0.46]、总磷(25%)[0.07]
248	苏子河新宾开发利用区	苏子河双庙子饮用、农业用水区	饮用水源区	辽河区	Ⅱ	Ⅱ	Ⅱ	Ⅱ	12	10	83%	达标	
249	苏子河新宾开发利用区	苏子河双庙子过渡区	过渡区	辽河区	Ⅲ	Ⅱ	Ⅲ	Ⅱ	12	9	75%	不达标	阴离子表面活性剂(25%)[0.36]
250	苏子河新宾开发利用区	苏子河北茶棚饮用、农业用水区	饮用水源区	辽河区	Ⅱ	Ⅱ	Ⅱ	Ⅱ	12	4	33%	不达标	铁(33%)[0.61]、锰(33%)[0.15]
251	苏子河新宾开发利用区	苏子河永陵镇过渡区	过渡区	辽河区	Ⅱ	Ⅱ	Ⅱ	Ⅱ	12	10	83%	达标	

续表

序号	一级水功能区名称	二级水功能区名称	水功能区类型	水资源一级区名称	水质目标	全年全因子评价								主要超标项目
						汛期水质类别	非汛期水质类别	年度水质类别	年评价次数	年达标次数	年度达标率	达标评价结论		
252	苏子河新宾开发利用区	苏子河下元饮用、农业用水区	饮用水源区	辽河区	Ⅱ	Ⅱ	Ⅱ	Ⅱ	12	7	58%	不达标	铁(42%)[0.81]、锰(25%)[0.16]
253	苏子河新宾开发利用区	苏子河木奇饮用、农业用水源区	饮用水源区	辽河区	Ⅱ	Ⅱ	Ⅱ	Ⅱ	12	8	67%	不达标	锰(25%)[0.17]
254	蒲河沈阳开发利用区	蒲河棋盘山水库农业、渔业用水区	农业用水区	辽河区	Ⅲ	Ⅴ	Ⅴ	Ⅴ	12	2	17%	不达标	总磷(83%)[0.3]
255	蒲河沈阳开发利用区	蒲河法哈牛农业用水区	农业用水区	辽河区	Ⅴ	劣Ⅴ	劣Ⅴ	劣Ⅴ	12	3	25%	不达标	氨氮(67%)[8.37]、总磷(67%)[3.34]
256	蒲河沈阳开发利用区	蒲河辽中农业用水区	农业用水区	辽河区	Ⅴ	Ⅳ	劣Ⅴ	劣Ⅴ	12	5	42%	不达标	氨氮(25%)[3.36]、总磷(25%)[2.97]
257	太子河新宾源头水保护区		保护区	辽河区	Ⅱ	Ⅱ	Ⅰ	Ⅰ	10	10	100%	达标	
258	太子河本溪、辽阳、鞍山开发利用区	太子河观音阁水库饮用、工业用水区	饮用水源区	辽河区	Ⅱ	Ⅰ	Ⅰ	Ⅰ	12	12	100%	达标	
259	太子河本溪、辽阳、鞍山开发利用区	太子河小市饮用、农业用水	饮用水源区	辽河区	Ⅱ	Ⅰ	Ⅰ	Ⅰ	12	12	100%	达标	
260	太子河本溪、辽阳、鞍山开发利用区	太子河老官砬子饮用、农业用水区	饮用水源区	辽河区	Ⅱ	Ⅱ	Ⅱ	Ⅱ	12	12	100%	达标	
261	太子河本溪、辽阳、鞍山开发利用区	太子河老官砬子工业、饮用水源区	工业用水区	辽河区	Ⅱ	Ⅱ	Ⅱ	Ⅱ	12	7	58%	不达标	氨氮(25%)[0.67]
262	太子河本溪、辽阳、鞍山开发利用区	太子河葠窝水库工业、农业用水区	工业用水区	辽河区	Ⅲ	Ⅴ	Ⅳ	Ⅴ	12	4	33%	不达标	总磷(42%)[0.63]、氨氮(25%)[2.31]
263	太子河本溪、辽阳、鞍山开发利用区	太子河葠窝水库出口工业、农业用水区	工业用水区	辽河区	Ⅲ	Ⅲ	Ⅳ	Ⅲ	12	7	58%	不达标	氨氮(33%)[2.91]

续表

序号	一级水功能区名称	二级水功能区名称	水功能区类型	水资源一级区名称	水质目标	全年全因子评价							主要超标项目
						汛期水质类别	非汛期水质类别	年度水质类别	年评价次数	年达标次数	年度达标率	达标评价结论	
264	太子河本溪、辽阳、鞍山开发利用区	太子河管桥过渡区	过渡区	辽河区	Ⅲ	Ⅲ	Ⅳ	Ⅲ	12	3	25%	不达标	氨氮（42%）[2.42]、五日生化需氧量（33%）[6]、总磷（25%）[0.77]
265	太子河本溪、辽阳、鞍山开发利用区	太子河北沙河河口农业用水区	农业用水区	辽河区	Ⅴ	Ⅳ	劣Ⅴ	劣Ⅴ	12	4	33%	不达标	氨氮（67%）[4.08]
266	太子河本溪、辽阳、鞍山开发利用区	太子河柳壕河口农业用水区	农业用水区	辽河区	Ⅴ	Ⅴ	劣Ⅴ	劣Ⅴ	12	4	33%	不达标	氨氮（67%）[8.6]
267	太子河本溪、辽阳、鞍山开发利用区	太子河二台子农业用水区	农业用水区	辽河区	Ⅴ	Ⅴ	劣Ⅴ	劣Ⅴ	12	3	25%	不达标	氨氮（67%）[6.85]
268	细河本溪源头水保护区		保护区	辽河区	Ⅱ	Ⅰ	Ⅰ	Ⅰ	12	12	100%	达标	
269	细河本溪开发利用区	细河连山关水库饮用水源区	饮用水源区	辽河区	Ⅱ	Ⅰ	Ⅰ	Ⅰ	12	12	100%	达标	
270	细河本溪开发利用区	细河下马塘饮用水源区	饮用水源区	辽河区	Ⅱ	Ⅱ	Ⅱ	Ⅱ	12	11	92%	达标	
271	汤河辽阳源头水保护区		保护区	辽河区	Ⅱ	Ⅱ	Ⅱ	Ⅱ	12	10	83%	达标	
272	汤河辽阳开发利用区	汤河二道河水文站饮用水源区	饮用水源区	辽河区	Ⅱ	Ⅱ	Ⅱ	Ⅱ	12	9	75%	不达标	铁（25%）[0.34]
273	汤河辽阳开发利用区	汤河汤河水库饮用、农业用水区	饮用水源区	辽河区	Ⅱ	劣Ⅴ	Ⅴ	Ⅴ	12	8	67%	不达标	总磷（33%）[0.8]
274	汤河辽阳开发利用区	汤河汤河水库出口农业、过渡区	农业用水区	辽河区	Ⅱ	Ⅱ	Ⅲ	Ⅲ	12	2	17%	不达标	总磷（58%）[0.29]、氨氮（50%）[1.06]、铅（30%）[0.0342]
275	汤河西支辽阳源头水保护区		保护区	辽河区	Ⅱ	Ⅱ	Ⅱ	Ⅲ	12	10	83%	达标	

续表

序号	一级水功能区名称	二级水功能区名称	水功能区类型	水资源一级区名称	水质目标	全年全因子评价							主要超标项目
						汛期水质类别	非汛期水质类别	年度水质类别	年评价次数	年达标次数	年度达标率	达标评价结论	
276	汤河西支辽阳开发利用区	汤河西支郝家店水文站饮用水源区	饮用水源区	辽河区	II	II	II	II	12	11	92%	达标	
277	北沙河本溪、沈阳、辽阳开发利用区	北沙河本溪农业用水区	农业用水区	辽河区	III	劣V	劣V	劣V	12		0	不达标	总磷（92%）[2.13]、五日生化需氧量（83%）[14.5]、氨氮（67%）[2.91]、挥发酚（67%）[0.0217]
278	柳壕河辽阳开发利用区	柳壕河柳壕大闸农业用水区	农业用水区	辽河区	V	V	劣V	劣V	12	3	25%	不达标	氨氮（67%）[19.5]、氟化物（58%）[2.61]、总磷（25%）[0.65]
279	杨柳河鞍山源头水保护区		保护区	辽河区	II	III	III	III	12	6	50%	不达标	氨氮（25%）[0.848]
280	杨柳河鞍山开发利用区	杨柳河腾鳌镇农业用水区	农业用水区	辽河区	V	劣V	劣V	劣V	12		0	不达标	氨氮（75%）[9.97]、总磷（73%）[0.79]、氟化物（33%）[2.2]
281	海城河海城开发利用区	海城河红土岭水库饮用水源区	饮用水源区	辽河区	III	II	III	III	12	6	50%	不达标	铁（50%）[1.78]
282	海城河海城开发利用区	海城河红土岭水库出口农业用水区	农业用水区	辽河区	IV	III	III	III	12	12	100%	达标	
283	大辽河营口开发利用区	大辽河三岔河口农业用水区	农业用水区	辽河区	IV	劣V	劣V	劣V	12		0	不达标	氨氮（100%）[7.48]、总磷（36%）[0.53]
284	大辽河营口开发利用区	大辽河上口子工业、农业用水区	工业用水区	辽河区	IV	III	劣V	IV	8	5	63%	不达标	氨氮（25%）[4.55]
285	大辽河营口缓冲区		缓冲区	辽河区	IV	V	IV	IV	8	5	63%	不达标	镉(25%)[0.00780]、铅(12%)[0.05550]、氨氮(12%)[1.98]

续表

序号	一级水功能区名称	二级水功能区名称	水功能区类型	水资源一级区名称	水质目标	全年全因子评价							主要超标项目
						汛期水质类别	非汛期水质类别	年度水质类别	年评价次数	年达标次数	年度达标率	达标评价结论	
286	浑江桓仁、宽甸开发利用区	浑江桓仁水库饮用、渔业用水区	饮用水源区	辽河区	Ⅱ	Ⅱ	Ⅱ	Ⅱ	12	12	100%	达标	
287	浑江桓仁、宽甸开发利用区	浑江桓仁水库饮用水源区	饮用水源区	辽河区	Ⅱ	Ⅱ	Ⅱ	Ⅱ	12	12	100%	达标	
288	浑江桓仁、宽甸开发利用区	浑江凤鸣电站农业、渔业用水区	农业用水区	辽河区	Ⅱ	Ⅲ	Ⅲ	Ⅲ	12	7	58%	不达标	总磷（42%）[0.15]
289	浑江桓仁、宽甸开发利用区	浑江回龙山水库渔业用水区	渔业用水区	辽河区	Ⅱ	Ⅱ	Ⅱ	Ⅱ	12	10	83%	达标	
290	浑江桓仁、宽甸开发利用区	浑江太平哨水库渔业用水区	渔业用水区	辽河区	Ⅱ	Ⅲ	Ⅱ	Ⅲ	12	4	33%	不达标	总磷（58%）[0.08]
291	浑江桓仁、宽甸开发利用区	浑江太平哨水库饮用、农业用水区	饮用水源区	辽河区	Ⅱ	Ⅱ	Ⅱ	Ⅱ	12	12	100%	达标	
292	浑江吉辽缓冲区		缓冲区	辽河区	Ⅲ	Ⅱ	Ⅱ	Ⅱ	12	12	100%	达标	
293	富尔江吉辽缓冲区		缓冲区	辽河区	Ⅱ	Ⅱ	Ⅰ	Ⅱ	12	10	83%	达标	
294	富尔江新宾开发利用区	富尔江响水饮用水源区	饮用水源区	辽河区	Ⅱ	Ⅱ	Ⅰ	Ⅱ	12	10	83%	达标	
295	富尔江新宾开发利用区	富尔江江东村饮用水源区	饮用水源区	辽河区	Ⅱ	Ⅱ	Ⅱ	Ⅱ	12	12	100%	达标	
296	爱河宽甸源头水保护区		保护区	辽河区	Ⅱ	Ⅱ	Ⅰ	Ⅱ	12	11	92%	达标	
297	爱河丹东开发利用区	爱河双山子渔业用水区	渔业用水区	辽河区	Ⅱ	Ⅱ	Ⅰ	Ⅰ	12	9	75%	不达标	挥发酚（25%）[0.0033]
298	爱河丹东开发利用区	爱河石城镇饮用、农业用水区	饮用水源区	辽河区	Ⅱ	Ⅱ	Ⅱ	Ⅱ	12	11	92%	达标	
299	草河本溪源头水保护区		保护区	辽河区	Ⅱ	Ⅲ	Ⅱ	Ⅱ	12	11	92%	达标	
300	草河凤城开发利用区	草河草河掌镇农业用水区	农业用水区	辽河区	Ⅱ	Ⅱ	Ⅰ	Ⅱ	12	12	100%	达标	

续表

序号	一级水功能区名称	二级水功能区名称	水功能区类型	水资源一级区名称	水质目标	全年全因子评价							主要超标项目
						汛期水质类别	非汛期水质类别	年度水质类别	年评价次数	年达标次数	年度达标率	达标评价结论	
301	草河凤城开发利用区	草河弟兄山渔业用水区	渔业用水区	辽河区	II	II	II	II	12	11	92%	达标	
302	草河凤城开发利用区	草河二道坊河口工业、饮用水源区	工业用水区	辽河区	II	II	II	II	12	10	83%	达标	
303	大洋河岫岩源头水保护区		保护区	辽河区	II	II	II	II	12	10	83%	达标	
304	大洋河岫岩丹东开发利用区	大洋河偏岭镇饮用水源区	饮用水源区	辽河区	II	II	II	II	12	12	100%	达标	
305	大洋河岫岩丹东开发利用区	大洋河沙里寨水库饮用、工业用水区	饮用水源区	辽河区	II	II	II	II	12	12	100%	达标	
306	大洋河岫岩丹东开发利用区	大洋河沙里寨水库农业、渔业用水区	农业用水区	辽河区	II	III	II	II	12	8	67%	不达标	溶解氧（33%）[5.1]
307	英那河庄河引水水源保护区		保护区	辽河区	II	II	II	II	12	9	75%	不达标	
308	英那河庄河开发利用区	英那河英那河水库饮用、农业用水源区	饮用水源区	辽河区	II	II	II	II	12	10	83%	达标	
309	英那河庄河开发利用区	英那河黑岛农业用水区	农业用水区	辽河区	II	II	II	II	12	10	83%	达标	
310	英那河庄河缓冲区		缓冲区	辽河区	III	劣V	V	劣V	7		0	不达标	化学需氧量（75%）[52.1]、石油类（57%）[0.11]、高锰酸盐指数（43%）[20.2]
311	碧流河盖州源头水保护区		保护区	辽河区	II	I	II	II	12	11	92%	达标	
312	碧流河庄河、普兰店开发利用区	碧流河玉石水库饮用水源区	饮用水源区	辽河区	II	II	II	II	12	11	92%	达标	

续表

序号	一级水功能区名称	二级水功能区名称	水功能区类型	水资源一级区名称	水质目标	全年全因子评价							主要超标项目
						汛期水质类别	非汛期水质类别	年度水质类别	年评价次数	年达标次数	年度达标率	达标评价结论	
313	碧流河庄河、普兰店开发利用区	碧流河玉石水库出口饮用水源区	饮用水源区	辽河区	Ⅱ	Ⅱ	Ⅱ	Ⅱ	12	12	100%	达标	
314	碧流河庄河、普兰店开发利用区	碧流河碧流河水库饮用、农业用水区	饮用水源区	辽河区	Ⅱ	Ⅲ	Ⅱ	Ⅱ	12	12	100%	达标	
315	碧流河庄河、普兰店开发利用区	碧流河碧流河水库坝下景观娱乐用水区	景观娱乐用水区	辽河区	Ⅲ	Ⅱ	Ⅱ	Ⅱ	11	10	91%	达标	
316	碧流河庄河、普兰店开发利用区	碧流河城山镇农业用水区	农业用水区	辽河区	Ⅱ	Ⅳ	Ⅱ	Ⅱ	12	4	33%	不达标	总磷（25%）[0.18]
317	碧流河普兰店缓冲区		缓冲区	辽河区	Ⅳ	Ⅴ	劣Ⅴ	劣Ⅴ	12	4	33%	不达标	氨氮（33%）[6.99]、高锰酸盐指数（33%）[12.1]、总磷（33%）[1.18]
318	大沙河普兰店源头水保护区		保护区	辽河区	Ⅱ	Ⅱ	Ⅱ	Ⅱ	12	9	75%	不达标	
319	大沙河普兰店开发利用区	大沙河刘大水库饮用、农业用水源区	饮用水源区	辽河区	Ⅱ	Ⅲ	Ⅲ	Ⅲ	10	5	50%	不达标	总磷（30%）[0.11]
320	大沙河普兰店开发利用区	大沙河龙头山饮用、农业用水区	饮用水源区	辽河区	Ⅱ	Ⅲ	Ⅱ	Ⅲ	10	4	40%	不达标	铁（40%）[0.81]
321	大沙河普兰店缓冲区		缓冲区	辽河区	Ⅳ	Ⅳ	Ⅲ	Ⅲ	11	6	55%	不达标	氨氮（36%）[2.33]、化学需氧量（27%）[46.7]
322	复州河瓦房店源头水保护区		保护区	辽河区	Ⅱ	Ⅱ	Ⅱ	Ⅱ	12	10	83%	达标	
323	复州河瓦房店开发利用区	复州河松树水库饮用水源区	饮用水源区	辽河区	Ⅱ	Ⅲ	Ⅳ	Ⅳ	10	4	40%	不达标	总磷（50%）[0.15]

续表

序号	一级水功能区名称	二级水功能区名称	水功能区类型	水资源一级区名称	水质目标	全年全因子评价							主要超标项目
						汛期水质类别	非汛期水质类别	年度水质类别	年评价次数	年达标次数	年度达标率	达标评价结论	
324	复州河瓦房店开发利用区	复州河复州城农业用水区	农业用水区	辽河区	III	IV	IV	IV	12	1	8%	不达标	五日生化需氧量(50%)[6.3]、化学需氧量(33%)[42.4]、氨氮(33%)[2.5]、石油类(33%)[0.16]
325	大清河盖州源头水保护区		保护区	辽河区	II	II	I	II	12	12	100%	达标	
326	大清河盖州开发利用区	大清河石门水库饮用、工业用水区	饮用水源区	辽河区	II	II	II	II	12	12	100%	达标	
327	大清河盖州缓冲区		缓冲区	辽河区	IV	劣V	劣V	劣V	12	2	17%	不达标	总磷(83%)[2.57]、氨氮(75%)[12.4]、五日生化需氧量(25%)[8.50]
328	大凌河建昌源头水保护区		保护区	辽河区	II	III	III	III	12	5	42%	不达标	五日生化需氧量(42%)[7.5]、总磷(33%)[0.32]
329	大凌河葫芦岛、朝阳、阜新、锦州开发利用区	大凌河宫山嘴水库饮用、农业用水区	饮用水源区	辽河区	II	IV	V	IV	12	4	33%	不达标	总磷(58%)[0.39]
330	大凌河葫芦岛、朝阳、阜新、锦州开发利用区	大凌河宫山嘴水库下游农业用水区	农业用水区	辽河区	IV	IV	III	III	11	7	64%	不达标	
331	大凌河葫芦岛、朝阳、阜新、锦州开发利用区	大凌河梨树沟过渡区	过渡区	辽河区	V	劣V	劣V	劣V	12	1	8%	不达标	总磷(75%)[0.79]、氨氮(33%)[4.03]
332	大凌河葫芦岛、朝阳、阜新、锦州开发利用区	大凌河王家窝棚农业用水区	农业用水区	辽河区	V	劣V	劣V	劣V	12	1	8%	不达标	氨氮(83%)[6.23]、总磷(67%)[0.58]
333	大凌河葫芦岛、朝阳、阜新、锦州开发利用区	大凌河南汤农业用水区	农业用水区	辽河区	V	II	II	II	12	12	100%	达标	

续表

序号	一级水功能区名称	二级水功能区名称	水功能区类型	水资源一级区名称	水质目标	全年全因子评价							主要超标项目
						汛期水质类别	非汛期水质类别	年度水质类别	年评价次数	年达标次数	年度达标率	达标评价结论	
334	大凌河葫芦岛、朝阳、阜新、锦州开发利用区	大凌河上窝堡水库过渡区	过渡区	辽河区	Ⅲ	Ⅱ	Ⅲ	Ⅲ	12	11	92%	达标	
335	大凌河葫芦岛、朝阳、阜新、锦州开发利用区	大凌河阎王鼻子水库饮用、农业用水区	饮用水源区	辽河区	Ⅱ	Ⅲ	Ⅱ	Ⅱ	12	10	83%	达标	
336	大凌河葫芦岛、朝阳、阜新、锦州开发利用区	大凌河顾洞河河口农业、饮用水源区	农业用水区	辽河区	Ⅱ	Ⅲ	劣Ⅴ	Ⅴ	12		0	不达标	氨氮（75%）[9.88]、总磷（50%）[0.41]、五日生化需氧量(42%)[5.3]、溶解氧(42%)[5]
337	大凌河葫芦岛、朝阳、阜新、锦州开发利用区	大凌河白石水库饮用、农业用水区	饮用水源区	辽河区	Ⅱ	Ⅱ	Ⅱ	Ⅱ	12	12	100%	达标	
338	大凌河葫芦岛、朝阳、阜新、锦州开发利用区	大凌河白石水库下游农业、饮用水源区	农业用水区	辽河区	Ⅲ	Ⅲ	Ⅱ	Ⅱ	12	11	92%	达标	
339	大凌河葫芦岛、朝阳、阜新、锦州开发利用区	大凌河白石农业、饮用水源区	农业用水区	辽河区	Ⅲ	Ⅲ	Ⅲ	Ⅲ	12	6	50%	不达标	总磷（25%）[0.46]
340	大凌河凌海缓冲区		缓冲区	辽河区	Ⅱ	Ⅳ	Ⅳ	Ⅳ	7		0	不达标	高锰酸盐指数（100%）[9.90]、氨氮（86%）[1.99]、五日生化需氧量（72%）[5.90]
341	大凌河西支凌源、喀左开发利用区	大凌河西支哈巴气农业、饮用水源区	农业用水区	辽河区	Ⅲ	Ⅲ	Ⅱ	Ⅱ	12	10	83%	达标	
342	牤牛河北票开发利用区	牤牛河北票饮用水源区	饮用水源区	辽河区	Ⅲ	Ⅱ	Ⅱ	Ⅱ	12	9	75%	不达标	
343	小凌河朝阳源头水保护区		保护区	辽河区	Ⅱ	Ⅱ	Ⅰ	Ⅱ	11	10	91%	达标	

续表

序号	一级水功能区名称	二级水功能区名称	水功能区类型	水资源一级区名称	水质目标	全年全因子评价							主要超标项目
						汛期水质类别	非汛期水质类别	年度水质类别	年评价次数	年达标次数	年度达标率	达标评价结论	
344	小凌河朝阳、锦州开发利用区	小凌河松岭门饮用、农业用水区	饮用水源区	辽河区	II	II	III	III	12	11	92%	达标	
345	小凌河朝阳、锦州开发利用区	小凌河锦凌水库饮用水源区	饮用水源区	辽河区	II	III	III	III	9	7	78%	不达标	
346	小凌河朝阳、锦州开发利用区	小凌河锦凌水库农业、过渡区	农业用水区	辽河区	III	III	III	III	5	2	40%	不达标	五日生化需氧量(40%)[5.2]
347	小凌河朝阳、锦州开发利用区	小凌河南岗子渔业用水区	渔业用水区	辽河区	III	III	V	IV	12		0	不达标	五日生化需氧量(67%)[11.0]、总磷(42%)[0.61]、氨氮(33%)[1.95]
348	女儿河葫芦岛源头水保护区		保护区	辽河区	II		III	II	7	5	71%	不达标	
349	女儿河葫芦岛、锦州开发利用区	女儿河汉沟农业、饮用水源区	农业用水区	辽河区	II	II	劣V	V	12	7	58%	不达标	总磷(25%)[3.46]
350	女儿河葫芦岛、锦州开发利用区	女儿河乌金塘水库饮用、农业用水区	饮用水源区	辽河区	II	III	劣V	劣V	12	7	58%	不达标	总磷(25%)[2]
351	女儿河葫芦岛、锦州开发利用区	女儿河乌金塘水库农业用水区	农业用水区	辽河区	IV	劣V	劣V	劣V	12	2	17%	不达标	五日生化需氧量(67%)[11]、氨氮(50%)[8.86]、总磷(50%)[1.73]
352	女儿河葫芦岛、锦州开发利用区	女儿河金星镇农业用水区	农业用水区	辽河区	IV	V	劣V	劣V	12	1	8%	不达标	总磷(50%)[1.28]、五日生化需氧量(42%)[15.9]、化学需氧量(40%)[84.7]
353	六股河葫芦岛开发利用区	六股河谷杖子水库农业、渔业用水区	农业用水区	辽河区	II	III	IV	IV	10	2	20%	不达标	总磷(80%)[0.14]
354	六股河葫芦岛开发利用区	六股河青山水库上游饮用水源区	饮用水源区	辽河区	II		II	II	4	2	50%	不达标	五日生化需氧量(25%)[5.6]、硝酸盐(50%)[12.1]

续表

序号	一级水功能区名称	二级水功能区名称	水功能区类型	水资源一级区名称	水质目标	全年全因子评价						达标评价结论	主要超标项目
						汛期水质类别	非汛期水质类别	年度水质类别	年评价次数	年达标次数	年度达标率		
355	六股河葫芦岛开发利用区	六股河青山水库饮用、农业用水区	饮用水源区	辽河区	Ⅱ		Ⅱ	Ⅱ	4	2	50%	不达标	五日生化需氧量(25%)[5.6]、硝酸盐(50%)[12.1]
356	六股河葫芦岛开发利用区	六股河青山水库下游饮用、农业用水区	饮用水源区	辽河区	Ⅲ	Ⅱ	Ⅲ	Ⅱ	12	4	33%	不达标	硝酸盐(42%)[12.5]
357	六股河缓中缓冲区		缓冲区	辽河区	Ⅱ		Ⅱ	Ⅱ	5	3	60%	不达标	五日生化需氧量(40%)[3.3]
358	五里河葫芦岛开发利用区	五里河西营盘农业用水区	农业用水区	辽河区	Ⅴ	Ⅳ	Ⅲ	Ⅲ	12	11	92%	达标	
359	五里河葫芦岛开发利用区	五里河稻池过渡区	过渡区	辽河区	Ⅳ	劣Ⅴ	劣Ⅴ	劣Ⅴ	12		0	不达标	化学需氧量(100%)[145.2]、五日生化需氧量(92%)[26]、氨氮(75%)[14.4]
360	克鲁伦河新巴尔虎右旗缓冲区		缓冲区	松花江区	Ⅱ	Ⅳ	Ⅳ	Ⅳ	7	0	0	不达标	五日生化需氧量(71.4%)[4.4]、高锰酸盐指数(57.1%)[10.3]、化学需氧量(28.6%)[43.8]
361	克鲁伦河新巴尔虎右旗开发利用区	克鲁伦河新巴尔虎右旗工业用水区	工业用水区	松花江区	Ⅳ	Ⅱ	Ⅲ	Ⅴ	4			不达标	化学需氧量(0.2)[59.7]
362	克鲁伦河新巴尔虎右旗开发利用区	克鲁伦河新巴尔虎右旗过渡区	过渡区	松花江区	Ⅲ	Ⅳ	Ⅴ	Ⅴ	9	1	11.1%	不达标	高锰酸盐指数(33.3%)[11.0]、五日生化需氧量(33.3%)[5.0]、氟化物(33.3%)[1.78]
363	克鲁伦河呼伦湖保护区		保护区	松花江区	Ⅱ	Ⅱ	Ⅳ	Ⅲ	2			不达标	高锰酸盐指数(0.38)[10.3]、五日生化需氧量(0.35)[4.5]、氟化物(0.1)[1.12]

序号	一级水功能区名称	二级水功能区名称	水功能区类型	水资源一级区名称	水质目标	全年全因子评价							主要超标项目
						汛期水质类别	非汛期水质类别	年度水质类别	年评价次数	年达标次数	年度达标率	达标评价结论	
364	乌尔逊河新巴尔虎左旗保护区		保护区	松花江区	Ⅲ	Ⅴ	Ⅴ	Ⅳ	7	0	0	不达标	化学需氧量(57.1%)[63.9]、高锰酸盐指数(42.9%)[9.5]
365	呼伦湖保护区		保护区	松花江区	Ⅲ	Ⅱ	劣Ⅴ	劣Ⅴ	2			不达标	化学需氧量(2.66)[82.8]、氟化物(1.0)[2.0]、pH[9.17]
366	新开河满洲里市开发利用区	新开河满洲里市饮用水源区	饮用水源区	松花江区	Ⅲ	Ⅴ	Ⅳ	Ⅳ	9	0	0	不达标	五日生化需氧量(33.3%)[5.4]、高锰酸盐指数(44.4%)[10.3]、锰(88.9%)[0.46]
367	新开河满洲里市缓冲区		缓冲区	松花江区	Ⅲ	Ⅱ	Ⅳ	Ⅳ	4			不达标	五日生化需氧量(0.3)[5.0]、高锰酸盐指数(0.23)[8.7]
368	大雁河牙克石市源头水保护区		保护区	松花江区	Ⅱ	Ⅳ	Ⅱ	Ⅳ	7	1	14.3%	不达标	高锰酸盐指数(85.7%)[8.7]、五日生化需氧量(0.03)[4.9]
369	海拉尔河牙克石市开发利用区	海拉尔河牙克石市工业用水区	工业用水区	松花江区	Ⅱ	Ⅱ	Ⅲ	Ⅲ	8	1	12.5%	不达标	五日生化需氧量(75%)[4.4]、高锰酸盐指数(62.5%)[8.1]
370	海拉尔河海拉尔区开发利用区	海拉尔河海拉尔区过渡区	过渡区	松花江区	Ⅳ	Ⅳ	Ⅲ	Ⅳ	9	8	88.9%	达标	
371	海拉尔河陈巴尔虎旗开发利用区	海拉尔河陈巴尔虎旗饮用水源区	饮用水源区	松花江区	Ⅲ	Ⅳ	Ⅳ	Ⅳ	9	0	0	不达标	锰(88.9%)[0.63]、高锰酸盐指数(44.4%)[8.7]
372	海拉尔河新巴尔虎左旗缓冲区		缓冲区	松花江区	Ⅲ	Ⅱ	Ⅳ	Ⅳ	4			不达标	五日生化需氧量(0.3)[6.2]、高锰酸盐指数(0.15)[9.5]
373	免渡河牙克石市开发利用区	免渡河牙克石市农业用水区	农业用水区	松花江区	Ⅱ	Ⅱ	Ⅳ	Ⅴ	4			不达标	五日生化需氧量(0.6)[5.4]、高锰酸盐指数(0.20)[7.0]、总磷(3.0)[1.58]

续表

序号	一级水功能区名称	二级水功能区名称	水功能区类型	水资源一级区名称	水质目标	全年全因子评价						达标评价结论	主要超标项目
						汛期水质类别	非汛期水质类别	年度水质类别	年评价次数	年达标次数	年度达标率		
374	伊敏河鄂温克旗自治旗源头水保护区		保护区	松花江区	II	IV	III	III	7	0	0	不达标	高锰酸盐指数(100.0%)[7.8]、五日生化需氧量(28.6%)[4.4]
375	伊敏河海拉尔区开发利用区	伊敏河红花尔基饮用水源区	饮用水源区	松花江区	III	IV	III	IV	9	0	0	不达标	高锰酸盐指数(33.3%)[10.3]、锰(66.7%)[0.37]
376	辉河自然保护区		保护区	松花江区	II	IV	IV	IV	7	0	0	不达标	高锰酸盐指数(42.9%)[11.0]、五日生化需氧量(42.9%)[4.4]
377	库都尔河牙克石市开发利用区	库都尔河牙克石市工业用水区	工业用水区	松花江区	II	II	IV	IV	4			不达标	高锰酸盐指数(0.63)[8.7]、五日生化需氧量(0.27)[5.1]
378	根河根河市源头水保护区		保护区	松花江区	II	IV	III	IV	7	0	0	不达标	高锰酸盐指数(71.4%)[10.3]
379	根河额尔古纳市缓冲区		缓冲区	松花江区	III	II	II	III	4			达标	
380	得尔布干河额尔古纳市开发利用区	得尔布干河额尔古纳市工业用水区	工业用水区	松花江区	III	III	劣V	V	4			不达标	化学需氧量(0.73)[48.3]、五日生化需氧量(0.08)[6.5]
381	哈乌尔河额尔古纳市开发利用区	哈乌尔河额尔古纳市农业用水区	农业用水区	松花江区	IV	III	IV	V	4			不达标	化学需氧量(0.02)[40.8]
382	激流河根河市开发利用区	激流河根河市工业用水区	工业用水区	松花江区	IV	III	IV	IV	4			达标	
383	金河根河市开发利用区	金河根河市工业用水区	工业用水区	松花江区	III	III	IV	IV	4			不达标	高锰酸盐指数(0.45)[10.3]、化学需氧量(0.8)[38.2]、五日生化需氧量(0.2)[4.7]
384	那都里河鄂伦春自治旗源头水保护区		保护区	松花江区	II	III	III	III	7	0	0	不达标	高锰酸盐指数(85.7%)[7.2]、五日生化需氧量(42.9%)[3.6]

续表

序号	一级水功能区名称	二级水功能区名称	水功能区类型	水资源一级区名称	水质目标	全年全因子评价							主要超标项目
						汛期水质类别	非汛期水质类别	年度水质类别	年评价次数	年达标次数	年度达标率	达标评价结论	
385	欧肯河莫力达瓦达斡尔族自治旗保留区		保留区	松花江区	Ⅱ	Ⅰ	Ⅲ	Ⅱ	2			达标	
386	甘河鄂伦春自治旗源头水保护区		保护区	松花江区	Ⅱ	Ⅲ	Ⅲ	Ⅱ	7	4	57.1%	不达标	高锰酸盐指数(28.6%)[6.2]、五日生化需氧量(28.6%)[5.8]
387	甘河鄂伦春自治旗开发利用区	甘河鄂伦春自治旗过渡区	过渡区	松花江区	Ⅲ	Ⅲ	Ⅲ	Ⅲ	9	4	44.4%	不达标	高锰酸盐指数(33.3%)[7.8]
388	甘河鄂伦春自治旗、莫力达瓦达斡尔族自治旗保留区		保留区	松花江区	Ⅲ	Ⅰ	Ⅲ	Ⅲ	2			达标	
389	甘河蒙黑缓冲区		缓冲区	松花江区	Ⅲ	Ⅲ	Ⅱ	Ⅱ	12	12	100%	达标	
390	诺敏河鄂伦春自治旗源头水保护区		保护区	松花江区	Ⅱ	Ⅲ	Ⅲ	Ⅲ	7	2	28.6%	不达标	高锰酸盐指数(28.6%)[9.5]、五日生化需氧量(28.6%)[3.6]
391	诺敏河莫力达瓦达斡尔族自治旗开发利用区	诺敏河莫力达瓦达斡尔族自治旗农业用水区	农业用水区	松花江区	Ⅲ	Ⅰ	Ⅳ	Ⅳ	4			不达标	五日生化需氧量(0.06)[4.3]、六价铬(0.3)[0.066]
392	诺敏河蒙黑缓冲区		缓冲区	松花江区	Ⅲ	Ⅲ	Ⅱ	Ⅲ	12	10	83.3%	达标	
393	扎文河鄂伦春自治旗源头水保护区		保护区	松花江区	Ⅱ	Ⅰ	Ⅱ	Ⅱ	2			达标	
394	嫩江黑蒙缓冲区2		缓冲区	松花江区	Ⅲ	Ⅳ	Ⅲ	Ⅲ	12	6	50%	不达标	高锰酸盐指数(41.7%)[8.8]
395	阿伦河阿荣旗开发利用区	阿伦河阿荣旗过渡区	过渡区	松花江区	Ⅲ	Ⅲ	Ⅱ	Ⅱ	9	6	66.7%	不达标	
396	阿伦河蒙黑缓冲区		缓冲区	松花江区	Ⅲ	Ⅲ	劣Ⅴ	劣Ⅴ	12	8	66.7%	不达标	总磷(33.3%)[8.23]
397	音河蒙黑缓冲区		缓冲区	松花江区	Ⅲ	Ⅳ	Ⅲ	Ⅲ	12	8	66.7%	不达标	总磷(33.3%)[0.46]

续表

序号	一级水功能区名称	二级水功能区名称	水功能区类型	水资源一级区名称	水质目标	全年全因子评价							主要超标项目
						汛期水质类别	非汛期水质类别	年度水质类别	年评价次数	年达标次数	年度达标率	达标评价结论	
398	雅鲁河扎兰屯市源头水保护区		保护区	松花江区	Ⅱ	Ⅱ	Ⅲ	Ⅱ	7	2	28.6%	不达标	
399	雅鲁河扎兰屯市开发利用区	雅鲁河扎兰屯市工业用水区	工业用水区	松花江区	Ⅲ	Ⅱ	Ⅲ	Ⅱ	4			达标	
400	雅鲁河扎兰屯市开发利用区	雅鲁河扎兰屯市过渡区	过渡区	松花江区	Ⅳ	Ⅱ	Ⅲ	Ⅱ	9	9	100%	达标	
401	雅鲁河蒙黑缓冲区		缓冲区	松花江区	Ⅲ	Ⅲ	Ⅲ	Ⅲ	12	10	83.3%	达标	
402	济沁河蒙黑缓冲区		缓冲区	松花江区	Ⅲ	Ⅱ	Ⅲ	Ⅱ	12	11	91.7%	达标	
403	绰尔河牙克石市开发利用区	绰尔河牙克石市工业用水区	工业用水区	松花江区	Ⅱ	Ⅱ	Ⅱ	Ⅲ	4			不达标	高锰酸盐指数(0.25)[9.5]、五日生化需氧量(0.03)[4.1]、总磷(0.9)[0.19]
404	绰尔河扎赉特旗开发利用区1	绰尔河扎赉特旗农业用水区	农业用水区	松花江区	Ⅲ	Ⅰ	Ⅳ	Ⅲ	4			达标	
405	绰尔河黑蒙缓冲区		缓冲区	松花江区	Ⅲ	Ⅱ	Ⅲ	Ⅱ	12	9	75%	不达标	
406	绰尔河扎赉特旗缓冲区		缓冲区	松花江区	Ⅲ	Ⅱ	Ⅱ	Ⅱ	12	12	100%	达标	
407	洮儿河阿尔山市源头水保护区		保护区	松花江区	Ⅱ	Ⅱ	Ⅲ	Ⅱ	7	1	14.3%	不达标	高锰酸盐指数(42.9%)[4.8]、挥发酚(42.9%)[0.0046]、五日生化需氧量(42.9%)[3.9]
408	洮儿河科尔沁右翼前旗开发利用区1	洮儿河科尔沁右翼前旗农业用水区1	农业用水区	松花江区	Ⅲ	Ⅱ	Ⅲ	Ⅳ	8	5	62.5%	不达标	挥发酚(25%)[0.0059]
409	洮儿河乌兰浩特市开发利用区	洮儿河乌兰浩特市过渡区	过渡区	松花江区	Ⅳ	Ⅳ	劣Ⅴ	劣Ⅴ	12	11	91.7%	达标	
410	洮儿河蒙吉缓冲区		缓冲区	松花江区	Ⅲ	Ⅱ	Ⅱ	Ⅱ	12	12	100%	达标	

续表

序号	一级水功能区名称	二级水功能区名称	水功能区类型	水资源一级区名称	水质目标	全年全因子评价							主要超标项目
						汛期水质类别	非汛期水质类别	年度水质类别	年评价次数	年达标次数	年度达标率	达标评价结论	
411	归流河科尔沁右翼前旗源头水保护区		保护区	松花江区	Ⅱ	Ⅲ	Ⅳ	Ⅲ	7	0	0	不达标	高锰酸盐指数(57.1%)[5.3]、氨氮(57.1%)[0.79]、挥发酚(42.9%)[0.0171]
412	归流河科尔沁右翼前旗开发利用区	归流河科尔沁右翼前旗农业用水区	农业用水区	松花江区	Ⅲ	Ⅲ	Ⅲ	劣Ⅴ	8	3	37.5%	不达标	挥发酚(25%)[0.0088]
413	蛟流河突泉县开发利用区	蛟流河突泉县农业用水区	农业用水区	松花江区	Ⅳ	Ⅳ	Ⅳ	Ⅲ	4			达标	
414	蛟流河蒙吉缓冲区		缓冲区	松花江区	Ⅲ	Ⅲ	Ⅱ	Ⅱ	5			达标	
415	那金河蒙吉缓冲区		缓冲区	松花江区	Ⅱ	Ⅲ	Ⅲ	Ⅱ	9	5	55.6%	不达标	五日生化需氧量(22.2%)[3.87]
416	霍林河霍林河市开发利用区	霍林河霍林河市工业用水区	工业用水区	松花江区	Ⅳ	Ⅲ	Ⅲ	Ⅲ	6	6	100%	达标	
417	霍林河科尔沁右翼中旗保留区		保留区	松花江区	Ⅲ	Ⅱ	Ⅳ	Ⅲ	3	0	0	达标	
418	霍林河科尔沁右翼中旗缓冲区		缓冲区	松花江区	Ⅲ	Ⅲ	Ⅲ	Ⅱ	7	5	71.4%	达标	
419	老哈河宁城县开发利用区	老哈河宁城县农业用水区	农业用水区	辽河区	Ⅲ	Ⅱ	Ⅱ	Ⅱ	12	11	91.7%	达标	
420	老哈河辽蒙缓冲区		缓冲区	辽河区	英金河口以上Ⅲ类,以下Ⅳ类	Ⅳ	劣Ⅴ	劣Ⅴ	11	3	27%	不达标	化学需氧量(27%)[45.20]总磷(27%)[5.86]氨氮(18%)[3.08]
421	老哈河奈曼旗开发利用区	老哈河奈曼旗工业用水区	工业用水区	辽河区	Ⅳ	Ⅱ	Ⅲ	Ⅴ	5			不达标	化学需氧量(0.11)[44.6]

续表

序号	一级水功能区名称	二级水功能区名称	水功能区类型	水资源一级区名称	水质目标	全年全因子评价							主要超标项目
						汛期水质类别	非汛期水质类别	年度水质类别	年评价次数	年达标次数	年度达标率	达标评价结论	
422	英金河赤峰市开发利用区	英金河赤峰市过渡区	过渡区	辽河区	Ⅳ	劣Ⅴ	劣Ⅴ	劣Ⅴ	5			不达标	化学需氧量(1.97)[172.2]、氨氮(6.87)[25.4]、五日生化需氧量(2.1)[34.3]
423	锡泊河喀喇沁旗源头水保护区		保护区	辽河区	Ⅱ	Ⅱ	Ⅲ	Ⅱ	6	5	83.3%	达标	
424	锡泊河喀喇沁旗开发利用区	锡泊河喀喇沁旗饮用水源区	饮用水源区	辽河区	Ⅱ	Ⅱ	Ⅲ	Ⅱ	12	11	91.7%	达标	氨氮(33.3%)[0.91]
425	阴河赤峰市开发利用区	阴河赤峰市饮用水源区	饮用水源区	辽河区	Ⅲ	Ⅱ	Ⅲ	Ⅱ	9	9	100%	达标	
426	西拉木伦河克什克腾旗源头水保护区		保护区	辽河区	Ⅱ	Ⅱ	劣Ⅴ	Ⅳ	7	6	85.7%	达标	
427	查干木伦河林西县源头水保护区		保护区	辽河区	Ⅱ	Ⅲ	Ⅳ	Ⅲ	6	3	50%	不达标	氨氮(50.0%)[10.7]、高锰酸盐指数(33.3%)[1.45]
428	查干木伦河巴林右旗开发利用区	查干木伦河巴林右旗过渡区	过渡区	辽河区	Ⅲ	Ⅱ	Ⅳ	Ⅳ	6	1	16.7%	不达标	氨氮(0.1)[1.2]
429	查干木伦河巴林右旗开发利用区	查干木伦河巴林右旗饮用水源区	饮用水源区	辽河区	Ⅱ	Ⅲ	劣Ⅴ	Ⅴ	9	5	55.6%	不达标	高锰酸盐指数(77.8%)[13.4]、氨氮(66.7%)[9.74]
430	萨岭河克什克腾旗源头保护区		保护区	辽河区	Ⅱ	Ⅲ	劣Ⅴ	Ⅲ	6	0	0	不达标	氨氮(100.0%)[2.07]、高锰酸盐指数(83.3%)[6.2]
431	西辽河蒙辽缓冲区		缓冲区	辽河区	Ⅲ	劣Ⅴ	Ⅲ	Ⅴ	10	3	30%	不达标	总磷(70%)[1.12]、五日生化需氧量(40%)[6.7]、化学需氧量(30%)[41.0]

序号	一级水功能区名称	二级水功能区名称	水功能区类型	水资源一级区名称	水质目标	全年全因子评价							主要超标项目
						汛期水质类别	非汛期水质类别	年度水质类别	年评价次数	年达标次数	年度达标率	达标评价结论	
432	乌力吉木仁河巴林左旗源头水保护区		保护区	辽河区	Ⅱ	Ⅲ	Ⅲ	Ⅲ	6	0	0	不达标	氨氮（0.2）[0.89]、高锰酸盐指数（83.3%）[7.2]
433	乌力吉木仁河巴林左旗开发利用区	乌力吉木仁河巴林左旗过渡区	过渡区	辽河区	Ⅲ	Ⅳ	劣Ⅴ	劣Ⅴ	7	1	14.3%	不达标	氨氮（85.7%）[5.1]、总磷（28.6%）[0.29]
434	黑木伦河阿鲁科尔沁旗源头水保护区		保护区	辽河区	Ⅱ	Ⅲ	Ⅲ	Ⅲ	7	0	0	不达标	氨氮（71.4%）[1.41]
435	新开河蒙吉缓冲区		缓冲区	辽河区	Ⅲ	Ⅴ	Ⅴ	Ⅴ	4			不达标	高锰酸盐指数（0.99）、氟化物（0.31）、五日生化需氧量（0.16）
436	教来河敖汉旗开发利用区	教来河敖汉旗农业用水区	农业用水区	辽河区	Ⅳ	Ⅱ	Ⅲ	Ⅱ	8	8	100%	达标	
437	养畜牧河库伦旗源头水保护区		保护区	辽河区	Ⅱ	Ⅴ	Ⅲ	Ⅳ	7	1	14.3%	不达标	高锰酸盐指数（42.9%）[8.0]、总磷（57.1%）[0.24]
438	养畜牧河蒙辽缓冲区		缓冲区	辽河区	Ⅲ	Ⅲ	Ⅱ	Ⅱ	12	9	75%	不达标	总磷（8%）[0.25]、汞（8%）[0.00013]、溶解氧
439	新开河蒙辽缓冲区		缓冲区	辽河区	Ⅱ	Ⅱ	Ⅰ	Ⅱ	6	3	50%	不达标	总磷（17%）[0.11]、铅（17%）[0.01320]、溶解氧
440	秀水河蒙辽缓冲区		缓冲区	辽河区	Ⅲ	Ⅴ	Ⅳ	Ⅳ	12	2	17%	不达标	总磷（83%）[0.40]、五日生化需氧量（8%）[5.90]
441	牤牛河奈曼旗源头水保护区		保护区	辽河区	Ⅱ	Ⅲ	Ⅲ	Ⅱ	7	2	28.6%	不达标	总磷（57.1%）[0.28]、高锰酸盐指数（28.6%）[7.5]
442	牤牛河蒙辽缓冲区		缓冲区	辽河区	Ⅲ	Ⅴ	Ⅳ	Ⅴ	5			不达标	氨氮（0.09）

续表

序号	一级水功能区名称	二级水功能区名称	水功能区类型	水资源一级区名称	水质目标	全年全因子评价							主要超标项目
						汛期水质类别	非汛期水质类别	年度水质类别	年评价次数	年达标次数	年度达标率	达标评价结论	
443	老哈河河北平泉县开发利用区	老哈河平泉县工业用水区	工业用水区	辽河	Ⅲ	Ⅲ	Ⅱ	Ⅱ	8	8	100%	达标	
444	老哈河冀蒙缓冲区		缓冲区	辽河	Ⅲ	Ⅲ	Ⅱ	Ⅲ	12	11	91.7%	达标	
445	老哈河平泉县保留区		保留区	辽河	Ⅱ	Ⅱ	Ⅱ	Ⅱ	8	7	87.5%	达标	
446	老哈河平泉源头水保护区		保护区	辽河	Ⅱ	Ⅱ	Ⅱ	Ⅱ	8	8	100%	达标	
447	阴河冀蒙缓冲区		缓冲区	辽河	Ⅲ	Ⅳ	劣Ⅴ	劣Ⅴ	7	1	14.3%	不达标	氟化物(85.7%)[2.28]、高锰酸盐指数(42.9%)[102.0]、化学需氧量(14.3%)[358.0]、氨氮(14.3%)[12.0]
448	阴河围场县源头水保护区		保护区	辽河	Ⅱ	Ⅳ	劣Ⅴ	劣Ⅴ	8	0	0	不达标	氟化物(87.5%)[2.19]、高锰酸盐指数(62.5%)[111.0]、氨氮(50%)[12.7]、化学需氧量(12.5%)[378.0]

注：（　）内代表超标比例，［　］内代表极值。

附录 3　世界水日、中国水周历年主题汇总

年份	世界水日主题	中国水周主题
1994	关心水资源是每个人的责任	
1995	妇女和水	
1996	为干渴的城市供水	依法治水，科学管水，强化节水
1997	水的短缺	水的发展
1998	地下水——看不见的资源	依法治水——促进水资源可持续利用
1999	我们(人类)永远生活在缺水状态之中	江河治理是防洪之本
2000	卫生用水	加强节约和保护，实现水资源的可持续利用
2001	21世纪的水	建设节水型社会，实现可持续发展
2002	水与发展	以水资源的可持续利用支持经济社会的可持续发展
2003	水——人类的未来	依法治水，实现水资源可持续利用
2004	水与灾害	人水和谐
2005	生命之水	保障饮水安全，维护生命健康
2006	水与文化	转变用水观念，创新发展模式
2007	应对水短缺	水利发展与和谐社会
2008	涉水卫生	发展水利，改善民生
2009	跨界水——共享的水、共享的机遇	落实科学发展观，节约保护水资源
2010	关注水质、抓住机遇、应对挑战	关注水质、抓住机遇、应对挑战
2011	城市水资源管理	严格管理水资源，推进水利新跨越
2012	水与粮食安全	大力加强农田水利，保障国家粮食安
2013	水合作	节约保护水资源，大力建设生态文明
2014	水与能源	加强河湖管理，建设水生态文明
2015	水与可持续发展	节约水资源，保障水安全